长城·聚落丛书

张玉坤　主编

河北传统防御性聚落

谭立峰　刘建军　倪晶　著

中国建筑工业出版社

图书在版编目（CIP）数据

河北传统防御性聚落/谭立峰，刘建军，倪晶著.—北京：中国建筑工业出版社，2017.5
（长城·聚落丛书/张玉坤主编）
ISBN 978-7-112-20652-0

Ⅰ.①河… Ⅱ.①谭… ②刘… ③倪… Ⅲ.①民居—古建筑—研究—河北 Ⅳ.①TU241.5

中国版本图书馆CIP数据核字（2017）第074172号

中国传统防御性聚落具有重要的历史文化价值和建筑史学意义，目前正处于极度衰落、失而不得的状态，亟待加以系统整理、研究和保护。本书以河北地区为重点，对防御性聚落的空间布局、影响因素及其演变规律和特征展开论述，适于建筑历史、城乡规划和遗产保护等领域的专家学者及有关爱好者阅读参考。

责任编辑：唐　旭　杨　晓
责任校对：赵　颖　李欣慰

长城·聚落丛书
张玉坤　主编
河北传统防御性聚落
谭立峰　刘建军　倪晶　著
*
中国建筑工业出版社出版、发行（北京海淀三里河路9号）
各地新华书店、建筑书店经销
北京锋尚制版有限公司制版
北京中科印刷有限公司印刷
*
开本：787×1092毫米　1/16　印张：13½　字数：298千字
2018年1月第一版　2018年1月第一次印刷
定价：49.00元
ISBN 978－7－112－20652－0
（30305）

编者按

长城作为中华民族的伟大象征，具有其他世界文化遗产所难以比拟的时空跨度。早在两千多年前的春秋战国之际，为抵御北方游牧民族的侵扰和诸侯国之间的兼并扩张，齐、楚、燕、韩、赵、魏、秦等诸侯国就已在自己的边境地带修筑长城。秦始皇统一中国，将位于北部边境的燕、赵和秦昭王长城加以补修和扩展，形成了史上著名的“万里长城”。汉承秦制，除了沿用已有的秦长城，又向西北边陲大力增修扩张。此后历代多有修建，偏于一隅的金王朝也修筑了万里有余的长城防御工事。明代元起，为防北方蒙古鞑靼，修筑了东起辽宁虎山、西至甘肃嘉峪关的边墙，全长八千八百多千米，是迄今保存最为完整的长城遗址。

国内外有关长城的研究由来已久，早期如明末清初顾炎武（1613.07—1682.02）从历史、地理角度对历代长城的分布走向进行考证。清末民初，王国维（1877.12—1927.06）对金长城进行了专题考察，著有《金界壕考》；美国人W·E·盖洛对明长城遗址进行徒步考察，著有《中国长城》（The Great Wall of China，1909）；以及英国人斯坦因运用考古学田野调查的方法对河西走廊的汉代长城进行考察等。国内学者张相文的《长城考》（1914）、李有力的《历代兴筑长城之始末》（1936）、张鸿翔的《长城关堡录》（1936）、王国良的《中国长城沿革考》（1939）、寿鹏飞的《历代长城考》（1941）等均属民国时期的开先之作。改革开放之后，长城研究再度兴盛，成果卓著，如张维华《中国长城建制考》（1979）、董鉴泓和阮仪三《雁北长城调查简报》（1980）、罗哲文《长城》（1982）、华夏子《明长城考实》（1988）、刘谦《明辽东镇及防御考》（1989）、史念海《论西北地区诸长城的分布及其历史军事地理》1994、董耀会《瓦合集——长城研究文论》（2004）、景爱《中国长城史》（2006）等。同时，国家、地方有关部门和中国长城学会进行了多次长城资源调查，为长城研究提供了可靠的资料支持。概而言之，早期研究多集中在历代长城墙体、关隘的修建历史、布局走向及其地理与文化环境，近年来逐步从历史文献考证向文献与田野调查相结合，历史、地理、考古、保护实践等多学科相融合的方向发展，长城防御体系的整体性概念逐渐形成。丰富的研究成果和学术进步，对长城研究与保护贡献良多，也为进一步深化和拓展长城研究打下坚实基础。

聚落变迁一直是天津大学建筑学院六合建筑工作室的主导研究方向。2003年，工作室师生赴西北地区进行北方堡寨聚落的田野调查，在明长城沿线发现大量堡寨式的防御性聚落，且尚未引起学界的广泛关注。自此，工作室便在以往聚落变迁研究的基础上，开启了“长城军事聚落”这一新分支，同时也改变了以单个聚落为主的建筑学研究方法。在研究过程中，课题组坚持整体性、层次性、系统性的研究思路和原则，将长城防御体系与军事聚落视作一个巨大时空跨度的统一整体来考虑，在这一整体内部还存在不同的规模层次或不同的子系统，共同构成一个整体的复杂系统。面对巨大的复杂系统，课题组采用空间分析（Spatial Analysis）的研究方法，以边疆军事防御体系和军事制度为线索，以遗址现场调查、古今文献整理为依托，对长城军事聚落整体时空布局和层次体系进行研究，以期深化对长城的整体性、层次性和系统性的认识，进一步拓展长城文化遗产构成，充实其完整性、真实性的遗产保护内涵。基于空间分析方法的技术需求，课题组自主研发了“无人机空—地协同”信息技术平台，引进了“历史空间信息分析”技术，以及虚拟现实、地理定位系统等技术手段。围绕长城防御体系和海防军事聚落、建筑遗产空—地协同和历史空间信息技术，工作室课题组成员承担了十几项国家自然科学基金项目和科技支撑计划课题，先后指导40余名博士生、硕士生撰写了学位论文，科学研究与人才培养相结合为长城·聚落系列研究的顺利开展提供了有力支撑和保障。

“六合文稿”长城·聚落丛书的出版，是六合建筑工作室中国长城防御体系和传统聚落研究的一次阶段性总结汇报。先期出版的几本文稿，主要以明长城研究为主，包括明长城九边重镇全线和辽东镇、蓟镇、宣府镇、甘肃镇，以及金长城的防御体系与军事聚落和河北传统堡寨聚落演进机制的研究；后期计划出版有关明长城防御体系规划布局机制、军事防御聚落体系宏观系统关系、清代长城北侧城镇聚落变迁、明代海防军事聚落体系，以及中国传统聚落空间层次结构、社区结构的传统聚落形态和社会结构表征与聚落形态关系的分析等项研究内容。这些文稿作为一套丛书，是在诸多博士学位论文的基础上改写而成，编排顺序大体遵循从宏观到微观、从整体到局部的原则，研究思路、方法亦大致趋同。但随时间的演进，对研究对象的认识不断深化，使用的分析技术不断更新，不同作者对相近的研究对象也有些许不同的看法，因而未能实现也未强求在写作体例和学术观点上整齐划一，而是尽量忠实原作，维持原貌。博士生导师作为作者之一，在学位论文写作之初，负责整体论文题目、研究思路和写作框架的制定，写作期间进行了部分文字修改工作；此次文稿形成过程中，又进行局部修改和文字审核，但对属于原学位论文作者的个人学术观点则予以保留，未加干预。

在此丛书付梓之际，面对长城这一名声古今、享誉内外的宏观巨制，虽已各尽其力，却仍惴惴不安。一些问题仍在探索，研究仍在继续，某些结论需要进一步斟酌，瑕疵、纰漏之处在所难免。是故，谓之“文稿”，希冀得到读者的关注、批评和教正。

在六合建筑工作室成员进行现场调研、资料搜集、文稿写作和计划出版期间，得到了多方的支持和帮助。感谢国家自然科学基金的大力支持，“中国北方堡寨聚落基础性研究”（2003—2005）项目的批准和实施，促使工作室启动了长城军事聚落研究，其后十几个基金项目的批准保障了长城军事聚落基础性、整体性研究的顺利开展；感谢中国长城学会和长城沿线各省市地区文保部门专家在现场调研和资料搜集过程中所给予的无私帮助和明确指引；感谢中国建筑工业出版社对本套丛书编辑出版的高度信任和耐心鼓励；感谢天津大学领导和建筑学院、研究生院、社科处等有关部门领导所给予的人力物力保障和学校“985”工程、“211”工程和“双一流”建设资金的大力支持。向所有对六合建筑工作室的研究工作提供帮助、支持和批评建议的专家学者、同仁朋友表示衷心感谢。

目 录

绪 论

传统防御性聚落是聚落的一种，它含有“居”的成分，但更重要的是强调“防”。“聚落”本义是指人类居住的场所，就是一定的人群聚集于某一场所，进行相关的生产与生活活动而形成共同社会的居住状态。[①]《史记·五帝本纪》中说：“一年而所居成聚，二年成邑，三年成都。”可见，聚落后来扩展为人类聚居的场所。聚落伴随着人类生产力的发展及与之相适应的生产关系的变化，其具体形态也在不断地发生着改变。聚落形态主要包括三个方面的内容：一是聚落内部人员的构成；二是聚落空间组合的形态；三是聚落间的关系。其演进受政治、经济、社会、历史、地理等诸条件的制约。聚落防御按主要特征可分为“外围线性设防”与“内部点式设防”两大类[②]。外围线性设防指在聚落防御层次中的最外层级，即整体防卫层级进行建构防御。传统防御性聚落是具有外围线性结构的堡墙或周边险要的地势为设防特征的、以防御为主要目的的聚落。本书将对防御性聚落形成的内、外因以及演变的特征展开论述。

一、研究背景

传统防御性聚落的研究属于传统民居与聚落研究的分支，其研究方法和研究内容应当借鉴传统民居与聚落研究的已有成果，并可在此基础上探索新的思路。

（一）中国传统民居的研究现状

中国传统民居研究肇始于20世纪30年代，当时朱启钤先生在北京创办中国营造学社，后梁思成、刘敦桢两位先辈加入，对华北地区的古建筑作了大量的调查、测绘、研究工作，这是创始性的工作，新中国成立以后，民居研究的规模和范围均较以前扩大。1957年，刘敦桢先生的《中国住宅概说》是较全面地论述各地民居的著作[③]。此后，在原国家建筑工程部的统一部署下，以行政区划为单位，由建筑科学院、各地建筑设计单位和大专院校等共同合作，对传统民居进行了较全面的普查、测绘，收集了大量的珍贵资料。但“文革”时期，民居研究被迫停滞，大量资料遗失。改革开放后，民居研究进入新阶段。中国文物学会传统建筑园林委员会传统民居学术委员会和中国建筑学会建筑史分会民居专业学术委员会相继成立。通过近三十年的努力，中国传统民居的研究在学术交流、论著出版以及在研究观念、方法上都取得了较明显的成绩。这一时期，一些旧稿得以问

① 周若祁等主编. 韩城村寨与党家村民居. 西安：山西科学技术出版社，1999.
② 黄为隽、王绚、侯鑫等在《古寨亦卓荦——山西堡寨“砥自城”的防御体系探析》一文中提出的观点。
③ 刘敦桢. 中国住宅概说. 北京：建筑工程出版社，1957.

世，如刘致平先生的《中国居住简史——城市、住宅、园林》[①]、建筑历史研究所编写的《浙江民居》[②]、刘敦桢先生主编的《中国古代建筑史》[③]等。同时各地研究论著涌现，如中国建筑工业出版社组织出版了除浙江民居以外的专省民居10本，包括吉林、云南、福建、广东、苏州、新疆、陕西等省市。[④]各地区高校及设计部门也出版了大量民居专著。总之，从中国古代建筑史研究角度来看，民居的研究有了长足进展。

近年来，传统民居研究的深度和广度都有了新的发展和突破，主要表现在下列几个方面：

1．历史文化遗产的保护意识得到加强。由于学界的不断努力，传统民居的历史文化价值得到社会的广泛认可。近年，国家提出了对非物质文化遗产的保护，并加入了联合国教科文组织《保护非物质文化遗产公约》。我国进一步加强了非物质文化遗产的保护工作。

2．民居研究向多学科发展。我国对传统民居的研究已从过去的单一学科研究发展到现在的与社会学、历史学、文化地理学、人类学、考古学、民族学、民俗学、语言学、气候学等多学科结合交叉进行综合研究。

3．民居研究扩大了广度和深度，并与形态、环境结合。民居形态包括社会形态和居住形态。社会形态指民居的历史、文化、信仰、习俗和观念等社会因素所形成的特征。居住形态指民居的平面布局、结构方式和内外空间、建筑形象所形成的特征。[⑤]

4．民居理论研究进入新阶段。民居研究已从对一村一镇或一个群体、一个聚落的探讨，扩大到对一个地区、一个地域的研究，即我们称之为一个民系的范围中去研究。我国现在有七大民系，北方两个，按方言来分，属于北方官话与晋语地区。南方五个，即江浙吴语民系、福建闽语民系、广府粤语民系、湘赣语民系和客家语民系。[⑥]在我国，进行地域性社会文化研究的人员主要是历史学家、人类学家和考古学家。他们往往从不同角度进行观察，并对研究对象做分类和比较研究。地域性研究涵盖了建筑学、考古学、历史学、人类学、地理学等不同学科范畴的综合研究。

① 刘致平．中国居住简史——城市、住宅、园林．北京：中国建筑工业出版社，1990．
② 建筑科学研究院建筑历史研究所．浙江民居．北京：中国建筑工业出版社，1984．
③ 刘敦桢．中国古代建筑史．北京：中国建筑工业出版社，1980．
④ 其中包括：张驭寰．吉林民居．北京：中国建筑工业出版社，1985．云南省设计院云南民居编写组．云南民居．北京：中国建筑工业出版社，1986．云南省设计院云南民居编写组．云南民居续集．北京：中国建筑工业出版社，1993．高珍明，王乃香，陈瑜．福建民居．北京：中国建筑工业出版社，1987．陆元鼎，魏彦钧．广东民居．北京：中国建筑工业出版社，1990．徐民苏，詹永伟．苏州民居．北京：中国建筑工业出版社，1991．新疆土木建筑学会，严大春．新疆民居．北京：中国建筑工业出版社，1995．何重义．湘西民居．北京：中国建筑工业出版社，1995．张壁田，刘振亚．陕西民居．北京：中国建筑工业出版社，1993．侯继尧，任致远．窑洞民居．北京：中国建筑工业出版社，1989．
⑤ 陆元鼎．中国民居研究20年．小城镇建设，2006．
⑥ 赵世瑜，周尚义．中国文化地理概说．太原：山西教育出版社，1991．

（二）聚落研究的新进展

地理学、民族学、建筑学是聚落研究的三大学科。本书通过探讨不同学科之间对聚落研究的差异和共同之处，总结其研究成果以作为参考。

1．地理学关于聚落的研究

研究内容主要包括以下几方面：①不同地区聚落的起源和发展。②聚落所在地的地理条件。③聚落的分布。揭示聚落水平分布和垂直分布的特征并分析其产生的自然、历史、社会和经济原因。④聚落的形态。这是聚落地理学中研究较多的方面，涉及的内容有聚落组成要素、聚落个体的平面形态、聚落的分布形态、聚落形态的演变、自然地理因素（主要是地形和气候）以及人文因素（包括历史、民族、人口、交通、产业）对聚落形态的影响。在注重聚落景观研究的国家，还考察聚落在不同历史时期所形成的建筑风格。⑤聚落的内部结构。分析聚落经济活动对聚落内部结构的影响，具体研究在平原、山地、沿海、城郊等不同环境条件下聚落内部的组成要素和布局。⑥聚落的分类。通常是按经济活动（或职能）和形态两大属性来划分聚落类型。[①]

地理学领域关于聚落的研究包含了聚落文化景观、生活方式与方言民俗、宗教地理学三方面的内容。聚落文化景观多通过对地表人文景观、对聚落的构成形态进行地理学方面的解析，其目的是突出不同地域的区域性特色。诸多学者进行了相关研究。司徒尚纪以广东文化地理为例，从聚落的地域分布和类型方面对聚落展开研究，他从聚落的成因和功能两方面，将聚落划分为农业、城镇、城市聚落三大类型。[②]赵世瑜、周尚意认为文化景观主要研究聚落的格局、土地规划的格局和建筑格局以及人造生态系统四大方面。[③]

生活方式与方言民俗的研究是从社会、经济、宗教三个方面来探讨聚落、土地利用与生活圈的变迁。这类研究所涉及的方面主要包括社会组织、血缘、地缘组织、聚落形态、民居形式、土地利用、生活圈等。这方面的研究成果多发表在《历史地理》杂志上，如卢云《两汉时期的文化区域与文化重心》[④]、吴松弟《宋代东南沿海丘陵地区的经济开发》[⑤]、胡阿祥《东晋南朝侨州郡县的设置及其地理分布》[⑥]等。

宗教地理学的研究分为四类：一是宗教体系及特定宗教制度发展的环境背景的意义；二是宗教体系及制度对改变环境的作用；三是宗教体系及制度占据地上空间的同时，进行各种组织化的途径；四是宗教的地理分布与宗教体系扩展的相互作用，这些都属于传统文化地理学范畴。[⑦]就近年来的发展而言，宗教地理学

---

① 赵世瑜，周尚义．中国文化地理概说．太原：山西教育出版社．1991.
② 司徒尚纪．广东文化地理．广州：广东人民出版社．1993.
③ 赵世瑜，周尚意．中国文化地理概说．太原：山西教育出版社，1991.
④ 卢云．两汉时期的文化区域与文化重心．历史地理，2000.
⑤ 吴松弟．宋代东南沿海丘陵地区的经济开发．历史地理，2001.
⑥ 胡阿祥．东晋南朝侨州郡县的设置及其地理分布．历史地理，1999.
⑦ 赵世瑜，周尚意．中国文化地理概说．太原：山西教育出版社，1991.

的研究范围又有了进一步的扩展，新趋势的出现主要是由于新文化地理与生态学同宗教地理学的研究有了交叉，产生了新的研究主题。

2．民族学关于聚落的研究

民族学家对聚落的研究方法属于社会人类学、考古学和语言学的范围，主要围绕着移民社会、方言民系以及民俗集团的地缘组织三个主题展开。

移民社会的研究是近年来国内外人类学家和历史学家的研究重点。这方面的研究以吴福文和林嘉书两位学者最具代表性。吴福文的研究范围大多集中于福建客家村落，着重探讨客家与中原的关系。[①]林嘉书从整个东南地区共同的移民史出发，提出了东南地区五大民系的形成是经过历史上不同时期整合与分化的结果。[②]另一方面，杨国祯、陈支平通过对明清两代福建土堡的研究，提出聚落与民居建筑的研究必须注重其社会组织及其乡族组织的形成及特性。[③]

聚落考古学的研究以张光直先生的研究为代表。关于聚落形态研究的方法步骤，他提供了四个重点：①聚落单位的整理；②聚落单位内的布局；③各聚落单位在区域内的连接；④聚落资料与其他资料关系的研究。[④]

总之，民族学关于聚落研究已经开始大量引用其他人文和社会科学的理论，并转向研究生活在聚落中人活动的影响因素。这些研究更偏重于乡族社会的历史与社会学课题，既对聚落形态进行静态的分析，同时也注意到聚落形态变迁过程。

3．建筑学领域中关于聚落的研究

建筑学关于聚落的研究始于20世纪80年代，它往往借助文化地理学和文化人类学的研究基础，采取跨学科的研究方法。

建筑学对聚落的研究主要分为两方面：一是“聚落构成”的研究，主要指聚落空间的布局、组织与形态；二是聚落的发展变迁研究。[⑤]“聚落构成”方面的研究主要集中在对村镇构成的研究，诸多学者在研究中把乡镇形态个体与整体地域形态联系在一起，在发展演变中去研究，采取动态的研究方法，在研究方式上开始从形态的描述、分析迈向形态学的研究。[⑥]聚落的发展变迁反映了聚落的形态结构因社群、家族组织、土地所有权等乡村经济的变化会产生不同的变迁，因此，聚落所在地域的政治结构、社会结构、经济结构等必然不断塑造聚落的形态与结构，并赋予聚落以特定的社会文化意义。此类论文多涉及聚落与地理、历史、文化、社会等因素的关系，在方法上，多借鉴文化人类学、文化社会学和文

① 吴福文．闽西客家文化事象举探．客家学研究，1990.
② 林嘉书．土楼与中国传统文化．上海：上海人民出版社，1995.
③ 杨国祯，陈支平．明清时代福建的土堡．台北：国学文献馆，1993.
④ 张光直．考古学专题六讲．北京：文物出版社，1996.
⑤ 刘致平．中国建筑类型与结构（第三版）．北京：中国建筑工业出版社，2003.
⑥ 其中典型的成果是：王澍．皖南村镇巷道的内部结构解析．建筑师，1989，(28)．彭一刚．传统村镇聚落景观分析．北京：中国建筑工业出版社，1992．仲德昆等．小城镇的建筑空间与环境．天津：天津科技出版社，1993.

化地理学的方法。[①]总之，建筑学关于聚落的研究出现了分析环境与结合史料和文化人类学等方法的研究方式。

（三）防御性聚落的研究现状

对防御性聚落的研究，本书采用多学科多角度的方法深入剖析其内涵，因此，所涵盖的内容较全面。本书的相关研究现状可分为两个方面：一是明长城军事聚落和防御体系的研究现状；二是防御性聚落的研究现状。

1．防御性聚落释义

防御性聚落的概念比较宽泛，它是聚落的一种形式，同时对于大多数聚落来说，或多或少都会有一定的防御性。自我防卫是生物的本能，古代形成的聚落也具有安全防御的功能。费孝通先生曾指出，人多而容易防守是中国农村形成的原因之一。我国历史上普遍存在的设防聚落形式是具有外围线性结构的堡墙或辅以周边险要的地势形成的聚落。[②]

本书所述的防御性聚落是以边墙作为防御性手段形成的聚落，因此较少涉及早期的环壕聚落。按照使用性质划分的传统防御性聚落主要包括：

（1）军事聚落（军堡），历代军事防御体系中屯兵屯田的堡寨。这类防御性聚落的共同点是由历代政府出资兴建，作为国家或地区的重要防御手段，同时，相互之间有着密切的联系，并形成完整的军事防御体系。尤其是明代修建的长城防御体系及沿海防御体系中的军堡，这些防御性聚落是明代政府在边疆或沿海地区戍边驻防或开发荒地的军屯民屯堡寨，它们相互之间存在城池规模、规制、功能以及人员安排等多方面的等级差别。比如明代形成的都司卫所军事等级体系，反映在军堡上则形成镇、路、卫、所、堡的等级体系。

（2）村堡，历史上以堡墙设防的传统村落。这类防御性聚落通常由村民自筹资金修建，作为社会动荡之时，村民据堡以自卫的主要防御设施。由于村堡的修建没有政府的统一管理，各地村民依据资金和筑城技术的不同，所以在筑城规模、防御空间形态，以及内部民居特征等都表现出非常大的灵活性与地方特色。我国北方农牧分界线的广大地区普遍分布着这种村堡，并留存至今。需要指出，军堡与村堡在历史的发展过程中，经常出现相互转换。战乱之时，国家为战略防御的需要，临时征用村堡作为屯兵之所，土木堡即是典型案例。另一方面，随着朝代的更替以及时代的变迁，原有重要的战略要地变得不再需要，而其中的军堡也失去了存在价值，军堡中的军户慢慢演变成村民，军堡也就变为了村堡，蔚县的北关堡、北方城即是如此。

（3）其他防御性聚落，如庄园式坞堡和山水寨。庄园式坞堡是大型家族利用堡寨的形式修建的宅院。旧时，地主、官绅或迁移异地的富户为保家族的安

① 其中典型的成果是：陈志华．楠溪江中游乡土建筑．台北：汉声杂志社，1995．余英．客家建筑文化研究[D]．华南理工大学．李贺楠．中国古代农村聚落区域分布与形态变迁规律性研究[D]．天津大学．

② 王绚，侯鑫．传统防御性聚落分类研究．南方建筑，1998．

全，不得不重视自家宅院的防卫建设，故经常采用城池的设防形式为其所用。其形式也多种多样，如山西段村的诸多大院，尤其是王家大院，平面为矩形，城墙高大，防御设施齐全，成为当时王氏家族的主要庇护地。南方的福建土楼，则是另一种场景。圆形紧凑型结构布局以及高大结实的建筑外墙可有效地防御来犯之敌，并成为多个家族的栖身之地。山水寨往往是自发形成，并依山而建，依险防守的堡寨。山水寨并不一定兴建堡墙，而是利用有利地形进行防守，其人员组成较为复杂，并不像庄园式坞堡或村堡那样有相对固定的家族或村民。宋代是山水寨修建的主要时期，梁山水寨即是现存的典型案例。

2．明长城军事聚落研究现状

明长城军事聚落的研究可分为长城本体和长城军事聚落两大方面。

（1）明长城本体的研究

对明长城本体的研究由来悠久，新中国成立前主要停留在文献研究上，新中国成立后，长城局部地段如山海关、居庸关、云台、八达岭等列为全国重点文物保护单位。20世纪80年代以后，文物学界突破了单一文献研究和长城本体的研究，并结合全国第二次文物普查，对长城遗存情况进行文字记录、拍照和测绘，于1981年编制了《中国长城遗迹调查报告集》。1987年长城被列为世界文化遗产后，对长城的保护进入了快车道，2003年北京市颁布了《北京市长城保护管理办法》，2006年国务院颁布了《长城保护条例》，从法律法规上为长城保护提供保障。

2007年全国开展第三次文物普查，2009年开始长城资源调查。经过几年的努力，全面摸清了长城本体的基础数据，为长城研究及保护打下了坚实的基础。目前正在组织专家学者制定长城保护规划。另外，改革开放后，一批长城文化研究学者自发组织对长城进行考察与调研，并于1987年成立中国长城学会，从而进一步拓展各方面的工作。同时，诸多学者在对长城进行大量研究的基础上，以罗哲文、董耀辉、卢有泉、景爱等为代表出版或发表了大量专著。

（2）明长城军事聚落的研究

对明长城军事聚落的研究多集中在历史、地理、建筑等领域。历史、地理学界对于明长城军事聚落的研究，按照其研究内容可归纳为三个方面：明代卫所军事制度相关研究；“九边”各镇概况相关研究；明军屯贸易等相关研究。20世纪30年代起学者们开始关注明代的疆域变革及其背后的都司卫所、地方行政制度，如王国良的《中国长城沿革考》（1931）和顾颉刚、史念海的《中国疆域沿革史》（1938）。到20世纪80年代，由于边疆史研究的兴起，出现了一批关于“九边”军镇制度、卫所建置的文章，如马自树的《明初兵制初探》（1985）、余同元的《明代九边述论》（1989）、罗东阳的《明代兵备初探》（1994）等，还有其他学者也对明代初期的兵制、兵备及其与九边的关系进行了探讨。后又有学者探讨了明代军事演变、明中后期九边兵制、班军制度和军户制度以及各镇设卫所驿站和卫所移民等相关研究，如李荣庆、李长弓分别对明代武职袭替制度和驿传役制度研究，肖立军对明代中后期九边兵制的研究，郭红对明代卫所移民与地域文化变迁的研究，以及彭勇对明代班军制度和北边防御体制的研究等。

20世纪90年代学者们逐渐开始重视“九边”各镇的研究，如史念海、艾冲等分别梳理了西北长城的分布、沿革和明长城各镇的起止点和结合部划定等。21世纪以来，学界的研究偏向于“九边”各镇的社会变迁和功能转变。目前针对“九边”的研究多集中于西北地区。如对陕北地区军事堡寨的发展脉络、明代西北边镇边备、明代甘肃镇、宁夏镇等方面的研究。

另外，学界研究方向还有明代北边军屯边垦贸易的研究。早期的代表有李龙潜的《明代军屯制度的组织形式》（1962）和王毓铨的《明代的军屯》（1983）等。20世纪90年代以来，对于军屯贸易的研究也逐渐开始，如余同元对明后期长城沿线的民族贸易市场的研究，祁美琴对后期清前期长城沿线民族贸易市场的生长及其变化的研究等。上述历史、地理学界的研究丰富了明长城军事聚落的研究方向。

建筑学界对于明长城研究经历了从长城本体的关注，到对长城沿线古迹城池的调查，再到对长城防御体系及军事聚落进行研究的转化过程。对长城本体和长城沿线古迹的调查此处不再赘述，进入21世纪，各高校及科研院所的相关科研机构依托国家或省部级科研课题开展了对明代长城军事聚落与防御体系的研究，如北京工业大学戴俭教授的“北京地区长城沿线戍边聚落形态与建筑研究”、北京建筑大学的师生对北京地区的军事聚落进行的调查研究。

另外，东南大学城市保护与发展工作室对明代长城防御体系也进行了深入研究，如周小棣、李向东等对明长城防御体系中辽东镇卫所城市的研究，沈旸、马骏华等对蓟州镇段的历史建造及保护方面的研究，还有其他学者对大同镇段地理与建造信息方面的研究等。

天津大学的研究团队自2003年起，先后结合国家自然科学基金项目“中国北方堡寨聚落研究及其保护利用策划”、“明长城军事聚落与防御体系基础性研究”、“明长城军事防御体系整体性保护策略研究”，展开了对内蒙古、辽宁、河北、北京、天津、山西、陕西、甘肃、山东、河南等地长城军事聚落的调查研究。研究内容可概括为两大类：一是从长城军事聚落总体入手，对全局进行研究，如本课题成员对明长城“九边”军事防御性聚落的分布规律、防御性特征、层级与规模、系统内部构成因素进行了整体性研究，以及从资源、经济的视角解读明代长城沿线军事聚落变迁等；另一类是对明长城“九边”各镇某一区域或特定对象的研究，包括榆林地区、山西、甘肃、宁夏、河北、北京、天津、山东等，还有居庸关的局部研究。

3. 其他防御性聚落的研究现状

在防御性聚落研究方面，国内起步较早的是对福建土楼、江西土围的研究。陕西韩城地区堡寨研究，是中、日两国学者的联合专案研究。该研究对韩城地区堡寨的分布和类型进行了详细的普查和分析，并著有《韩城村寨与党家村民居》[①]。清华大学学者从乡土建筑角度对村堡进行了调查研究，并发表许多重要研究成果。天津大学师生在对山西平遥古城的详细研究中，通过考察和测绘，提出

① 周若祁，张光主编. 韩城村寨与党家村民居. 西安：陕西科学技术出版社，1999.

了城中和城外遗存的“堡——里坊单位”的重要观点[①]。

本项目组在国家自然科学基金项目“中国北方堡寨聚落研究及其保护利用策划”、“明长城军事聚落与防御体系基础性研究”进行期间，对中国北方的甘肃、陕西、山西、山东、河南、河北，以及南方的福建、广东、江西等省的防御性聚落进行了调查研究。之后，又重点对明榆林镇、大同镇、山西镇、宣府镇和蓟镇的长城军事防御性聚落进行了实地考察与史料研究，取得了初步的研究成果。

综上，目前的研究主要存在以下几方面的不足：一是对长城的研究多集中在历史学和长城学角度，而长城军事聚落仅仅是长城学体系的一个附属分支，尚未引起学术界的重视；二是对长城军事防御体系层次的研究不足，这方面的成果较多，但从建筑学、聚落史的角度跨地区、跨学科地对防御体系中的聚落层次与形态进行剖析仍是一个缺环；三是防御性聚落的研究主要局限在建筑学角度，对防御性聚落的分布情况、现存状态、类型形制、内部结构等虽有了较全面的认识，但在民俗文化、民族组成、聚落演变等方面仍然缺乏系统的研究。

二、研究内容

（一）学术取向

聚落是一种重要的文化景观，既反映自然环境的特征，也表现人类文化的差异。德国地理学家J·G·科尔最早对聚落作系统的研究，他于1841年发表了《人类交通居住与地形的关系》。白吕纳则把房屋列为人生地理事实的第一纲第一目，包括房屋类型、村落形式、都市位置及其与环境的关系。此后，聚落地理研究在一些国家形成各自的风格。[②]如德国着重聚落景观，法国重视经济对聚落的影响，英国偏重聚落历史地理，美国则关注白人拓荒者居住问题。聚落地理学形成后，由最初的城市地理学逐渐发展成为人文地理学的一个分支。[③]另一方面，与聚落有关的社会地理学分析了空间中的社会现象。在探讨人地关系上强调社会因素对地区文化景观、生活方式的影响。研究内容包括人口、聚落、民族、宗教、语言、行为和感应等方面的地理问题，并致力于解决社会问题。

聚落中传统民居研究同样可以分为两种不同的倾向：从文化的角度来研究民居和从社会生活的角度来研究民居。前者采取文化人类学的方法，从文化特征和文化整体入手进行研究，注重民居的形制、形态以及建筑观念的史料性记录与诠释；后者采取社会人类学的方法，从社会关系及结构入手可进行研究。

文化角度的研究注重民居的形制和形态以及它们背后的建筑观念与诠释，注重民居的社会文化意义以及民居建筑史料的建立，这种研究与古建保护和修复相辅相成。社会生活角度的研究注重聚落的结构和形态，以及它们背后的社会组织和生活圈的诠释，注重探究聚落的整体面以及住区的空间结构和聚住形态，这种

---

① 张玉坤，宋昆．山西平遥的“堡”与里坊制度的探析．建筑学报，1996.
② 参考：（法）白吕纳著．人地学原理．任美锷，李旭旦合译．南京：钟山书局，1935.
③ 转引自：余英．中国东南系建筑区系类型研究．北京：中国建筑工业出版社，2001.

研究更侧重于宗族制度对于聚落和民宅空间组织间的关联性，以及民宅厅堂与其社会文化意义间的相关性。

以上两种取向的研究在架构和方法上均有一定的贡献和价值。这两种学术取向各有侧重，互为补充。本书正是借鉴传统民居中的不同研究取向，从多学科多角度对防御性聚落进行较为全面、科学、系统的研究，并兼顾民居建筑中生活层面和文化层面的探讨。

（二）防御性聚落研究

防御性聚落研究，尤其是北方堡寨聚落研究的建筑史学意义，在于它是里坊制度的再现。[①]据考古资料，我国约在龙山文化时期（距今4800～4100年）聚落的边界已从环壕向夯土墙发展，城堡开始出现。如河南安阳后岗、东风王城岗、淮阳平粮台及内蒙古虎山等城堡遗址，均属这一时期。典型的中国古城则是在这些城堡雏形的基础上发展起来的。与此同时，城堡在演变为城市之后并未完全消失，而是以其原始形态在不同的历史时期不断地重复着。以堡寨为原型有两条发展路线：其一是“从堡到城”，规模的不断扩大——原型边界的膨胀，以及城内里坊单位的聚集——原型的自我复制过程，其二是“从堡到堡”——原型的不断重复过程。因此，堡寨聚落可谓古城的原型和要素，而现存北方地区的堡寨则是原型所延续下来的乡村版本和活化石。

此外，在关于中国建筑史学研究中，乡村聚落的历史远未得到充分的关注而成为史学研究的缺环。因此，开展堡寨聚落的历史研究可以带动有关乡村聚落史的研究，从而弥补缺环，使中国建筑史或聚落史臻于完善。

防御性聚落研究的社会文化意义，首先在于它反映了古代社会历史的变迁。每当社会动荡，民不聊生，则大兴堡寨，以便守望相助，或据雄自卫，和平年代则任其倒圮或被官府所取缔。如清末民初战乱时期也是坞堡、山寨兴盛之时。通过此项研究，可以进一步揭示整体或局部地区的社会变化和治安状况。其次，河北地区防御性聚落的内部结构和构成要素基本反映当地内部社区的社会组织结构，社区人们的经济状况、生活习俗等诸多社会或文化信息蕴含其中。

（三）防御性聚落研究的框架

防御性聚落研究应该注重整体环境或社会结构关系的探讨。经济基础、社会结构及文化范式，深刻影响（促进抑或制约）、框定着防御性聚落形态的特征及其发展走向。某一个时空下的防御性聚落形式有其必然性和偶然性的因素。体系的建立也就是每一时期防御性聚落形态的一种必然性的机制，同时也会有一些偶然性因素的作用而形成一些特殊形式。确立防御性聚落研究的理论框架，也就是找寻防御性聚落发展演变的基石。

因此，为更加清楚表明研究的逻辑结构，笔者利用系统论方法，首先建立起

---

① 张玉坤、宋昆教授在《山西平遥的堡与里坊制度探析》一文中所提出的重要观点。

研究防御性聚落的理论体系。防御性聚落系统由影响因素和表现模式两大部分组成，其中影响因素可分为自然和社会两个方面，表现模式可分为宏观和微观两个方面。其次，作为研究基础，展开对防御性聚落发展沿革的探讨，分析防御性聚落各历史时期的特点，以便使读者有较为全面的了解。最后，按照上述理论体系，对河北地区防御性聚落展开全面探讨，分析其发展、演进的影响因素和表现模式，探索防御性聚落的深层次文化内涵。

第一章　防御性聚落演进机制

传统防御性聚落的研究是系统工程，它涵盖了多方面的因素。“‘系统’在于‘系’，就是组成系统的各要素之间的联系；其次，在于‘统’，要素之间联系成为一个统一的有机整体。世界上没有离开系统的物质，也没有离开物质的系统。有物质就一定有系统，有系统就一定是物质的。观念系统不过是物质系统的派生物。”[①]因此，在研究防御性聚落时，首先必须了解系统内各因子之间的关系，以便更好地分析其内涵。

第一节　防御性聚落系统组成

系统是具有特定功能的、相互间具有有机联系的许多要素所构成的一个整体。[②]防御性聚落系统同样也是由诸多要素形成的有机整体，其内部各要素相互联系、相互制约，共同作用于防御性聚落的整体结构上。

一、聚落研究理论基础

防御性聚落属于聚落的一种，它既含有政治、经济、军事等因素，又含有社会、民俗、文化的因素。因此，对防御性聚落的研究不能局限于建筑学单一学科，而是要进行聚落地理学、民俗学、人类聚居学、社会学等跨学科的交叉研究。

（一）建筑学

对防御性聚落的分析离不开建筑学方面的研究。《中国大百科全书——建筑、园林、城市规划》中描述：“建筑学是研究建筑物及其环境的学科，旨在总结人类建筑活动的经验，指导建筑设计，创造某种体形环境。传统建筑学的研究范围包括建筑物、建筑群和室内空间、室内家具的设计以及风景园林、城市村镇的规划设计。”在我国，从建筑学角度对防御性聚落的研究可分为两个阶段，第一阶段是学者对各地保留较好的堡寨进行的研究。国内起步较早的是对福建土楼、江西土围的研究。[③]20世纪80年代开始，堡寨的研究领域逐渐转向北方地区。同济

① 霍绍周．系统论．北京：科学技术文献出版社，1988.

② 同上。

③ 著作：高珍明，王乃香，陈瑜．福建民居．北京：中国建筑工业出版社，1987．林嘉书．土楼与中国传统文化．上海：上海人民出版社，1995．张良皋，李玉祥．老房子——土家族吊脚楼．南京：江苏美术出版社，1994．张国雄，李玉祥．老房子——开平碉楼与民居．南京：江苏美术出版社，2002．编写组．永定土楼．福州：福建人民出版社，1990．林嘉书，林浩．客家土楼与客家文化．台北：情远出版有限公司，1992．黄汉民．福建土楼．台北：台湾汉声杂志社，1992．黄汉民．福建传统民居．厦门：鹭江出版社，1994.

大学董鉴泓、阮仪三等学者对雁北边防城堡进行过较详细的调查；[①]中、日两国学者对陕西韩城党家村进行了较为全面的研究[②]；天津大学师生对晋中张壁古堡进行详细测绘调查；天津大学张玉坤、宋昆两位教授对山西平遥古堡形态作出过深入研究，并在堡与古代里坊制度方面有开拓性的发现；[③]清华大学师生测绘晋东南郭峪村、张家口蔚县古村堡。第二阶段是对北方各地区堡寨的全面考察。天津大学北方堡寨项目组成员在国家自然科学基金项目“中国北方堡寨聚落研究及其保护利用策略”进行期间，对中国北方的甘肃、山西、陕西、山东、河南、河北，以及南方的福建、广东、江西等省的防御性聚落进行全面调查研究，同时将工作重点转移到长城沿线军事防御性聚落。

从建筑学角度对防御性聚落的研究主要有微观和宏观两个层次。在第一阶段中，学者们研究的主要方法是对现存防御性聚落采用现代技术手段测绘，并在此基础上利用历史学的研究成果展开探索，其重点是从传统文化的保护与继承发扬的角度调查研究，注重物质形态、特点、传统文化的影响等方面的分析。从20世纪90年代开始，学者们对韩城党家村的调查已经把研究的侧重点放到了聚落位置的选择、聚落内部的布局、聚落之间的关系以及聚落群之间的关系等方面。2003年，天津大学北方堡寨项目组成员展开了北方地区堡寨的调研工作，研究方向更加宏观，同时利用已有的研究成果和研究方法深入探讨了防御性聚落的区域分布和形态变迁等方面的研究。

（二）聚落地理学

本书试图借鉴农村聚落地理学的基本理论对防御性聚落进行以下两个方面的探讨：一是研究防御性聚落在演进过程中的聚落分布和形态的变化，二是探讨防御性聚落内部结构的形成。

我国对聚落地理的专门研究始于20世纪30年代。当时，J·白吕纳《人地学原理》被译成中文，法国学派的人地相关说传入中国，对中国地理学界产生相当大的影响。中国学者在聚落地理研究上主要包括：聚落地理理论研究；小区域的聚落地理；城市和集镇的地理研究；区域地理研究中的聚落。

中国聚落地理学的研究可以划分为4个阶段。1949年以前聚落地理研究内容上侧重于解释聚落与环境之间的因果关系。20世纪50年代前期，地理学研究大致承袭过去的传统，城市和农村聚落仍作为研究的内容之一。在聚落地理理论研究方面，1950年发表的《怎样做市镇调查》（吴传钧），该文是用定量方法来进行聚落研究的开端；在区域地理论著中，也能见到有关聚落的内容。[④]如《冀南地

① 著作：雁北边防城堡调查简报.
② 著作：周若祁，张光主编. 韩城村寨与党家村民居. 西安：陕西科学技术出版社，1999. 日中联合民居调查团. 党家村——中国北方传统农村集落. 北京：世界图书出版公司，1992.
③ 著作：宋昆. 平遥古城与民居. 天津：天津大学出版社，2000.
④ 转引自薛力. 城市化进程中乡村聚落发展探讨——以江苏省为例. 东南大学博士论文.

区经济地理》[1]、《南雄盆地经济地理》[2]及《南阳盆地》[3]，都有农村自然村和集镇的情况介绍。50年代中后期，人文地理学受到批判，聚落地理学的研究也受到影响。1958年，我国大量地理工作者，参加了农村人民公社规划工作，农村聚落的规划作为人民公社规划的组成部分之一，受到了重视。农村聚落的地理研究与实际工作得到结合。70年代中期以后，特别是80年代以来，我国的聚落地理学得到全面复兴。在城市地理学科取得进展的同时，农村聚落地理的学科建设也获得了突破性的进展。一些地理学者开始探讨农村聚落地理研究的主要内容及其研究框架，其中比较重要的是金其铭先生的《农村聚落地理》[4]、《中国农村聚落地理》[5]两本著作，书中系统地阐述了农村聚落地理的理论基础、研究方法，结合国内外农村聚落的大量实例，分析农村聚落的形成、发展、分布规律及其与环境的关系，对农村聚落类型、农村聚落体系、村镇规划和农村城市化等问题进行了总结，并尝试划分了我国农村聚落区。

防御性聚落的研究应纳入农村聚落地理研究的范围内，并可借鉴农村聚落地理研究的相关成果与研究方法。“传统农村聚落地理学主要研究内容有以下几个方面：一、农村聚落地理学研究的主要内容是：农村聚落的形成与演化；二、农村聚落位置，农村聚落与环境的关系，影响农村聚落分布的因素；三、农村聚落的形态与结构；四、农村聚落分类与农村聚落体系；五、农村聚落的分布规律，农村聚落区划；六、农村聚落规划。”[6]

（三）民俗学

民俗学作为一种新兴的学科发端于19世纪初期的德国。1812年出版的德国格林兄弟的《儿童和家庭故事》，标志着民俗学学科的诞生。1831年，芬兰文学学会的成立成为世界上第一个研究民俗学的学会。1878年，英国民俗学会成立，创办了第一份民俗学杂志《民俗学刊》。1888年，美国民俗学会成立。自此，民俗学在欧美各地普遍发展起来。[7]

中国民俗学研究发端于20世纪初，当时的中国正处于风云变幻的年代。中国民俗学研究正是在这种关注民众的动荡的背景下产生的。当时，北京大学聚集了众多的文化精英，在新文化运动的带动下，一反过去贵族化的、古典的研究方向，转而把目光投向民俗的、大众化的研究方向。1918年2月，北大设立了“歌谣征集处”，开创了中国民俗学研究的先河。1922年，北大创办了《歌谣周刊》，由周作人、常惠、顾颉刚等人担任编辑。在短短的几年之内，他们就取得了丰硕的成果，搜集到了上千首民谣。在此基础上，展开了对歌谣的广泛研究。后来，学者们逐渐意识到歌谣研究只是众多研究中的一个方面，因此，北京大学又成立

---

① 孙敬之等. 冀南地区经济地理. 地理学报，1954.
② 梁溥等. 南雄盆地经济地理. 地理学报，1956.
③ 梁溥等. 南阳盆地. 地理学报，1955.
④ 金其铭. 农村聚落地理. 北京：科学出版社，1988.
⑤ 金其铭. 中国农村聚落地理. 南京：江苏科学技术出版社，1989.
⑥ 金其铭. 农村聚落地理. 北京：科学出版社，1988.
⑦ 田晓岫. 中国民俗学概论. 北京：华夏出版社，2003.

了风俗调查会。此后，中国民俗学的研究又进一步扩展到其他领域，如神话、故事、传说、谜语、节日、风俗、谚语、民间信仰、民歌等。

“民俗学的内容包括对民俗事象的理论探索与阐释、对民俗史和民俗学史的研究与叙述、民俗学方法论以及对民俗资料的收集保存等方面的理论与技术的探讨。具体说来，可以分为以下六大部分：

1. 民俗学原理——对民俗事象发生、发展、演变及其性质、结构、功能等方面的理论探索，包括对综合或单项问题的研究。

2. 民俗史——对民俗事象的历史探究与描述，包括通史、断代史、综合性的或单项性的民俗事象发展史。

3. 民俗志——一种对全国或某一民族、某一地区的民俗事象进行综合或单项的科学记述的作品。

4. 民俗学史——关于民俗问题的思想史、理论史，也包括搜集、记录、整理和运用它们的历史。

5. 民俗学方法论——关于民俗事象整体的观察研究和具体的调查整理的技术与方法两个方面的理论。

6. 资料学——关于民俗事象资料的获取、整理、保存和运用等活动的探索与论述。”①

民俗研究，通常采用的是“事象研究”的方法。民俗事象，就是从具体的民俗生活或民俗事件中抽象出来的带有一定普遍意义的民俗内容。它是一种行为文化，其中又蕴涵着支配行为的观念、支持行为的技术和解释行为的话语等丰富的内容。在民俗文化中，每一民俗事象都有着与其相关的社会、历史、文化背景，比如祭祖民俗、风水民俗、戏曲民俗等。防御性聚落本身就是地域性文化的载体，它的空间布局、建筑单体都刻有一定区域内民俗事象的印迹。因此，在防御性聚落生成机制研究中，借鉴民俗学的相关成果能够更加深入地分析防御性聚落空间布局、内部网络及建筑单体的成因。

（四）人类聚居学

整体统一的系统思想映射到建筑学领域，促成了人类聚居学的诞生。“所谓人类聚居学，是一门以包括乡村、集镇、城市等在内的所有人类聚居（human settlement）为研究对象的科学，它着重研究人与环境之间的相互关系，强调把人类聚居作为一个整体，从政治、经济、社会、文化、技术等各个方向，全面地、系统地、综合地加以研究。”②

人类聚居学的研究内容和工作体系主要包括三个方面：一是对人类聚居基本情况的研究，包括对人类聚居进行静态的和动态的分析，并研究“聚居病理学”（Ekistic Pathology）和“聚居诊断学”（Ekistic Diagnosis）；二是对人类聚居学基本理论的研究，找出人类聚居内在的规律；三是制定人类聚居学建设的行动

① 钟敬文. 民俗学概论. 上海：上海文艺出版社，1998.
② 同上。

步骤、计划、方针，即进行对策和决策研究。[①]

关于人类聚居学的研究方法，道萨迪亚斯（C. A. Doxiadis）认为应当经验实证和抽象推理两种方法同时使用。“一个完整系统的研究方法应当包括下列步骤：①根据经验研究人类聚居；②用经验实证的方法进行人类聚居与其他事物的比较研究；③抽象理论研究以得出理论假设；④把理论假设进行实际验证；⑤反馈并进行理论修正。”[②]

（五）社会学

社会学将整个乡村聚落的背景作为研究对象，形成农村社会学。农村社会学最先起源于20世纪初的美国。背景就是随着美国工业化发展迅速，农村人口大量进入城市，农村衰退日益严重，美国政府要求进行农村方面的科学研究，从而产生了农村社会学。1906～1912年间，哥伦比亚大学社会学教授F·H·吉丁斯（Giddings）指导学生从事农村社会的调查，是农村社会学研究的先声。1915年，威斯康星大学的C·G·格尔平（Galpin）教授发表《一个农业社区社会的剖析》的报告，标志着美国农村社会学的诞生。欧洲农村社会学起步晚于美国，发展也不如美国迅速。第二次世界大战以前，欧洲主要国家从事这方面研究的人数很少，成果也不多。第二次世界大战以后，在美国农村社会学的影响之下，欧洲农村社会学才逐步繁荣起来。荷兰的瓦格宁根农业大学（Agriculture University in Wageningen）、瑞典的斯塔哈姆大学（University of Stockholm）都开设有农村社会学课程，其他国家也有不少人在研究农村社会学。日本农村社会学同样受美国的影响，但它起步早于与欧洲。20世纪二三十年代，铃木荣太郎就开始了农村社会学的研究，1940年他出版了《日本农村社会学原理》一书，是日本农村社会学最早的著作。[③]

农村社会学在我国的发端可以回溯到20世纪20年代初。自美国创立农村社会学以后，我国就有留学生前往研习，回国后通过教学和著述加以传播。1918～1919年，上海沪江大学的D·H·库尔普等对广东潮州的凤凰村进行了研究，内容涉及地势、人口、种族、文化等，是我国早期的一次比较全面的社会调查。1924年顾复先生的《农村社会学》是我国第一部农村社会学著作。20世纪40年代后，中国农村社会学加强了对社区的研究。1939年费孝通先生写成《江村经济》一书，描述中国农民的消费、生产、分配和交易等体系，并分析了它们与特定地理环境以及本社区的社会结构的关系等。1948年费孝通先生又出版《乡土中国》，该书重点描述了中国基层传统社会里的一些情况。20世纪50～70年代末，我国农村社会学的研究一度中断。到1978年，农村社会学随着改革开放的进行，获得了新的发展，我国学者在小城镇研究、乡村城市化研究、农村组织研究、贫困研究、农村社会保障研究等领域取得了重要成果。

---

① 钟敬文. 民俗学概论. 上海：上海文艺出版社，1998.

② 同上。

③ 参考：童晓频，李守经. 农村社会学. 中国大百科全书：宗教、民族、社会学卷. 北京：中国大百科全书出版社.

农村社会学的研究内容主要包括四个方面的内容。第一，农村的基本社会结构。作为构成农村社会诸要素的社会结构，主要包括：农村人口与劳动力、农村的社会群体、农村社会组织、农村社区与环境、农村社会阶层和文化等，正是这些因素的相互联系、相互影响、相互制约、相互促进，构成了农村社会整体，因此，农村社会学首先要研究农村社会结构。第二，农村的基本社会过程。作为农村社会过程，它包括：社会冲突、社会适应等；农村生活方式、农村的社会分化与分层、农村社会问题、农村社会控制、农村社会管理、农村社会变迁、农村社会整合和社会现代化等，这些都是农村社会学研究的重要内容。第三，农村基本社会制度。农村社会制度主要包括：经济制度、政治制度、法律制度、家庭制度、生育制度、教育制度和文化宗教制度等。第四，农村社会学的研究方法。社会学方法包括三个层次，第一个层次是理论方法和思想方法，也就是从方法论意义上讲的；第二个层次是进行社会调查研究的组织方法；第三个层次是各种具体收集资料的方法。[①]

防御性聚落的研究属于乡村聚落研究的一支，可借鉴社会学在乡村聚落研究方面的相关方法和成果。

二、传统防御性聚落的系统组成

防御性聚落可以分成相互作用的两个部分：影响因素和表现模式。其中影响因素是指防御性聚落发展变化的决定因素；表现模式是指防御性聚落的生成过程和表现结果。影响因素又可分为自然影响因素和社会影响因素，前者包括地形地貌因素、气候因素、水文因素、土地资源因素等；后者包括经济因素、人口因素、生活方式因素、技术因素、制度因素、文化因素等。防御性聚落的表现模式又可分为宏观表现模式和微观表现模式，前者包括防御性聚落的分布体系、规模特征以及形态特点等，后者则包括防御性聚落的边界、空间结点、公共建筑、民居建筑、路网结构等具体特征（图1-1）。

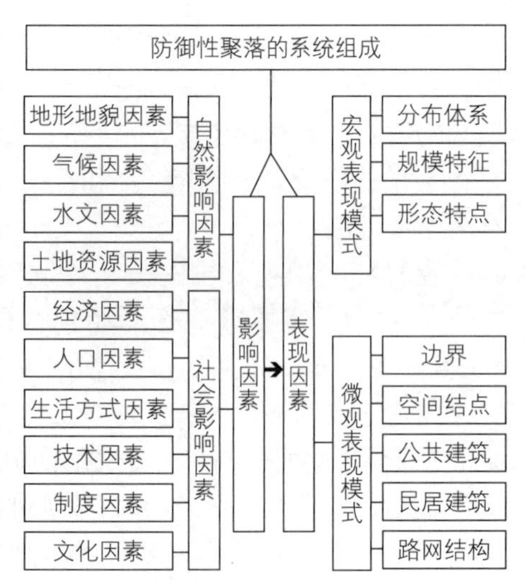

图1-1　防御性聚落的系统组成图
（图片来源：自绘）

第二节　防御性聚落影响因素

在防御性聚落中，影响因素决定表现模式，表现模式对影响因素又有反作用。当防御性聚落的发展处在初级阶段时，影响因素起着促进变化的作用，当防

① 程贵铭主编. 农村社会学. 北京：中国农业大学出版社，1998.

御性聚落的发展进入后期阶段时，表现模式则起着维持现状的作用。

（一）自然影响因素

聚落与环境是两个不同类型的系统相互作用构成的统一体。环境本身包含了多种因素，自然环境是其中的重要部分。人们往往选择气候适宜、阳光和水源充足、地势平坦、土壤肥沃的地方作为生存聚居地，从而我们可以通过聚落的具体形态直观地体现聚落对自然环境的适应关系。在不同的社会发展阶段上，自然环境制约着人类数量和分布范围，也影响到一定地域范围内防御性聚落的规模、密度以及分布范围。同时，自然环境也对防御性聚落的微观表现模式产生影响，如在不同地区的不同气候条件下，堡寨内的建筑形式及结构则不同。

自然因素对防御性聚落的影响主要包括四个方面：地形地貌因素、气候因素、水文因素、资源因素。

1．地形地貌因素

地形地貌因素直接影响到防御性聚落的选址及形态。韩城地区处于黄土地带，由于古代黄河的泛滥和西部山区水系的冲刷侵蚀，形成了复杂的地形和地貌，随处可见高差20～50米左右的断崖绝壁。人们利用这种地形修建了许多三面临崖的岛状防御性聚落，平面大多呈不规则形（图1–2）。这里的村落大多是明代早期形成的。最初，村民在靠山式窑洞里居住，然后在周围平坦的地带形成村落。河北蔚县境内有三个不同的自然区域：南部深山区、中部河川区、北部低山丘岭区。在中部河川区，地势较平坦，无险可守，但村民为防战乱而修建堡寨。这些防御性聚落大多为规则形平面，并靠近村落以利敌人到来之前尽快进入堡中（图1–3）。

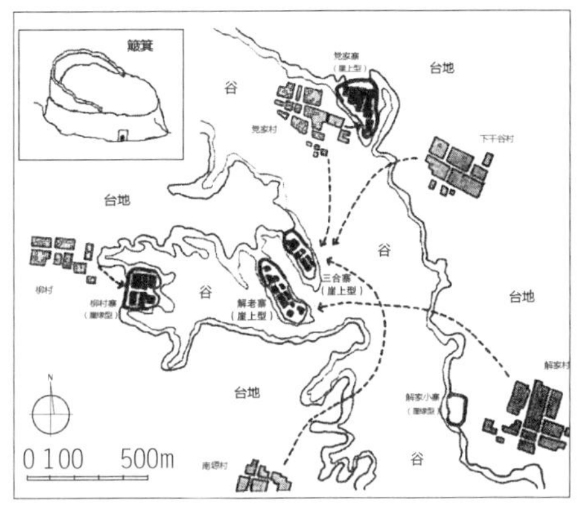

图1–2　韩城堡寨

（图片来源：周若祁，张光主编．韩城村寨与党家村民堡．西安：陕西科技出版社，1999.）

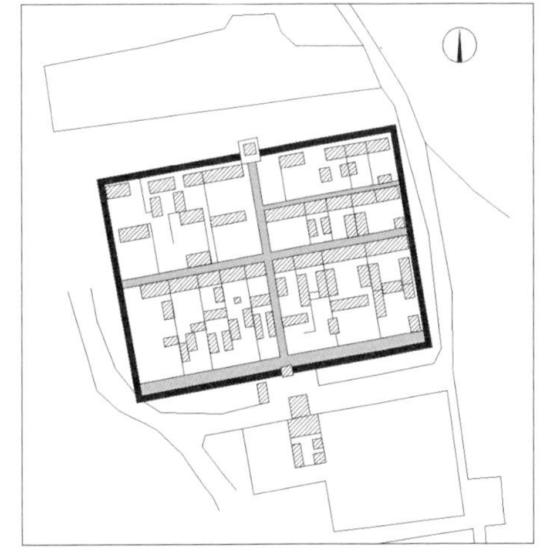
图1–3　任家涧堡平面

（图片来源：自绘）

2．气候因素

气候是指某一地区多年的天气特征，由太阳辐射、大气环境、地面性质等因素相互作用所决定。[①]气候作为人类生活和社会生产活动的自然环境的重要组成

① 辞海编辑委员会编，辞海．1989年版［缩印本］．上海：辞书出版社，1989.

部分，与人类的关系随着社会的发展而日趋密切，它不仅是社会生产实践活动最基本的条件之一，还直接影响着人类的社会生活，进而对聚落发生作用。

气候因素对聚落乃至地域文化的兴衰起了重要的作用。例如，长江三角洲史前文化的兴衰与“全新世”[①]气候变化有一定的耦合关系。薛城遗址相当于马家洪文化晚期，它是南京地区发现最早的新石器遗址，新仙女木冰期之后，该区进入明显的持续增温时期，直至全新世高温期，持续较长时期的暖湿气候使该区新石器文化得以发展。金坛三星村新石器遗址相当于马家洪文化中期至崧泽文化中期，崧泽文化是在暖湿气候条件下出现和繁荣的，但随着气候逐渐变为冷干，加上当时人类活动剧烈，自然植被破坏比较严重，导致崧泽文化发生中断。[②]又例，商代晚期燕北夏家店下层农业文化大规模南退，一直退到努鲁儿虎山、燕山一线以东、以南地区，在辽西地区演变成魏营子文化。以北地区则出现以畜牧业为主要经济形式的夏家店上层文化，并呈现由北向南发展的趋势。这一大规模考古文化在空间上的变动，大约开始于商末。这一次文化上的剧烈变动，与自然环境的变化一致。当时正是全新世大暖期结束的时期，自然环境已进入了降温期。夏家店上层文化时期气候变化促成了畜牧业文化的大发展。全新世大暖期之后的环境变化，如温度普遍下降、降水量减少等，导致了夏家店下层农业文化崩溃及夏家店上层畜牧业文化出现。这种地域文化的变化是造成冲突的潜在因素，防御性聚落从一定意义上说就是这种冲突的产物。[③]

气候对聚落的影响还表现在建筑形式上。一般来说，建筑屋顶坡度大小随各地降水量的多寡而不同。降水多的地方的屋顶坡度大，以利泄水；反之，屋顶坡度小。在气候特别干旱的地区，甚至为平屋顶。这现象反映在古民居上格外明显。如在东北南部的辽河流域和辽西走廊的民居，它与相邻的冀东一样，房屋较低矮，屋顶边缘略具圆弧形，其中央平坦。而到东北的东部和北部地区，降水增多，民居的屋顶形式改变为“人”字形两面坡式的尖顶、房屋的高度也增大了。

3．水文因素

水文因素包括河湖的最高、最低和平均水位，河流的最大、最小和平均流量，最大洪水位，历年的洪水频率，淹没范围及面积，淹没概况等。[④]聚落的存在必须有水源的保证，水是人们生产和生活不可或缺的因素，因此水文因素对聚落及防御性聚落的分布、规模等具有重要的影响。

在人类文明的发展过程中，创造辉煌文化的古聚落均分布在某一大河流域内，如中国古文明的摇篮是黄河、长江，古埃及文明诞生于尼罗河畔等。

聚落对水资源的依赖表现在其沿河流、湖泊分布上。聚落的分布与水源的关

① 全新世是第四纪（Quaternary period）中的一个阶段，第四纪也称为第四纪冰川期，是地球历史的最新阶段，始于距今175万年。第四纪包括更新世和全新世两个阶段，二者的分界以地球上最近一次冰期结束、气候转暖为标志，大约在距今1万年前后。

② 参考：张芸，朱诚，戴东升，宋友桂．全新世气候变化与长江三角洲史前文化兴衰．地质论评，2001，47（5）.

③ 参考：刘晋祥，董新林．燕山南北长城地带史前聚落形态的初步研究．文物，1997，(08).

④ 金兆森，张辉．村镇规划．南京：东南大学出版社，1999.

系是显而易见的，在黄河、长江流域分布了原始社会古聚落的绝大部分。在水网稠密的江南平原，取水方便，聚落较分散。华北、华中平原，河道稀少，古聚落比较集中。在江南的丘陵山区，聚落一般分布在山麓和开阔的河谷平原。

防御性聚落的分布与规模也受到水源地的影响。河北蔚县境内东南部山区属大清河水系，其余大部分流域属永定河水系，有湖流河、清水河、定安河、十字河四条常年性河流，季节性河流域有壶流河北岸丘陵区和壶流河南岸洪冲积扇两个流域。县境内分三个水文地质单元，即南山裂隙岩溶含水区、北部山地丘陵裂隙含水区和山前盆地孔隙含水区。地下水补给主要来源为大气降水，流向基本与地形坡降方向一致。壶流河南岸地下水较丰富，北部山区地下水较贫乏。明清时期形成的集镇中除白草窑、北水泉外，暖泉堡、西合营、代王城、吉家庄、白乐、桃花堡皆位于壶流河两岸，沿中部呈线性分布，其规模也较大，人口一般在4000～16000不等。其他堡寨则分布于壶流河支流附近，规模也较少，人口在几百人左右。北部低山丘陵区只有零星的几个堡寨分布。

4．土地资源因素

土地生产力制约着某一地区人口、经济的发展。这可以用土地人口承载量或土地综合承载力来反映。土地人口承载量反映的是土地生产力对一定生活水平下人口增长的限制目标。土地综合承载力是指在一定时期、一定空间区域、一定的社会、经济、生态环境条件下，土地资源所能承载的人类各种活动的规模和强度的阈值。土地综合承载力中的“土地”不仅仅是指“耕地”，它还含有林地、草场、山地等多种因素；另外，它的“承载物”也不仅仅是“人口”，还包括人类的各种社会经济活动。从一定意义上说，土地承载力是社会、经济、环境协调作用的中介和协调程度的表征。农业是古代社会的决定性生产部门，土地是农业生产中最主要的、不可替代的、最基本的生产资料。在以土地耕种作为主要生产方式的中国古代社会中，土地生产力制约着聚落的规模和空间分布。

在农耕时代，聚落的生存依赖于土地生产力的大小。在山地地区，人们为了得到一定数目的耕地，聚落一般分布在河谷或盆地地区、山顶高台地区和山麓地区。同时，为了节约平整土地以利耕作，聚落一般分布在上述地区的坡地地带。另外，聚落的规模也受土地资源的肥沃程度的影响。陕西韩城全县面积1621平方公里，明代有289个村落，明嘉靖年间全县耕地35.09万亩；清代有754个村落，清乾隆年间全县耕地37.32万亩。若以耕地面积比较，韩城东部川塬区的村落远大于西部山区的村落。川塬地区的五百亩以上的村落占绝大部分，千亩以上的村落也有相当多。而山区村落多在100～300亩之间，少数几个较大的村落不过五六百亩。

（二）社会影响因素

防御性聚落是人类利用自然、适应社会的产物，也是自然环境与人类社会的相互作用的共同结果。因此防御性聚落除了受到地形地貌、水文、气候和土地资源等自然因素的影响之外，还要受到社会因素的制约。社会因素对防御性聚落的制约比自然因素复杂，同时社会因素内部各因子也相互作用、相互影响，共同对防御性聚落发生作用。本书将社会因素划分为经济、人口、生活方式、技术、制度、文化等因子进行探讨。

1．外部社会环境

外部社会环境的改变，尤其是社会动荡产生的环境变化，是防御性聚落兴建的直接原因。历朝历代，特别是改朝换代，外敌频扰之时，往往是防御性聚落修筑的高峰期。无论是汉代的坞堡、宋代的山水寨、明代的长城防御体系、清末各地的堡寨，大都出现在各朝代动乱之时。同时，防御性聚落修建过程可分为政府有组织修建和民间自发修建两种。历史上，各朝代常常有组织地修筑堡寨作为据点以抵御外敌入侵。如宋代长期受到北方强敌的侵扰，朝廷采取“堡寨”政策，将自卫武力纳入边防体系，并组织民众，修建“山水寨”；明代政府为抵御北部蒙古及东部倭寇的入侵，修建长城军事聚落防御体系和沿海军事聚落防御体系；又如清末，社会动荡，太平军、捻军相继爆发，政府鼓励团练，由此各地出现了大量堡寨。另外，自发性防御性聚落修建的原因主要是为抗击贼寇、保家安民。当社会秩序破坏，匪盗横行，各地豪绅及百姓组织自卫力量，筑堡避祸。例如，东汉为抵御西羌的入侵，各郡纷纷修建坞堡，许褚“聚少年及宗族数千家，共坚壁以御寇”[①]。明末清初，河北蔚县的民众自发修筑了大量村堡，这些村堡皆是村民共同集资修建。村民建这些村堡抵御贼寇的同时，也为抵御突破长城防线从北部入侵的蒙古骑兵。此外，清末各地豪绅修建的庄园式坞堡也是为防止匪盗的滋扰而建。

2．经济因素

防御性聚落的建设本身就是一个经济过程，它除了占用土地外，还需要资金、建筑材料和劳动力等要素的投入。首先，经济因素直接影响防御性聚落的规模，经济发达地区，堡寨的规模较大；反之，堡寨规模较小。山西灵石静升镇由九沟、八堡、十八街巷组成，且静升河穿镇而过。八个堡大多由豪族兴建，其中崇文堡碑文中记载了其修筑过程：“为建堡，村民用178.25两白银购得73.5亩耕地，以其中40亩为建堡基址，共分宅院32份；11亩为出行道路两条，一条南出堡前东沟，转而通街，一条东行入肥家沟出锁瑞巷与东西向五里长街相连；剩余22.5亩筑墙取土后分给堡人王士麟等十二户耕种。筑堡建路的51亩土地的皇粮，‘各照份股均分’，堡外分到土地者也以‘各自收入，本身上纳’。筑堡历时四年，耗银三千有余（不包括各自建宅院所需费用）。”[②]又如山西郭峪堡，原为王、张、陈、窦、卢、马、蔡等杂姓居住的大村。明崇祯五年（1632年）至崇祯八年（1635年），陕西义军四袭郭峪，造成巨大财物人员损失。村社首富王重焕持重金带头筹资，共筹白银数万两，于崇祯八年正月十七日始建郭峪堡，至

① 陈寿．三国志·魏志（卷十九）．许褚传．
② 静升镇资料由张学良先生提供．

同年十一月十五日完成。“城高三丈六尺计阔一丈六尺，周围合计四百二十丈，列垛四百五十，辟门有三，城楼十三座，窝铺十八座，筑窑五百五十六座，望之屹然。”[①]经济欠发达的贫困地区的村落修建的堡寨面积相对窄小，建筑简陋，功能欠缺，只可躲一时兵乱，不能久居。例如，山西沁河流域的王村堡、上佛堡等。

其次，经济因素决定建筑材料使用的优劣。在经济较发达的地方，堡寨大都用石材与青砖修建。堡墙基础及基础之上一定范围内用石条砌筑，其上用夯土砌筑，再用青砖包砌，城墙、垛口、城楼等城上建筑也采用青砖作为建筑材料。在经济欠发达的地方，堡寨多用夯土筑墙，在堡门处用少量青砖砌筑堡门及门楼等建筑。另一方面，城墙的厚度与城上建筑也有所不同。在砖石砌筑堡寨中，城墙高大厚实，上可通行，且城上建筑较多。

第三，经济因素决定防御等级的高低。由于经济地位与政治地位的不等，堡寨的防御能力也各有特色。在经济实力较强并有较高政治地位的官绅们居住的堡寨或军事堡寨中，一般采取多层防御体系，如瓮城、地道、碉楼等。一般堡寨没有第二层防御体系，在攻破之后，防御功能也就尽失了。

3．人口因素

在农耕时代，人口因素对防御性聚落的发展有着重要作用。随着村庄人口的增加，人们往往不断扩大防御性聚落的规模。当扩大到一定的程度时，原有堡寨不能满足聚落中人口的需要，此时部分人口将离开原防御性聚落，迁往其他适合生息的地区，并创建新的堡寨以保证生命及财产的安全。

由于人口增加，堡寨规模不断扩大的形式有多种。一类是堡寨在原有基础上直接向外扩大。如河北蔚县千字村，明正德十四年（1519年）建村，属平川区，地势较平坦，现有940人，耕地3151亩。原千字村堡规模在不能满足人口增加的要求后，将堡沿北城墙向东扩展，又修建了新的堡墙、堡门等设施（图1-4）。另一类是脱离原有基础，在周边修建新的堡寨，其中有的村落由于经济发达、人口众多，从而逐渐发展为多堡城镇。如山西的段村，该村位于平遥南10公里处，地势南高北低，是一处由六座堡组成的集镇聚落。这六座堡按修建顺序依次为凤凰堡（旧堡）、石头坡堡、南新堡、和熏堡（八角楼

图1-4 千字村平面
（图片来源：自绘）

① 转引自：张广善. 沁河流域的堡寨建筑. 文物世界，2005，(1).

堡）、永庆堡（照壁堡）和北新堡。村中东西向主街为商业街，原有比邻而建的许多店铺；此外还分布有段家祠堂、张家祠堂、南寺庙宇群等。

4．生活方式因素

聚落的规划是对聚落中居民生活空间的设计。中国古代聚落的规划，一般在结构上显示出时代传承的关系，还受到当时聚落中统治集团意志的支配。同时，堡在设计的时候，势必要考虑到将来居住在这个城堡中的人们的生活方式。军事堡寨的形态，无论是从外部形态还是内部结构的设计着眼，都是为了保证堡寨和堡中居民在战争中的安全，他们的安全，意味着这块国土上的占有和支配。聚落形态的形成要受社会、军事、经济、文化等因素的不断影响，由聚落空间不断被充实和改造而形成。聚落空间是人类行为的结果，又是行为的空间场所。所以，分析明代军事堡寨的聚落形态，尤其是堡寨内部空间的分配，势必要先研究居民生活。当然从另一个角度，军堡中生活的居民，其行为方式的各种表达，如风俗、道德追求等本身也在创造着与其他村堡所不同的景观。

另一方面，每个村落的范围与耕作半径有关，即不超过一日步行距离。村堡往往依附于村落而存在，其分布也具有相同的规律，受到传统生活方式的影响。此外，生活方式对村堡的作用还表现在居住方式对防御性聚落空间布局的影响上。比如，受中国传统宗法等级观念和血缘伦理思想以及宗教文化影响产生的农村居住方式便支配了村堡及其内部院落组成的基本格局与内向的空间结构。大多堡寨建筑内都有庙宇。在封建社会里，神灵是人类的保护者，因此在堡寨中，神祠庙宇是其中不可缺少的建筑，尽管神灵名字不同，但其无处不在。蔚县的每个堡寨中都有庙宇的存在，其分布位置也有一定规律（图1-5）。

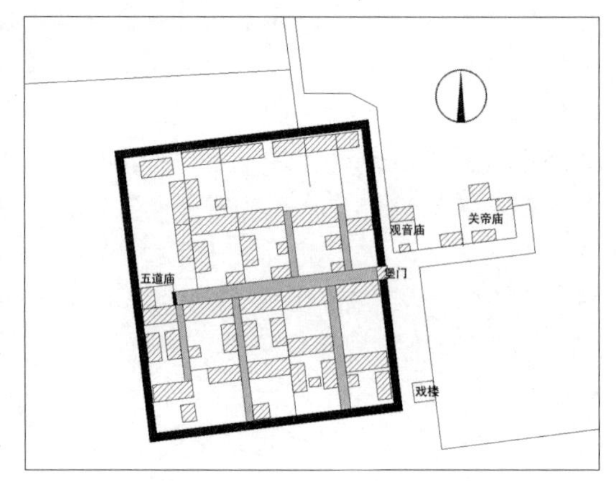

图1-5　庄窠堡平面
（图片来源：自绘）

5．技术因素

建筑技术对堡寨的防御体系影响甚大。无论村堡或军堡，由于等级、规模、用途、地域、军事重要程度、建造实力等的不同，在具体构造方式、建筑材料、堡寨内部空间布局等方面都有着相应的个性表现。总体而言，军堡有着明确的军事目的，并受国家的直接控制，因而其营建程序、方法和建筑技术较为规范化，城防较为完备；村堡属于乡村一级的堡寨，大都由村民自发修建而成，其规模、墙体厚度、牢固性及防御设施往往根据当地百姓自身的经济和技术实力的不同而有着更为灵活的营造自由度。虽然村堡无法与军堡城池相比，但却深受军堡形制的影响，在相同历史条件下，它们有着相似的防御思想、建筑技术与形制布局。

6．制度因素

制度分为两种："一种是'正式的制度'，在一般意义上就是说由国家一个专门的政权，来代表一种'官方的解释'，来对制度提出一种官方的认可或者推行的定位。另一种是'非正式制度'，在日常生活中它扮演着很关键的角色。例如在传统聚落中家族则代表非正式制度的一方，在不同聚落的形成过程中正式的制度与非正式的制度所发挥的作用是不同的。"[①]防御性聚落作为民众乃至整个国家的防御手段，它的产生与发展总是与一定的军事等级制度、规划制度和营建法规相联系，与此同时，其营建过程亦受到当时历史条件下国家的土地制度和"非正式制度"的影响，因此，制度因素对防御性聚落的发展有着重要的作用。

军事制度因素对堡寨形制的影响表现在聚落之间的等级关系上。中国历代都有镇戍的军事制度，尤其是明代形成的都司卫所镇戍体制。明代的军事堡寨等级分明，规模也依等级的高低有大小，并且驻兵的人数也有所不同。

中国古代土地制度从最早的井田制、名田制、王田制、屯田制、占田制到均田制，这一发展过程体现了生产关系不断调整以适应不断发展变化的生产力。以土地占有关系而形成的生产关系是最基本的生产关系，它决定了农业的生产、交换、分配形成，并由此制约、影响整个社会经济和上层建筑。因此，研究在一定历史条件下的土地制度，对于认识和了解防御性聚落在营建过程中的土地买卖与土地市场方面有很大的帮助。

7．文化因素

人文地理学是研究地表人文现象的分布、变化和发展的一门学科，也是分析文化与聚落关系的有效理论工具。人地关系是该学科的理论基础和核心内容。人文地理学的研究始于19世纪的德国地理学家李特尔和拉采尔，当时称为人类地理学。由于过分强调"地对人的控制"，因而人类地理学的研究陷入环境决定论的误区。20世纪20年代，法国地理学家韦达·白兰士及其学生白吕纳提出"人地相关论"，又称为人生地理学。他们的观点成为人文地理中"或然论"的理论基础。20世纪30～50年代，人文地理学受到经济地理学的冲击，对人地关系的综合分析被削弱。60年代以来，人文地理学开始应用新的概念、方法和计量技术来研究地表人文现象的分布，这使人文地理研究在各个方面更加精确；同时，在协调人类社会活动与自然环境的关系中，人文地理学家已清楚地认识到感觉与印象的作用，并在研究内容上有所创新。[②]

居住群体生活场所的自然环境，是文化形成和发展的场所和基本条件，而生产方式和经济基础是形成生活方式和社会组织结构，产生特定思想观念的基础。文化模式形成后，又会反过来影响人们生产生活的各个侧面，规范人们的社会交往、风俗习惯、社会行为和态度等。在聚落空间的分布与选址上，文化和环境直

① 本尼迪克特·安德森. 想象的共同体［M］. 上海：上海人民出版社，2005.
② 参考：赵荣，王恩涌，张小林，刘继生，周尚意等. 人文地理学（第二版）. 北京：高等教育出版社，2006.

接影响着人们的价值取向，影响人们在聚落建造过程中的判断和取舍。人们通过一定的劳动方式和技术水平来作用于自然环境；相反，自然环境又通过自然资源和自然条件来影响文化特征的形成。在聚落特征的形成过程中，环境是被动的影响，只是提供作为聚落建造的材料和场所，而聚落的形成与演变则是通过文化和社会生活需要来主动评价和选择的。因此，这就产生了两种可能性，一种是在不同的自然环境形成相同的聚落特征和类型。例如，大多数军事性防御性聚落在各地的分布和形态主要取决于当时的政治制度和军事制度，因此，其具体的形态特征除受到自然环境的影响外，还有相应的规范性。另一种可能性是在相同的自然环境中形成不同的聚落特征和类型，例如，作为八旗军队的驻防地——旗城的兴建，在深受历代筑城之制影响的同时，反映出不同于前代的城池规制，同时体现了满族特有的文化内涵。旗城的聚落形态则与同一地区的其他城池不同，青州旗城位于原青州府城西北，平面为方形，周约六里，有四门：南曰“宁齐”，北曰“拱辰”，东曰“海晏”，西曰“泰安”，内十字大街将城分为方整的四部分（图1-6）。青州旗城内建筑按八旗布局，“分别是正黄、镶黄、正白、镶白、正蓝、镶蓝、正红、镶红，每旗又分前后两佐（满语称牛录额真），统称八旗十六佐。八旗方位是：镶黄、正黄二旗居中，并列北方，取土胜水之意；正白、镶白二旗列东方，取金胜木之意；正红、镶红二旗并列西方，取火胜金之意；正蓝、镶蓝二旗并列南方，取水胜火之意。”①

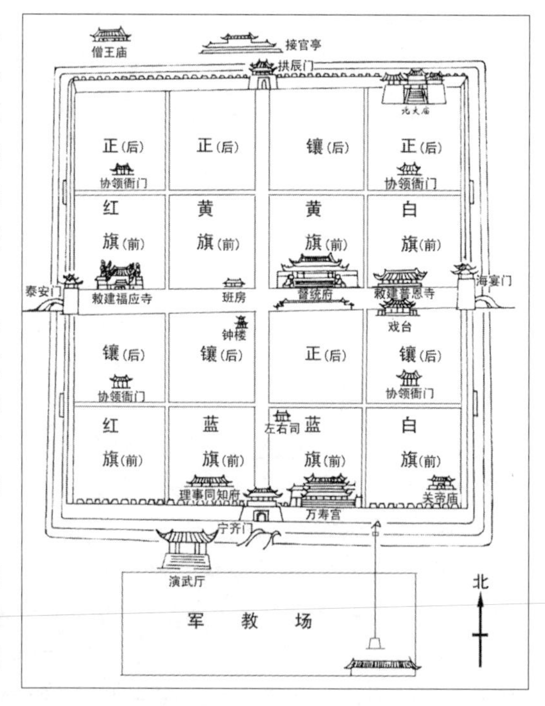

图1-6　青州驻防城图
（图片来源：选自李凤琪，唐玉民，李葵. 青州旗城[M]. 济南：山东文艺出版社，1999.）

我国各地有着丰富的自然资源和人文环境。独特的社会结构、经济状况和生态环境，形成不同区域的地域文化特点。通过挖掘防御性聚落的文化内涵，可以深层次地探讨防御性聚落形态特征的共性与个性。

第三节　防御性聚落表现模式

防御性聚落的表现模式是指防御性聚落生成过程的表现结果，它包括宏观表现模式和微观表现模式两个方面，其中前者是指防御性聚落的整体表现结果，如

① 李凤琪，唐玉民，李葵. 青州旗城［M］. 济南：山东文艺出版社，1999.

防御性聚落的分布体系、规模特征、形态特点和区位特征等，后者则主要是指防御性聚落空间内部的表现结果，如堡门、堡墙、民居、庙宇、路网结构等具体特征。

一、宏观表现模式

（一）分布体系

防御性聚落的分布体系主要是指各种大小不等的堡寨在一定地域范围内分布的密度状态。防御性聚落的分布与当地的社会经济状况、制度以及自然条件密切相关，它是防御性聚落的重要表现特征之一。

军事性堡寨的分布主要与国家军事设防的制度有关，村堡的分布则主要与当地的经济状况以及自然条件有关。村堡及其周边形成的乡村聚落大都呈团聚形态。这种聚落的中心一般为公共水源、道路交会点或公共活动场所。聚落的团聚形态不仅利于各户共同利用公共设施，最大限度地节约土地，而且也可使各户保持大致相同的耕作半径。团聚形态也有利于墙壕的修建与防卫。在社会动荡之时，平原地形无险可守，很多村落只能筑墙壕以自保，因而形成防御性聚落。

一般来讲，防御性聚落空间分布体系在形成之初，由于社会动荡，乡村聚落数量减少，因而，虽绝对数量增加，但密度较低。而后，社会稳定，农业进步，致使人口增长，因此，聚落逐渐扩张，建筑用地蚕食耕地，耕作半径不断扩大。当腹地内土地不堪人口增加的重负时，就会有部分人口迁出到聚落之外的非耕地上，把这些土地改为耕地，新聚落就会产生，同时，由于惯性思维的存在，堡寨建设也随新聚落的产生而产生。长期发展的结果是，堡寨随乡村聚落不断衍生，形成密集的大小相间分布的聚落体系。

（二）规模特征

防御性聚落的规模主要是指堡寨内部及周边村落的人口规模和用地规模。军堡的规模受军事政策的影响甚大。例如，明代就规定了军堡的不同等级所驻兵的人数，同时规模依等级而定。此外，村堡的规模与其周边的村落规模有直接关系。在农业社会里，每个村落的人口规模是由耕作半径以内的土地产出所决定的，由此也决定了村落的用地规模及村落的经济状况。在村堡建设中，人口规模和经济实力是两个关键因素，因此，要研究村堡的规模特征必须要分析当时的社会经济发展和土地利用情况。

（三）形态特点

防御性聚落的形态特征主要是指堡寨的平面形态，也指堡寨内部各组成部分之间的结构。堡寨的形态受多种因素的影响，如地形、水文特征以及社会文化习俗等。

研究聚落的布局，首先是要了解聚落的总体情况，如该聚落的范围、周围是否有围沟或城墙围绕，然后要了解聚落内部的情况。一般来说，研究聚落内部的布局从三方面入手：一是研究古民居，因为它往往包含着最为丰富的信息，集中地反映了当时人们的生活情况；二是研究民居的排列方式，它是分析聚落内部社会组织结构的重要线索，虽然聚落内的房屋位置具有某种随意性和偶然性的可能，但聚落内的布局总会有某种程度的规划性；三是研究聚落内部是否有举行宗教仪式等公共活动的场所，如是否有广场，这些场所对于了解当时社会的宗教信仰及民俗习惯非常重要。

研究聚落形态的变迁可分为四个层次：首先，研究各历史时期聚落位置和地形的选择是否有所不同，这些不同往往与人地关系的变化有关；其次，研究不同时期聚落内部的布局是否有变化，分析导致这些变化的原因，找出当时社会组织与结构变化的信息；第三，研究各历史时期相近聚落之间关系如何变化，如规模和数量的变化等；最后，研究不同时期聚落群之间的关系，如不同时期聚落群内聚落的数量和一个聚落群的分布面积是否有变化，并分析原因。

二、微观表现模式

防御性聚落的微观表现模式是一个由各单元因子按照一定规律组成的系统。在防御性聚落中，单元因子之间既相对独立又相互依存。本书将防御性聚落的微观表现模式划分为几个相对独立的单元因子，如边界、空间结点、公共建筑、民居建筑及路网结构等，并探讨其作用，以便分析防御性聚落的文化内涵。

（一）堡寨的边界

聚落的边界可以划分为硬质边界、环壕边界、象征型边界、自然边界、资源领域边界等。防御性聚落的边界或是硬质边界、环壕边界，或是硬质边界和自然边界的结合，这些都是有形的边界。“所谓硬质边界是指由人工墙垣构成的聚落边界”。“自然边界是指把自然地景作为聚落边界条件加以利用，形成自然边界。沟堑、坡坎、河流、山坳、环丘等具体线性和垂直阻隔作用的一部分或全部。”[①]福建的土楼、广东的围屋、江西的围子以及山西、陕西、河南、河北、山东等地大量存在的村堡是现存规模较小的硬质边界聚落，土楼、围屋、村堡一般土筑，围子则有土筑和石砌两种。环壕边界是在聚落周围挖掘壕沟形成的边界，后来壕沟与墙结合，形成中国古代城市和军堡的典型边界形式。中国古代的坞堡、军堡、村堡一般都有人工修筑的边界，这种边界是由堡墙、堡门、城楼三部分组成。它们共同组成了防御性聚落的第一道防御体系。

依附于堡寨存在的乡村聚落则以象征型边界、自然边界、资源领域边界等为主。象征型边界一般为非连续性的，往往以边界之上的结点——牌坊、路亭之类作为分界点。如在湘南桂北侗乡，整个村寨并无寨墙环绕，进村处的寨门有的甚至以高大鼓楼来代替，成为进寨的象征。在较大范围内的村落边界多利用河流、山脉、县界作为分界线。在没有明显的边界形态的村落中，毗邻双方则以能够满足自身生存发展的资源领域作为生存空间边界，边界内的资源和空间是边界具有领域性或领属感的根本所在。

① 张玉坤．聚落·住宅——居住空间论．天津大学博士生论文：28.

（二）路网结构

把聚落的边界、空间结点、建筑等要素连缀在一起，形成整体结构布局的设施是道路，因而道路是聚落的结构骨架。我国传统防御性聚落的结构，包括道路和街巷。道路是引导人行动的路线，但尚未形成封闭的街巷空间；街巷是住房和其他建筑高度密集所围合出的聚落内部空间。

1．道路

在防御性聚落周边的乡村聚落中，住宅布局较为分散，只有道路或小径起着交通联系的作用，尚未形成封闭的街巷空间。道路空间较为开敞，尤其作为集镇主要交通的道路空间，往往出现多种功能，即交通联系的功能和经贸集散地的功能。山西灵石静升镇由九沟、八堡、十八街巷组成，且静升河穿镇而过。八个堡大多由豪族兴建，因此堡的周围多建有祠堂。静升镇的堡平面呈方形或长方形，大多设一门，内部道路系统规则。现存大大小小的店铺、典当行、估衣店等分布在静升镇的主要干道两侧，反映出了当年静升镇市贸经济的繁荣（图1-7）。也有类似分散布局的村寨，如山西的段村、河北的暖泉镇、桃花堡镇、代王城镇等。

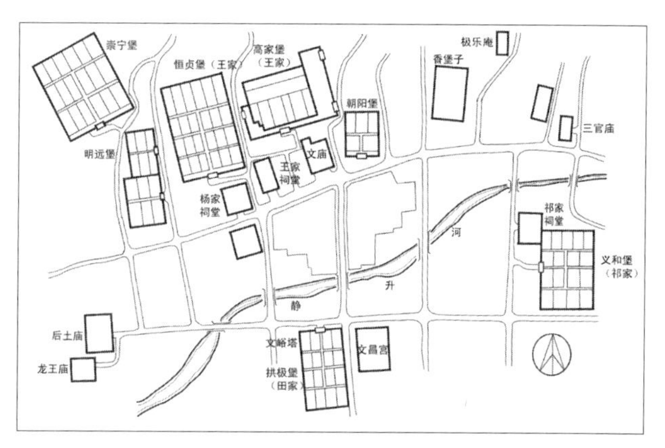

图1-7　山西灵石静升镇

（图片来源：选自孙大章．中国民居研究．北京：中国建筑工业出版社，2004．）

2．街巷

“街巷是在道路的基础上形成的，随道路两侧住宅或其他建筑的不断增加，建筑密度愈来愈高，逐步形成两侧封闭的街巷空间。因之，街巷的空间形态、比例尺度受到两侧住宅和其他建筑的极大影响；同时，原有的道路也会制约住宅或其他建筑的布局、朝向及外部造型，也可以说，街巷集中体现了聚落和住宅两个规模层次之间的相互作用关系。”①

防御性聚落的整体路网结构可以归纳为两种：规则型结构和自由型结构。堡寨内的路网往往以道路为中心，两侧设支巷，巷一侧或两侧排列住宅，道路近端常设寺庙，呈鱼骨状规则型结构。自由型结构的路网主要受地形地貌因素影响，堡寨不规则，边界一般由部分堡墙结合沟壑、山川等自然地形组成，聚落中房屋分布无规则。

上述只论及路网结构的物质层面，任何一个聚落结构无不受当时社会精神层

① 张玉坤．聚落·住宅——居住空间论．天津大学博士生论文．

面的制约，如社会制度、传统习俗、伦理观念等。在同一地形条件下，不同历史时期所形成的聚落形态之间差异性可能很大，即聚落形态的物质空间构成受到精神层面的制约，这种精神层面的分析将在以后章节中述及。

文章首先从宏观上剖析了传统防御性聚落的系统组成，分析了防御性聚落演进机制的理论基础，并指出建筑学、聚落地理学、民俗学、人类聚居学、社会学等与防御性聚落的具体联系，这为跨学科研究提供了有利的依据。

同时，文章还讨论了防御性聚落两大组成部分的系统构成，即影响因素和表现模式。影响因素分为自然影响因素和社会影响因素。其中，自然因素涵盖了地形地貌、气候、水文、土地资源等方面的内容；社会因素包括了经济、人口、生活方式、技术、制度、文化等方面的内容。表现模式则分为宏观和微观两个方面。宏观表现模式主要指防御性聚落的分布体系、规模特征、形态特点等；微观表现模式主要指防御性聚落的边界、空间结点、路网结构、防御性聚落内的公共建筑和民居建筑等。此外，需要指出的是由上述可知，在防御性聚落中，影响因素是其变化发展的主导因素，它决定着防御性聚落的表现模式，同时，表现模式对影响因素又有反作用。同时，在影响因素内部，自然和社会影响因素也不是独立地发生作用，而是相互影响、相互作用，交互地影响着防御性聚落表现形态的发展，正是由于这种协同的作用，防御性聚落才得以表现出丰富的形态特征，进而形成防御性聚落外在表现的生成机制与演进规律。

（三）空间结点

凯文·林奇在《城市意象》一书中提到："节点就是一些要点，是观察者借此而进入城市的战略点，或是日常往来必经之点，多半指的道路交叉口、方向变换处、十字路口或道路会集处以及结构的交换处等。也可以简单地说：节点就是集中。它的重要性来自于它是某些用途特征的集中。如人们常去的街角或封闭型广场。这类集中的节点的某一些也许就是某一区域的中心和缩影。它的影响波及整个区域，成为该个区域的象征。"① 防御性聚落内的空间节点同样是人们日常往来的必经之点。在多数防御性聚落中，宗教建筑以及文化建筑，如戏楼，共同形成防御性聚落的娱人与娱神的中心。这种聚落中心是以广场结合道路的形式出现的（图1-8）。

图1-8　蔚县大酒务头堡戏台
（图片来源：自拍）

① [美] 凯文·林奇著. 城市意象. 项秉仁译. 北京：中国建筑工业出版社，1990.

（四）公共建筑与民居建筑

本书中的公共建筑主要指防御性聚落内的宗教、宗祠以及戏台建筑等。庙宇、宗祠、戏台与民居是防御性聚落中不同性质的建筑。它们是社会和自然因素共同影响的产物，也是文化的载体，反映了当时人们的社会文化生活。

传统民居是聚落公共建筑依存的主体，它所反映的是聚落的基本布局和建筑形象特点。国内对传统民居的研究经历了四个阶段，[①]取得了丰硕的成果，此处不再详述。

宗教对村落空间的形成有重要影响。例如，云南的少数民族，诸如傣族、拉祜族、布朗族、佤族等，多聚族而居兴建村寨。这里的人们认为村寨有寨心神，它可以保护全寨人畜平安、五谷丰登。村寨口有寨门神，用以阻挡邪恶。正因为信奉特有神灵，他们在建寨之初就表现出与其他地方堡寨不同的规划理念。“建寨之初，首先确立寨心，然后竖寨门，定边界（竖木桩），立寨墙（牵草绳），再建住房，四个寨门相连，形成街道，住房成组成片地修建。这种在原始宗教驱使下，使村寨布局呈现主次分明、先后有序、分区明显的空间形态。”[②]

在聚族而居的传统防御性聚落中，宗族、血缘不可避免地成为维系聚落完整性的纽带。大多数聚落的空间形成了以宗祠为空间结点的向心聚合形式。宗祠不仅是族民在空间上的活动中心，而且是族民的精神中心。但有些堡寨的宗祠与其他传统村落的宗祠又有所不同，以宗祠为结点的空间往往置于堡寨之外，它的重要性让位于堡寨的防御性。

戏台形成于宋金时期，这一时期的戏台没有实物留存至今。元代的戏台在山西有少量遗存。建筑形象十分华丽，在庙宇院落也成为观众视线的中心。明代戏台类型多样，形象也更为丰富，在继承了元代华丽风格的基础上，建筑表现出宽容性和实用主义的倾向。清代戏台在延续了明代风格的同时，在建筑形象和装饰水平上都有所发展。戏台通常依附于祠庙等宗教建筑或礼制建筑。从宋金元时期的寺庙碑文记载中了解到，当时的露台或舞亭已经成为许多寺庙的必备建筑之一。到明清时期，戏台已广布于农村地区，而这些戏台也无一例外地与寺庙或宗祠等建筑联系在一起。在防御性聚落中戏台与宗祠一样，大多以戏台为节点的空间也被置于堡寨之外。

① 张玉坤教授《聚落·住宅——居住空间论》一文中将传统民居研究划分为四个阶段：（一）20世纪30～50年代末的开拓阶段；（二）50年代末～60年代的普及认识阶段；（三）70年代末～80年代中后期的复性阶段；（四）80年代中后期到现在的多元发展阶段。

② 刘沛林著．古村落：和谐的人聚空间．上海：上海三联书店，1997.

第二章　防御性聚落发展沿革

防御性聚落的形成与发展受到自然和社会两方面因素的影响，它所表现出来的形态各异。上一章分析了防御性聚落的系统建构以及生成机制和演进规律，下面，本章将为我们认识在多种条件作用下防御性聚落表现形态的客观规律提供有益的启发，并以此为框架继续论述传统防御性聚落的发展沿革。

第一节　先秦时期的防御性聚落

新石器时代至原始社会末期的防御性堡寨由环壕聚落逐渐演进，防御性聚落形态相对简单，主要受到自然因素和社会因素中技术方面的作用。到原始社会末期，阶级出现，社会关系分化成统治与被统治两个阶层，防御性聚落也随之变化，形成了中心城堡和一般城堡。与此同时，防御性聚落的外围护结构亦产生了“圆方之变”，即由圆形聚落向方形城池的变化。这一时期，社会因素对聚落形态的作用逐渐增加，自然因素的作用逐渐减弱。夏至春秋战国防御性聚落的形态则由简单向复杂转变，防御性聚落形态发生了质的变化。整个城市体系渐渐形成，逐步建立起完备的城邑规划体系和军事堡寨防御体系。

一、环壕聚落演进

防御性聚落的形成可追溯到史前新石器时代的环壕聚落。环壕聚落是指在聚落范围内设有封闭式环状壕沟的聚落遗存。根据现有考古资料，至少可以追溯到公元前6000～前5000年左右的兴隆洼文化时期（表2–1）。

环壕聚落遗存　　表2–1

公元纪年	历史时期	环壕聚落
公元前6000～前5000年	兴隆洼文化时期	蒙古赤峰兴隆洼、内蒙古林西白音长汗与盆瓦窑、辽宁阜新查海、河北迁西东寨与西寨等
公元前6500～前5500年	后李文化时期	山东章丘小荆山
公元前5000～前5000年	彭头山文化时期	湖南澄县八十垱
公元前5000～前3000年	仰韶文化时期	陕西西安半坡、陕西临潼姜寨、陕西铜川瓦窑沟、河南濮阳西水坡、甘肃秦安大地湾、陕西渭南北刘、陕西扶风案板、河南渑池班村、内蒙古凉城王墓山、河北磁县下潘王等
公元前4300～前2500年	大汶口文化时期	山东广饶付家、安徽蒙城尉迟寺等
公元前4500～前3000年	大汶口文化时期	红山文化遗址，总数当在2000处以上，其中大约十分之一为环壕聚落，其代表性遗址有内蒙古赤峰西台等

（资料来源：参考：马世之. 中国史前古城. 武汉：湖北教育出版社，2002.）

兴隆洼文化聚落遗址分为环壕聚落与非环壕聚落两类。环壕聚落主要有兴隆洼一期聚落、白音长汗聚落、北城子聚落等。兴隆洼聚落遗址聚落周围有一条椭圆形壕沟，长183米，短160米，沟宽约2米，深约1米。居住区内分布有11排房屋，每排约10座左右，房屋全部为地穴式建筑，一般长8～10米，宽68米，面积50～80平方米。中心部位有两座大型房屋建筑，各141余平方米。①这是以两座大房屋为中心的凝聚式环壕聚落。环壕聚落应是兴隆洼文化的一种典型的聚落形态。这种以围壕环绕成排房址为主要特征的“兴隆洼聚落模式”，其围壕具有一定的防御和界定功能。

环壕的主要功能是作为聚落的防御手段，并且不断得到加强。新石器时代中期的环壕宽度一般多在1～2.6米之间，深度较为有限。到新石器时代晚期，许多环壕聚落遗址壕沟规模明显扩大。如半坡聚落的外壕沟宽6～8米，深5～6米；西水坡遗址的壕沟宽约8米左右。②为保护聚落，有的环壕则建造两条平行壕沟，如陕西合阳吴家营遗址的半坡类型后段聚落遗存中就发现有两条基本平行的壕沟，间距约在1～5米左右。同时，人们还采用其他一些辅助性设施来增强壕沟的防御性能，如栅栏类辅助性设施。另外，在加强壕沟防御性能的过程中，人们还有其他建筑手段，即修建壕沟时掘出土方的处理方式，这直接影响到以后城址的出现。人们利用掘出的土堆积成土垄式围墙，这样，可以发挥甚至取代栅栏的作用。半坡、八十垱③等聚落遗址都发现有土垄式围墙的遗址。这种土垄式围墙与夯筑城垣仅为技术上的差异，所以，它可以视为夯筑城垣的原始雏形。另外，随着剩余产品的出现、私有观念的产生，聚落内部成员间的关系发生了变化。因占有较少的生产资料或不占有生产资料，多数的氏族成员落到了社会下层。原始聚落出现了中心聚落与普通聚落的分化。

二、中心城堡与一般城堡

随着战争技术水平的提高，战争防御设施的性能也不断得到提高和完善。所以在环壕聚落的基础上即逐渐产生了新型聚落防御形态——考古发现中的城址。有关学者根据土垄式围墙的堆积特点及史前城址的研究发现，城垣建筑可能存在着从地面起建到挖槽筑基、从夯土堆筑到夯土版筑的技术发展历程。筑城技术的发展提高了城堡墙垣的坚固性和墙体坡度。例如，郑州西山城址同时采用了挖槽筑基和夯土版筑技术，墙体外侧比较陡直，不易攀缘翻越，而城垣内坡坡度较小，比较容易攀登。从城堡墙垣的结构来看，外侧的壕沟和陡直的墙壁已经具有较强的防御功能。城内守卫者又可登上城垣顶部居高临下，有效地打击来犯敌

① 马世之．中国史前古城．武汉：湖北教育出版社，2002.

② 同上。

③ 八十垱遗址位于澄县县城北约20公里处的梦溪镇五福村。地处澧水支流涔水之阳，属武陵山余脉与洞庭湖盆地间澄县平原的北部边缘地带。遗址北去约3公里，即进入地质第四纪更新世形成的网纹红土阶地。八十垱遗址的发掘，证实了长江中游有构有墙的聚落早在7500年前就已形成，只是还处于雏形阶段而已。（湖南省文物考古研究所。湖南澧县梦溪八十垱新石器时代早期遗址发掘简报．文物，1996.）

人，使防御变得更为有效，大大加强了聚落的防御功能。①

这一时期，中心聚落的发展经过了两个阶段：一是等级分化的散居型中心聚落，如登封王城岗、郑州西山城址、淮阳平粮台城堡等；②二是等级分化的集聚型中心聚落。普通聚落的发展也出现了分化，即普通聚落不断复制生成和普通聚落向中心聚落汇聚。同时，如前所述，随着筑城技术的提高，中心聚落逐渐演变为中心城堡，普通聚落则演变为普通城堡。

三、城垣的“圆方之变”

在从环壕聚落到史前城堡发展的过程中，还存在着一个变化，即城垣平面由圆形为主转变为以方形为主。这种变化包含了两方面的因素：一方面是聚落群的社会组织变化导致防御体系规模的扩大，另一方面是聚落内建筑形式由圆而方的演变。

城垣的“圆方之变”基本是在龙山文化时期完成的。尽管在龙山文化时期以前聚落群现象已出现萌芽，但聚落群内并未出现更大规模的社会集团。在新石器时代晚期，聚落群已经开始萌发，但防御体系仍是以聚落为基本单位，防御设施都呈圆形结构。至龙山文化时期，聚落群内部的一体化程度有所加强，尤其是聚落群同盟性质的社会组织的出现导致了防御体系发生较大的变化，由此产生了一定规模的防御体系。龙山时代许多城址所在聚落群呈圆形或扇形分布，表明了各聚落之间已形成较为完整的防御体系。

此外，居住建筑平面形式的变化也是非常重要的因素。居住建筑平面形式由圆而方的演变分为两个阶段：“第一阶段是由形状不规则的圆，到空间方位尚未确切对应的不规则方的阶段，第二阶段为由不规则的方到规则的方，即方形房屋的方位与东西南北空间方位由非严格对应到严格对应的阶段。这两个阶段，前者可视为是人类对自身空间框架的明确，后者可视为是人类自身框架与宇宙框架的叠合。由此可见，居住建筑形式发生由圆到方的演变不仅是建筑结构、构造技术以及测量手段逐渐成熟的体现，同时也是人类时空观念萌芽的象征，而后者可能正是居住建筑形式发生“圆方之变”的根本原因。”③

---

① 钱耀鹏．中国史前防御设施的社会意义考察．华夏考古，2003，(3).

② 这些聚落遗址都有一些共同的特征，如：出现了比较完备的城墙；城内面积不大，约为1～3.4万平方米；城内发现规格较高的建筑遗迹。以距今4300年的淮阳平粮台“城堡”遗址为例：城内面积3.4万平方米，现存城墙残高3米多。从城墙和壕沟织成的双层防御体系及南门两侧的“门卫房”这些严密的防卫措施以及规则的城池外形来看，它们主要是出于对外的防御，所以它应该是一个统治阶级居住的统治中心。城内仅发现三座规模比较小、分布比较分散的陶窑，未发现有规模的集中窖场，说明了这一城堡已经远非此前聚落那种自给自足的经济状态，而带有很强的寄生性。由此可以推测，这个“城堡”应该不是孤立的，在它能够控制的合理范围内一定有一些聚居点来支撑它的存在；这些聚居点和“城堡”在空间划分上还有一定的相对独立性。(王鲁民，韦峰．从中国的聚落形态演进看里坊的产生[J]．城市规划汇刊，2002.)

③ 张玉坤，李贺楠．史前时代居住建筑形式中的原始时空观念．建筑师，2004.

四、城邑规划体系形成

从父系氏族社会向奴隶社会的发展历程中，环壕聚落发展为城堡式聚落——“城”的原始雏形，到奴隶社会夏朝，演进而为正式的“城”。又经过夏、商两代社会不断地发展，“城”越来越具规模，“城”的规划亦渐趋成熟，较具规模的城邑规划体系——营国制度最终在西周初期形成。

贺业钜先生分析西周时期的营国规划制度，并将其归纳为以下四个组成部分。

1．营国宏观规划体制

营国规划制度是由国野规划、都邑建设以及统治据点网络三项体制所组成，这三者是相互为用的统一整体，而其中的国野之制又是组成城邦的基本规划体制。西周时期国家由王畿、诸侯封国、卿大夫采邑三级城邦构成，故与之相应的都邑建设，自亦应分为三级，即王城、诸侯国都城与卿大夫采邑城（“都”）。各级按宗法与政治因素划分等级、确定规模。三级城邦形成一个以王城为全国中心，诸侯城为地区中心，卿大夫采邑城（“都”）为基层据点的统治据点网络。营国就是本着这三项体制的要求，来决定它的分布位置、国野比例关系以及等级规模等问题的。

2．城（“国”）的规划制度

西周三级城邑的规划制度，系以王城为基准，按照建城者爵位尊卑，根据礼制营建制度而修订的。王城是继承传统以宫为中心的分区规划结构形制而营建的聚集封闭型城邑。由于周人重视礼治秩序，因而城的布局颇为严谨，主次分明，井井有条。各级城邑既以王城为基准，遵循礼制营建制度而规划，可以说，王城规划结构实是当时都邑规划的基本模式。

3．礼制营建制度

礼制营建制度是根据三级城邑建设体制，依建城者爵位尊卑而定的营建等级制。具体办法是以王城为基准，其他城池按等级依次递减，从而控制各级城邑的大小规模。例如采邑城的规模，西周就有严格的规定：“先王之制，大都不过三国之一，中五之一，小九之一”①。礼制营建制度不仅充分体现了营国规划理论，同时也是实施都邑建设体制的重要手段。

4．井田方格网规划方法

周人发展井田制邑的传统，运用井田规划概念和方法来规划城邑，而且予以制度化，从而形成井田方格网规划方法。譬如著名的曹魏邺城、北魏洛阳、隋唐长安与洛阳，乃至明北京等，都是遵循这套方法而规划的。②

以上简要概述了贺业钜先生研究西周营国制度城邑规划制度的基本内容。西

---

① 转引自：贺业钜．中国古代城市规划史．北京：中国建筑工业出版社，1986.

② 参考：贺业钜．中国古代城市规划史．北京：中国建筑工业出版社，1986.

周形成的营国制度，不仅包括了都邑宏观规划与微观规划，而且还囊括了从规划概念、理论、体制、制度，直到具体方法等方方面面，可以说，西周时期确已构成了较具规模的城邑规划体系。

五、军事堡寨防御体系

到了战国时期，由于战争的频繁和常备军的出现，更因为战争的直接目的由单纯争霸掠夺财富贡赋而改为兼并土地鲸吞资源，使得各国都强调“四塞以为固”[1]。关塞成为战争中所激烈争夺的目标，以便控扼要点，畅通军行。

战国时期，各国具有战略意义的重要关塞，据明代董说《七国考》统计，大约有四十余处。诸如：秦国有函谷关、武关、散关、萧关等；齐国有博关、阳关等；楚国有扞关、方城、江关、阳关等。赵国有句注塞、高阙塞、挺关、雁门关等；魏国有固阳塞、蒲坂关；韩国有成皋塞、商塞等；燕国有令疵塞、居庸塞等。[2]

与此同时，由于战争规模的扩大和作战纵深的增加，各国在重点防御关塞和城邑的同时，也需要更大规模的防御工程阻止敌国军队深入腹地。于是，各国边境上的长城便应运而生。战国长城已基本具有了“点”“线”“面”较为完整的防御体系，这也为明清长城完备防御体系的形成提供了经验。例如，齐长城西起今长清区孝里镇东南广里村北500米处的岭子头；最终经过胶南的小珠山阴东北入海，全长共计约合620公里，现仍存有许多山寨、城堡遗址（表2-2）。

齐长城遗迹　　表2-2

<table>
<tr><td rowspan="2">西端堡寨遗址（济南长清）</td><td>阳干山</td><td>阳干山上有五座山崮，为“S”形峰脊所连，在第二座崮顶上有方形古城堡，面积40米×40米，墙高1.5米，内有营房遗址；第五座崮顶有圆形城障，内径30米，南开门，南北两端有石屋相对；下行处的山膀上有较完整的并连石屋面向墙体，屋外又被石墙所围；制高点的残墙外有烽燧遗址</td></tr>
<tr><td>石小子山</td><td>古城堡城墙沿崖边围筑，面积100米×120米，东西各开一门，西门建于悬崖之上；内有较完整的石房70余间，有方有圆，顶为片石叠涩，沙土盖之。坍塌的房基内生长着碗口粗的槐、榆、柿等。自此向东北，有保存较好的城址，长900米，底宽7米，高2米，顶呈半圆形</td></tr>
<tr><td rowspan="2">西端堡寨遗址（济南长清）</td><td>陈沟湾东山</td><td>陈沟湾东山城墙内有环形山寨，寨墙长1000余米，面积300米×300米，坍塌的房址连绵500余米。其顶有完整石屋一座，当为驻军首领的指挥所；院内长满花椒、酸枣树等。崮之北为绝壁，以山代坡；在北崮顶发现“米”字形阴刻棋盘及呈“凹”字形阴刻遗址</td></tr>
<tr><td>西山遗址</td><td>杜家庄西山，海拔337米，恰处于马山的西北侧，地势险要，呈半岛状从齐地伸入鲁境。其上有大型古城堡，横设五道城墙：第一道建于南北悬崖间，长100米；第二道长14.6米，两墙相距146米；第三道长12.4米，与第二道相距90米；第四、五道在半岛的前沿。各道城墙的中间或一侧均有门，墙宽2.6米，高4.4～6米；上有垛，高1米，宽1.5米，垛上还有瞭望孔；墙内附设站台墙高1.5米，供官兵往来观察敌情；墙下又依墙而建石屋，相互毗连，共计59间，保存完好。城墙之间的制高点上建独立大屋一座，当为驻军首领指挥所</td></tr>
</table>

① 史记·张仪列传.
② 参考：吴如嵩，黄朴民，任力，柳玲. 中国军事通史·第三卷战国军事史. 北京：军事科学出版社，1988.

续表

莱章堡寨遗址	疙瘩岭址	疙瘩岭至安子山一带，胡家庄北大顶子山存有城堡，东西长28米，东端南北宽15米，西端宽8米，墙高1.3米；望米台北大铜顶有城堡，面积达6000平方米，双重残墙，内有石屋、水井等；大铜顶一带有墙体，长850米，宽6米，高3.7米
	北栾宫山	北栾宫北山顶有圆形城堡及便门遗址等
	九顶山址	九顶山海拔834米，上有城堡，仅存几间圆形石屋，内径1.8～2米，高1.6米；西尖山上有烽燧，内径15米×4米，墙高1.5～2.5米，宽0.7米，上设6个瞭望孔，孔径0.28×0.20米，北寨山上有面向黄石关口的马蹄形城堡遗址
莱章堡寨遗址	锦阳关址	锦阳关也叫通齐关，是齐长城上三大重要关隘之一。原为石发碹拱形门，高6米，门洞宽4米，进深8米。门上方在长2米、宽50厘米的青石上阳刻40厘米×35厘米的“锦阳关”三个大字。关上平台四周筑有垛口，平台上有关帝庙，内彩塑数尊。两扇关门为铁箍木制，用直径15厘米门杠横锁。 锦阳关西南及西北方有三座古城堡，抬头山城堡：筑于勺形峰巅，寨墙沿崖而建，宽1～2米，高2～5米；辟东西寨门，均有双重城墙加护；东门宽1.5米，墙厚1.3米，西南门在勺把把端；城内东西长70米，南北宽38米，较平坦的勺把长30米，内有多处房屋遗址。团城式城堡，内径55米，外墙高5.2米，内墙高3米，宽2.5米，站台高1米左右，台阶清晰可见；城门向东南，隐于城墙交错的拐尺门之内，高1.6米，宽1米，进深2.1米；拐尺门向南，高3.1米，宽1.3米，墙厚1米。其城堡之西北千余米处的半岛状石灰岩险崮上也有城堡。前崖宽18米；后崖赫然突起，南北长50米，东西宽25～30米，沿崖边筑墙，宽2米，高4～6米；城内依墙建石屋；城无门，仅在面南的高墙上设两个瞭望孔，可观察长城内山坡上的动向；山膀上有石屋及烽燧遗址
淄博堡寨遗址	岳阳山址	岳阳山，位于博山与淄川的交界处，海拔811米，横跨十多公里，向有“九十九顶岳阳山”之说。其上有大型山寨遗址、古建筑群、地下信道及望月台景观
	雁门寨址	雁门寨，海拔932米，危峰叠翠，四面绝岩，东有仙人桥凌空而架，顶有山寨围筑，极为险峻。寨墙沿崖边而建，今存断断续续的残垣，内有石屋三十多间，较完整者十余间，均为薄层泥质灰岩所砌。寨有四个门，西门之墙横拦西峰口，长10米，宽2米，高3.5米，门已毁；东门之墙，长30米，宽1.5米，高3米；南门临绝涧，北门通后峰
沂水堡寨遗址	鸡叫山	鸡叫山上有城堡遗址，直径90米，墙宽2.5米，高1～1.5米，山下有砂土结构的城址土垄，长数百米，底宽13米，墙高2.5米，基础为花岗岩石块垒砌；牛山顶有城堡遗址，东西长120米，南北宽80米，墙宽1.3米，高1.5米，均为泥质灰岩片砌筑
安莒堡寨遗址	城顶山址	从马时沟北山向东南转西南再转南，至浯河，其间峰山顶西坡有城址，底宽9米，顶宽3米，高3米；其顶有城堡遗址，半圆形，长60米，墙宽0.8米，高1.5米
青岛堡寨遗址	西峰关址	从长城村西向东转东南，再转东北，穿越扎营山、大黑涧山、小珠山西峰、小珠山主峰、小珠山东北峰、鹞鹰窝、鹁鸽山，左经木厂口、黄金坪、上庄、下庄，右经东山、东赵家、台子沟，至瞅侯山出境，长12150米。其间，小珠山西峰脚下有西峰关遗址，关东有长方形城堡遗址，面积40米×20米。小教场，为张大雅操练兵马的地方
	扎营山址	扎营山，位于胶南与黄岛交界处，海拔412米，齐长城至此向东沿两市区边界线，至瞅侯山入黄岛区境内。其山传战国时楚攻齐至此扎寨而名。据《胶志》记载，在明朝末年农民起义时，捻军的头领张大雅也曾在此率军抗击明军。今之东麓有扎寨顶，传为捻军扎营地，其寨之东有两块平岗，分别叫大教场、小教场，为张大雅操练兵马的地方

（资料来源：长城文化网http://www.meet-greatwall.org）

第二节　秦至隋唐时期的防御性聚落

由上可知，防御性聚落从新石器时代到封建社会初期，已经逐渐从环壕聚落这样的简单方式演变为一个从宏观表现到微观表现较为复杂的系统。其间，对防御性聚落起主要作用的影响因素也从自然因素转变为社会因素。但总的看来，防御性聚落的演变只是一种拓扑变形，即原始时期的堡寨和封建初期的堡寨在本质上是同构的，这也是由其生产方式和制度条件所决定的。进入封建社会后，防御性聚落在体系上更为完备，类型也逐渐增多。随时间和社会的变迁，防御性聚落发展到隋唐时期，其最显著的特点是戍边体系的完善。它包含了长城体系、邮驿制度、重兵戍边和徙民实边三方面的内容。另外，由于个体经济的发展壮大，非政府组织已经有能力修建自己的防御体系，因此产生了自发性防御性聚落形式。

一、“里坊制”城市走向成熟

秦汉时推行闾里制度，汉长安城内有闾里160处，闾里之间以街道相隔，主要的有八街九陌。当时的城邑内部大都由方格网道路划分。“每一方格为一‘里’，里四周环以墙垣，内部街巷两侧为民宅，对外设里门与城市道路相通，一里中之有一定的编户和管理机构，里门亦设专人把守，门制甚严。这种闾里制度一直延续下来，晚期称为里坊制度，两者在本质上并无殊异，只是随着人口规模与编户建制的改变，里的大小在各时期也有所不同。据贺业矩先生考证，城市改‘里’称‘坊’始自北魏平城，隋初正式以‘坊’代‘里’。”①北魏洛阳城里坊规划较为典型，据《洛阳伽蓝记》记载，“京师东西二十里，南北十五里……庙社宫室府曹以外，方三百步为一里，……合有二百二十里。”②当时城内共有220里，或为贵族府第，或为平民聚居。隋唐时期，里坊制度臻于完善，以唐长安城为例，充分利用地形，布局封闭。其平面方正，每边开三门，宫城居中偏北，左祖右社，中轴对称，规模宏大，布局严整。城内东西向有14条大街，南北向有11条大街，互成直角相交，把全城划为109个里坊。城内皇族居住区、政府机关与普通居民区分开，市坊分立，坊设坊墙，整个长安城宛若棋盘，块块分立，便于加强管理和统治。从长安城棋盘格形封闭式规划，可以看出人身依附关系加强后封建等级制度的森严（图2-1）。

二、戍边体系

秦始皇统一中原后，一方面下令“堕坏城郭，决通川防，夷去险阻”③，以利国家的统一，从而全部拆毁了内地的诸侯互防长城。另一方面，出于抵抗匈奴、加强国防的需要，不仅没有拆毁边地长城，而且在秦赵燕三国边地长城的基础

---

① 张玉坤，宋昆．山西平遥的“堡”与里坊制度的探析．建筑学报，1996.
② 转引自：张金龙．北魏洛阳里坊制度探微．历史研究，1998.
③ 二十五史·《史记》卷六.

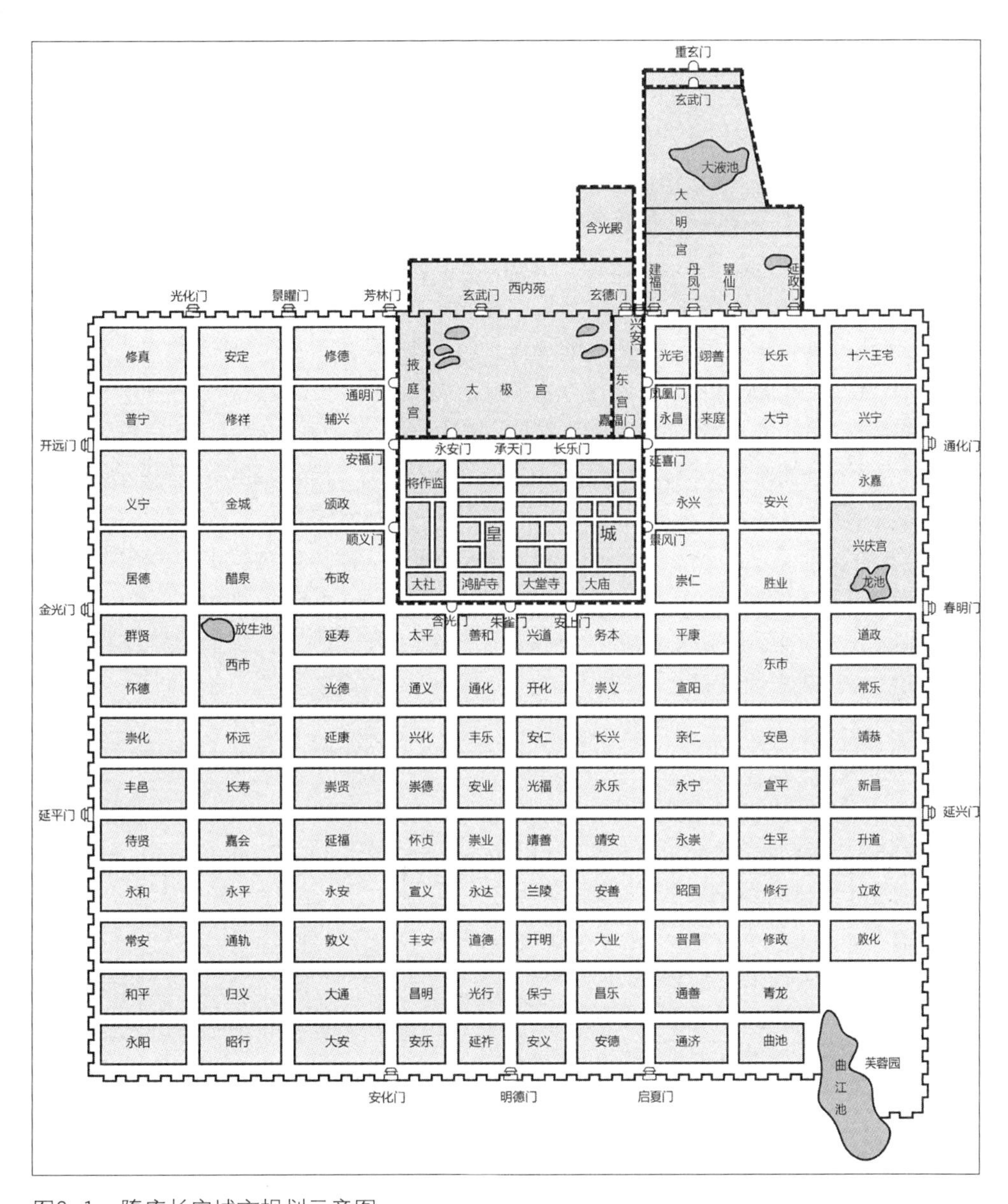

图2-1　隋唐长安城市规划示意图

（图片来源：贺业钜. 中国古代城市规划史. 北京：中国建筑工业出版社，1996）

上，进一步大规模地加以修葺、连接和增筑，从而形成我国最早的较为完整的戍边体系，这也是军事性堡寨走向多样化的开端。

（一）建立完整长城体系

长城不是一道单纯孤立的城墙，而是以城墙为主体，同大量的城、障、亭、燧相结合的防御体系。城墙是一道高大、坚固而连绵不断的长城，用以限隔敌骑的行动。一般修建在险峻的山梁岭脊之上或大河深谷之侧，以便“因地形，用制险塞”[①]；只有“草原、荒漠、川旷无险之处，才平地起城”[②]。

与长城城墙相结合的是沿边的大量城、障。所谓“城”，是指在长城沿线所修筑的军事要塞，主要用以驻军，也用于住民，以利军民结合，共同守卫边防，开发边疆。如秦王政二十三年命蒙恬“城河上为塞”，并设置44县，就是在沿黄河筑长城的同时，在各要害处筑了许多城塞，以加强对重点地段的控制与防御。又如在今河北围场境内的秦汉长城遗址旁边，发现许多与长城紧密相连的小城，城的面积不大，城与城之间相距数十里不等。所谓“障”，即边塞险要处用作防御的城堡。颜师古在《汉书·武帝纪》中解释说：“汉制，每塞要处，别筑为城，置人镇守，谓之候城，此即障也。”[③]秦代亦当如此。秦王政三十三年命蒙恬在阳山、北假中“筑亭障以逐戎人”，就是作修建长城的同时修建大量障塞的明证。[④]障与城的区别在于大小不一和作用不同；城比障大，既驻军又住民，用来加强重点地段的防御。障比城小，只住官兵，用来加强险要之处的扼守。城和障都是长城的重要组成部分。

与长城相配套的辅助设施还有大量的亭、燧。亭指古代边境上监视敌情的岗亭，往往与障、燧相结合。燧，本指古代报警的烽烟，实际设施为一高台，上面有卒瞭望，下面有人守卫，发现敌情则白日燃烟，夜间点火，因而也称作烽火台或狼烟台。长城出现后，亭与燧相结合，成为长城的重要配套设施和不可缺少的组成部分。

（二）邮驿制度逐渐完善

秦朝随着国家的统一和中央集权的确立，驿传和亭邮设施渐趋完备。所谓驿传，指的是马和车运送，即以马运送叫作“驿”，以车运送叫做“传”。所谓亭邮，指的是步递，即以人力步行。按邮亭递送公文，秦制三十里一传，十里一亭，亭设有住宿的馆舍。按秦法，亭应及时负责信使的传马给养、行人口粮、酱菜和韭、葱等，甚至供应粮食的升斗、酱和菜的数量，都有严格的规定。秦朝有效的通信系统，起着巩固中央集权制度的作用。

汉代邮传制度的最大进步是驿和邮的分流。汉朝初年，“改邮为置。置者，度其远近置之也。”[⑤]置就是根据测量出来的远近来设置办公机构，实际上是邮传信使的中途休息站。“驿”的名称也是在两汉时普遍出现的。“传”变成专门迎送过往官员、提供饮食车马的场所。驿加上传，往往合称为“驿传”。驿置，是指长途传递信件文书的设施。汉朝的紧急和重要公文都由它来传运。驿置的长处在于传递迅速，通常以轻车快马为主。驿与驿之间的距离一般为三十里，又称为一置。汉朝时候专门用“邮”来称呼那些短途的步行传书方式。管理这种短途步行投递书信的机构，称为“邮亭”。亭，也作为步传信使的转运和休息站。这种

---

① 转引自：吴如嵩，黄朴民，任力，柳玲．中国军事通史·第三卷战国军事史．北京：军事科学出版社，1988.

② 同上。

③ 转引自：霍印章．中国军事通史·秦代军事史（第四卷）．北京：军事科学出版社，1998.

④ 参考：霍印章．中国军事通史·秦代军事史（第四卷）．北京：军事科学出版社，1998.

⑤［东汉］应劭《风俗通》.

步传通常是接力运递，大体上是说，邮间距离是五里，亭间距离为十里。邮亭的信差，在两邮中间的两里半处接力。

中国的邮驿到唐代有了更大的发展。唐代邮驿分陆驿、水驿、水陆兼办三种。唐代对驿馆的管理等级分明。陆驿根据交通繁忙程度分为都亭驿、一等驿、二等驿、三等驿、四等驿、五等驿、六等驿7个等级；水驿也根据交通繁忙程度分成3个等级。同时唐代对邮驿的管理比以前各代更为完善，既有行政管理系统，又有监察系统。

到宋代，邮驿制度走向军事化。首先，管理邮驿事务的中央机构由兵部来掌管，具体制定邮驿的规约条令、人事调配、递马的配备，等等。同时管理邮驿的还有枢密院，它的管理范围是驿马的发放、颁布驿递的凭信符牌，等等。其次，北宋实行以兵卒代替百姓为邮递人员的办法，把传递书信的机构完全按军事编制。这一变化的发生是由于宋朝时候，战乱之时严峻的形势迫使宋朝政府不得不把通信中军事内容视为头等大事。

元代由于疆域辽阔，军事活动频繁，邮驿亦随之有所发展。全国驿站分为三类：一类为军站，快马每昼夜可行700里以上；二类为一般驿站，与唐宋旧制相同；三类为专供外国使节来往，在京师则设会同馆，归礼部掌管。明、清两代邮驿则大体沿袭旧制。

（三）重兵戍边和徙民实边

为了巩固统一的边防，在修长城、筑驰道、建粮仓的同时，秦政府还采取了重兵屯边和徙民实边两大战略措施。重兵屯边一是北防匈奴，二是南守五岭。北防匈奴的兵力，《史记・秦始皇本纪》、《六国年表》及《蒙恬列传》、《平津侯主父列传》皆载为三十万。蒙恬军队主力主要驻守在北部九原郡一带，并分布于长城沿线各要害之处。南守五岭的兵力约为五十万，由南海尉统率，军队分布于五岭各通道关口及南部边防各要害之处。

与重兵屯边相配合，在北击匈奴、南平百越之后，秦代向北、南两边实施了大规模移民。秦王政三十年，在蒙恬斥逐匈奴、修筑长城和沿河设立44县，同时即下令“徙谪，实之初县”[①]；秦王政三十六年，又“迁北河、榆中三万家，拜爵一级”[②]。经过这两次迁徙，北部边防的人力、物力得到了很大的加强，经济和文化也发展起来。

秦遣蒙恬攘外而形成的屯兵屯田聚落是古代屯兵戍边政策的产物，也是后世众多以“屯”、“堡”、“寨”为名的村落的原型。自秦汉以后，历代统治者都很重视屯兵戍边政策的运用，并将屯兵屯田扩展至全国军事和交通要冲地区，并划有专用官地，以备军马粮晌。屯田又分为军屯与民屯两类，政府组织民户屯垦者为民屯，军屯则以士卒屯田自养，轮流巡守或佃耕。明代在国策中也制定了“募民屯田，且战且守”[③]的方针，将屯田作为常备不懈的政策。明代在民屯、军屯之

① 二十五史・《史记》卷六.
② 同上。
③ 二十五史・《明史》卷一百七十.

外，又增添商屯，由商人雇人在边地屯垦。由于屯田政策的长期实行，历朝历代各地都涌现出众多的新城镇和村落。这些因国防与军事需要而产生的特殊聚落，是国家实施其政治、军事战略，而有计划、有步骤地建设的产物。

三、自发性堡寨聚落——坞堡

乡、亭、里是秦汉时代的政府的基层行政组织，也是人民的生产生活单位，动乱时代，乡亭里常遭兵燹，成为掳掠财富与人口的目标。所以，城内百姓便在乡里大族率领下，聚众凭险自卫，从而形成“坞堡”。

（一）坞堡产生

坞堡是较早的防御据点，到王莽时代，坞堡演变成了自卫武力的据点，并开始大量涌现。王莽末期，樊宏“与宗家亲属作营堑自守，老弱归之者千余家”；[①]冯魴“聚宾客，招豪杰，作营堑，以待所归”；[②]第五伦“乃依险固筑营壁，有贼，辄奋厉其众，引强持满以拒之。”[③]此后，每逢大的战乱均可见到坞堡的修建。

坞堡的分布范围极广，并不限于中原或汉族地区。“敦煌地接西域，道俗交得其旧式，村坞相属，多有寺塔”。[④]五胡十六国时代，随着外敌的入侵，中原传统社会组织分崩离析，失去任何保护的汉人纷纷逃离乡里，辗转流徙于各地，并在西晋残余将官或乡里豪强的统率下，结成一个个独立的组织，各自为战，力求自保。“永嘉之乱，百姓流亡，所在屯聚”[⑤]，自卫性质的坞堡遍布于中国各地。

（二）坞堡的组织形态

坞堡有流民坞堡、家族坞堡、豪强坞堡等多种形式。坞堡的机制也因坞堡形式不一而存有差异。流民坞堡是以流民为主体的流民坞壁。诸如张平、樊稚、董蟾、于武、谢浮、游纶、魏浚等都是以招抚流民扩充其中的坞堡主。这类坞堡的主体是流民。家族坞堡是以家族为核心组成的坞堡。以曹魏时期的田畴坞堡和晋惠帝的庾衮坞堡最为典型。豪强坞堡指乡里豪门强族组织武装形成坞堡。豪强坞堡和家族坞堡在某些内在机制上存有相似之处，但又有所不同。豪强坞堡主要是以强大的自身势力和众多归附宾客共同构成坞堡的主体，内部关系的血缘纽带弱于家族坞堡。

坞堡的规模差别甚大。敦煌石室本《晋纪》记载：“永嘉大乱，中夏残荒，堡壁大帅，数不盈册，多者不过四、五千家，少者千家、五百家”。[⑥]虽然坞堡的规模相去甚远，但其基本形态是共通的，即坞堡一般由乡里有威望的大族豪强担

---

①《后汉书》卷32，《樊宏阴识列传》，中华书局校点本，1965年版.
②《后汉书》卷33，《朱冯虞郑周列传》.
③《后汉书》卷41，《第五钟离宋寒列传》.
④《魏书》卷114，《释老志》，中华书局校点本，1974年版.
⑤《晋书》卷100，《苏峻传》，中华书局校点本，1974年版.
⑥ 罗振玉编. 鸣沙石室佚书. 北京：北京图书馆出版社，2004.

任头领，以其宗族宾客为核心，招聚闾里乡亲和各路豪杰共同组成，其基层多为各地的流民，如《晋书·郭默传》记载："永嘉之乱，默率遗众自为坞主，以渔舟抄东归行旅，积年遂致巨富，流人依附者渐众。抚循将士，甚得其欢心。"[①]显然，坞堡是靠流民以壮大的防御组织形态。

坞主的设置有自立和推选两种形式。一般情况下，家族、豪强坞堡的坞主都是自立，且世代相袭。如"河东豪强薛氏自蜀迁居河东时，薛强自立为坞主，薛强死，子薛辩复袭统其营，务农教战。薛辩死，子薛谨继续率坞壁自卫自存。薛谨死，子薛洪世袭其位，祖孙四代，凭险自保，前后百余年，这是当时存在最久的坞壁组织。"[②]另外，坞主也有经推举产生的。由于坞堡是纠集而成，故其首领虽然一般由创建者担任，但仍须经过一番推举手续，以膺众望。如匈奴贵族刘渊攻掠平阴时，李矩被流民推举为坞主，附近"百姓相率归矩"，李矩乃"阻水筑垒，且耕且守"。[③]再如徐畴入徐无山，归附者达五千余户，"同佥推畴"[④]为坞主。由于坞堡成分复杂，内含各路豪杰，所以必须通过推举首领来确立权力的合法性。

坞堡内部存在一定规则，类似于乡约。例如，田畴在徐无山结坞后，针对内部混乱的现状，"乃为约束相杀伤、犯盗、诤讼之法，法重者至死，其次抵罪，二十余条。又制为婚姻嫁娶之礼，兴举学校讲授之业，班行其众，众皆便之，至道不拾遗。北边翕然服其威信"。[⑤]这种建立在贫弱相助、有无相通原则上的规约，表现出浓厚的共同体理念。坞堡下有邑里之类的基层组织，秩序井然。

坞堡也是自存自保的防御组织，即防御和生产是坞壁的两大职能。庾衮在林虑山时，"田于其下，年谷未熟，食木实，饵石蕊，同保安之"[⑥]；又如上文所提李矩"阻水筑垒，且耕且守"，这都说明坞堡是自存自保的组织。坞堡内的土地占有关系分为两种。一般说来，流徙于新地的坞堡是均分土地。《三国志·魏书·司马朗传》记述当时的土地占有情况时说："今承大乱之后，民人分散，土业无主，皆为公田，宜及此时复之"。魏晋南北朝时期的许多坞堡开垦土地多系无主荒地，顾也大多采取"分给田畴，督其耕作"[⑦]的做法。在一些建于原地的坞堡中，土地占有关系则保持原有关系不变，采用租赋模式。如涪陵坞主范长生率千余家依青城山据险结坞，"坞民既是他的部曲，又是他的佃客"[⑧]。

第三节　宋至明清时期的防御性聚落

宋至明清的防御性聚落有两个特点：一是军事堡寨体系非常完备，尤其是明代，不仅有长城九边防御系统，而且还有沿海防御系统，各系统协调运作，共同

---

① 转引自：具圣姬. 两汉魏晋南北朝的坞壁. 北京：民族出版社，2004.
② 赵克尧. 论魏晋南北朝时期的坞壁. 汉唐史论集. 复旦大学出版社，1983.
③《晋书·李矩传》.
④《三国志·魏书·田畴传》.
⑤［晋］袁宏撰，后汉书卷27.
⑥《晋书·庾衮传》.
⑦《周书·周迪传》.
⑧ 赵克尧. 论魏晋南北朝时期的坞壁. 汉唐史论集. 复旦大学出版社，1983.

构成明代的整体防御体系；二是自发性防御性聚落趋向多元化，山水寨、村堡以及庄园式坞堡大量涌现。

一、里坊制度的衰落

到了北宋中叶，这种封闭的市场越来越不适应经济发展的需要，坊市被打破，而沿城市街道开设铺面，一般民宅的里坊也由封闭状态变成开敞的街巷。宋以后的许多城市中虽然还保留坊的区划单位，但已失去了原来的管理职能，坊墙不存在了，坊门也蜕化为刻有坊名的牌坊。然而，这种里坊制或者说类似里坊的居住形态和管理制度并没有因此而销声匿迹，尤其在一些偏远的小城或乡村聚落还发挥着它的职能，现存各地的防御性聚落或许正是这种类似里坊的居住形态的遗存[①]。

二、军事聚落防御体系

军事防御体系堡寨是古代屯兵戍边政策的产物，也是后世众多以“屯”、“堡”、“寨”为名的村落原型。

自秦汉以后，历代统治者都很重视屯兵戍边政策的运用，并将屯兵屯田扩展至全国军事和交通要冲地区，并划有专用官地，以备军马粮饷。

明代，为防御倭寇侵略，采取“陆聚步兵，水具战舰”[②]的海防政策，在中国沿海岸线设卫、所、营、堡、寨，屯重兵，打造战船，委以重将，率舟师巡海防倭。实行以陆防海和陆、海并防的措施，在中国万里海疆建立起较为严密的防御体系。同时，在北部建立起以长城为主体，由城墙、墙台、敌台、烟墩、关、营、寨和城堡等组成完整的军事防御工程体系，来抵御蒙古族和女真族的入侵。[③]

清代，驻防的目的旨在保护清朝的利益，镇压国内可能发生的叛乱，抵御外部侵略，监督各省的汉族官员，并有效地监视绿营兵。清政府将八旗军队精心布置于各地。除在北京、东北驻有重兵外，沿长城驻防在甘肃、山西以及四川，其目的是为了防止来自准噶尔和西藏的骚扰及侵犯；其他大的驻防设在山东、江苏、浙江、福建、广东、河南和湖北等地。

清政府在长城的驻军主要沿用明代保留下来的军事防御体系，而在中原地带则修建旗城。各地旗城遥相呼应，形成完善的军事体系。

军事聚落实例将在第五章中详述。

（一）明代长城防御体系

明朝为了防御北方蒙古残余势力的侵扰，从开国初年至正德年间的一百多年里，逐步巩固边防，在秦长城的基础上完善了长城防御体系。

---

① 张玉坤，宋坤．山西平遥的“堡”与里坊制度的探析．建筑学报，1996，（4）．
② 转引自：杨金森，范中义．中国海防史（上、下）．海洋出版社，2005．
③ 杨金森，范中义．中国海防史（上、下）．海洋出版社，2005．

1．设置九边重镇

在北方边境地区，明朝初期的军事势力曾达到河套—西拉木伦河一线，在长城以北设置了山西行都司、大宁都司（后改称北平行都司）和东胜、大宁、开平等卫所。后几经战乱，势力范围逐步退守到长城沿线。洪武元年（1368年）朱元璋派徐达修筑居庸关等外长城。成化年间，蒙古入居河套，延绥巡抚余子俊修建了清水河至花马池长达1170里的长城。至16世纪初，基本上完成了从山海关至嘉峪关的长城修筑，在辽东则有土筑的简易边墙。为加强对京师的防御，在京师以西的长城以内又修了两道城墙，以偏关、宁武、雁门为外三关，居庸、倒马、紫荆为内三关。为了加强对长城的防守，在长城沿线内侧修筑了大量的军士卫所和边防城堡，并划分防区，形成长城沿线的“九边重镇”：辽东、蓟州、宣府、大同、山西、延绥、甘肃、宁夏和固原。明中叶以后，为了加强首都和帝陵（明十三陵）的防务，又增设了昌镇和真保镇，合称九边十一镇。

2．建立都司卫所制度

明朝创立了一套以都司为地方最高军事领导机构的都司卫所制度。都司及所管辖卫所隶属于中央的五军都督府，并听命于兵部。全国设16个都司，5个行都司。除13个省各设都司外，还在辽东（今辽宁辽阳）、大宁（今内蒙古宁城县）、万全（今河北宣化）设都司，在山西、陕西、四川、湖广、福建等5省设行都司。都司、行都司下设卫指挥使司、千户所、百户所、总旗和小旗。

明代的卫所可分成沿边卫所、沿海卫所、内地卫所、在内卫所4种类型。长城沿线卫所属沿边卫所。明代的长城东起鸭绿江、西至嘉峪关。沿线城堡大的有镇城、路城、卫城，小的有所城、堡城、关城，分属于辽东、大宁、万全、陕西等都司和山西、陕西行都司。由于长城沿线许多地区不设府、州、县，所以都司卫所自成区域，兼理民政，成为地方行政制度的一部分。这与内地卫所依附于省府州县城市设置而作为单纯的军事机构有所不同，属于实土卫所。如辽东都司、万全都司所管辖大部分地区为实土。明代末年全国共有493个卫，此外另有独立的千户所395个。

明朝的卫所制属于屯兵屯田制，即饷粮和军需基本上全由军屯收入所供给的军士屯田制度。洪武二十六年（1393年）制定：边地卫所军，以三分守城，七分开屯耕种；内地卫所军，以二分守城，八分开屯耕种。每个军士受田五十亩为一份，发给耕牛、农具、粮种等，三年后缴纳税赋，每亩一斗。建文四年（1402年）定科则，军士一份屯田，征粮十二石，所征之粮贮于屯仓，由本军自行支配，余粮为本卫官军奉粮。① 明代采取军民分籍制度，军士世为军户。这样军镇内部的组织结构就同人口管理模式结合起来，同时和土地有密切的关系（图2-2）。

①《明史·食货志》记载：“边地，三分守城，七分屯种。内地，二分守城，八分屯种。每军受田五十亩为一分，给耕牛、农具，教树植，复租赋，遣官劝输，诛侵暴之吏。初亩税一斗。三十五年定科则：军田一分，正粮十二石，贮屯仓，听本军自支，余粮为本卫所官军俸粮。”

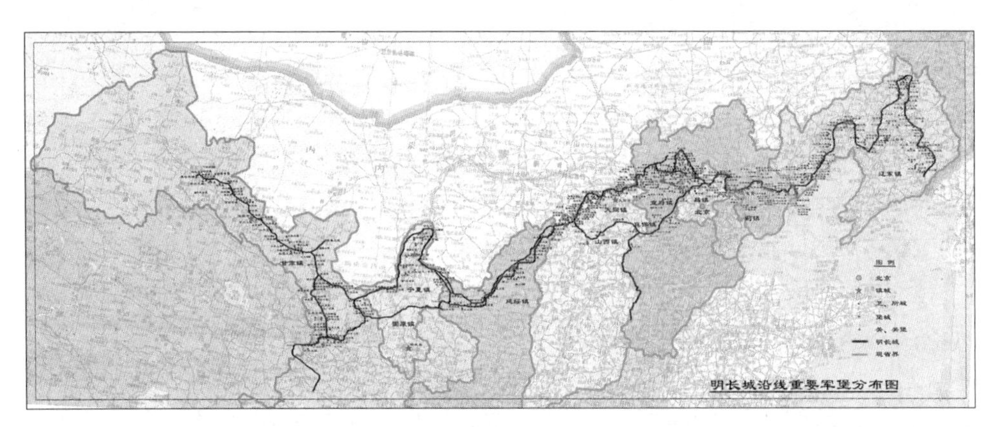

图2-2　明长城沿线重要军堡分布图
（图片来源：李严．明长城“九边”重镇军事防御性聚落研究［D］．天津大学．2009.）

3．九边重镇军事堡寨的分布

长城沿线堡的间距与据京都的距离有关，离京都越近的军镇，堡的分布越密，关口也越多。如延绥镇平均40里一堡，大同镇和宣府镇平均30里一堡，辽东镇就20～30里一堡。关口的分布也是蓟镇、宣府镇和大同镇较多（表2-3、表2-4）。

防御单位组织机构　　表2-3

防御单位	官名	驻地	辖区和职权	驻兵人数
镇	镇守总兵（副职称协守副总兵）	镇城	总掌防区内的战守行动	据实际情况而定
	总兵	镇城	协助主将策应本镇及邻镇的防御	城内驻兵3000人
	分守副总兵	重要城堡	某一紧要地段的防务	
路	参将	重要城堡	管辖本路诸城堡驻军和本路地段防御	2个卫，12000多人
卫	守备	卫城	管辖本卫城堡驻军和本路地段防御	5600人
千户所	千总	所城	管辖本所城堡驻军和本路地段防御	1120人
百户所	把总	堡城	管辖本城堡驻军和本路地段防御	112人
总旗	总旗官	该堡城	受百户所调遣	50多人
小旗		该堡城	受总旗调遣	10几人

九边十一镇的分布范围和堡寨考察表　　表2-4

	总兵驻地	辖区	分守情况	前线军堡数量	已踏勘堡数量
辽东镇	辽宁辽阳（1567年）	南起凤凰城，西至山海关，全长1950多里	五路：南路、西路、北路、中路、东路	150个，其中25卫，125所	0个
蓟镇	蓟县	东起山海关，西至居庸关的灰岭口，全长1200多里	三路：东路、中路、西路	共270个左右	10个

① 刘效祖（明）．四镇三关志．中国文献珍本丛书影印，明万历四年刻本．

续表

	总兵驻地	辖区	分守情况	前线军堡数量	已踏勘堡数量
宣府镇	河北宣化	东起居庸关的四海冶，西至西洋河，全长1023里	七路：东路、下北路、上北路、中路、上西路、下西路、南路	69个	30个
大同镇	山西大同市	东起镇口台，西至鸦角山，全长647里	八路：新坪路、东路、北东路、北西路、中路、威远路、西路、井坪路	共约60个	39个
山西镇	偏关县	西起山西保德黄河岸，东至黄榆岭，全长1600多里	六路：东路、西路、太原、中路、河曲县、北楼口		21个
延绥镇	榆林市	东起清水营，西至花马池，全长1760里	三路：东、中、西路	36个	33个
宁夏镇	银川市	东起大盐池，西至兰靖，全长2000里	五路：东、西、南、北、中路	38个	0个
固原镇	固原县（今原州区）	东起陕西省靖边与榆林镇相接，西达皋兰与甘肃镇相接，全长1000里	五路：下马关路、靖虏路、兰州路、河州路、芦塘路	35个	0个
甘肃镇	张掖市	东起甘肃金城县（今兰州市），西至嘉峪关，全长1600余里	四路：庄浪路、凉州路、肃州路、大靖路	72个	0个
昌镇	昌平	东自慕田峪连石塘路蓟州界，西抵居庸关边城，延袤460里	三路：居庸路、黄花路、横岭路	约10个	2个
真保镇	保定	东自紫荆关沿河口，连昌镇边界，西抵故关鹿路口，接山西平定州界，延袤780里①	分紫荆关、倒马关、龙泉关、故关镇守	约20个	0个
总计	十一镇	全长6700里	共53路	760个	135个

（资料来源：由倪晶整理）

（二）明代沿海防御体系

明初，政府为防倭和叛乱，在沿海地区同样也采取了卫所防御体系，并形成了六大防区。明代海防设施根据位置和作用的不同，可分为海岛、海岸和海口等三类防御。

海岛防卫是按岛屿的大小和地形特点构筑的城池及附属设施。大的岛屿以城池为中心，重要的岛屿上还筑有炮台、壕沟等设施。小的岛屿设有水寨，同时在岛上筑有防御设施和水军专用的物资仓库。

海岸防卫是由卫城、所城、墩台、烽堠和障碍物组成。每个卫、所防守海岸正面100～200公里，具有能独立作战和长期坚守的能力。除卫、所本身构筑环形筑城设施外，还注意外围筑城设施的构筑。如定海（今浙江镇海）的卫城（图2-3），墙高约7.6米，厚3.2米，周长4公里余，共有6座城门，门上建城楼，各门道内设闸门，门外有瓮城，沿城墙建有供作战用的敌楼10座，供射击用的雉堞2185个，城外有护城河环绕，各城门外设吊桥。定海卫城东北的招宝山（候涛山），扼甬江口，地势险要，山上筑有威远城。卫城之外的港口筑有靖海营堡，与卫城成犄角配置。墩台主要用于防守，建在卫城、所城附近或海口附近。烽堠

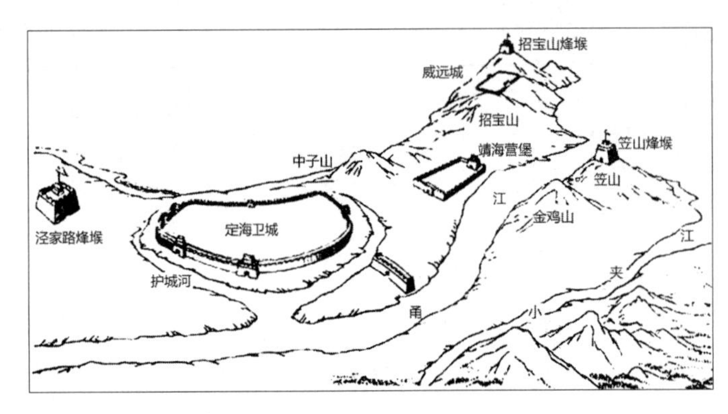

图2-3　定海卫城
（图片来源：中国大百科全书（网络版）http://202.197.127.211）

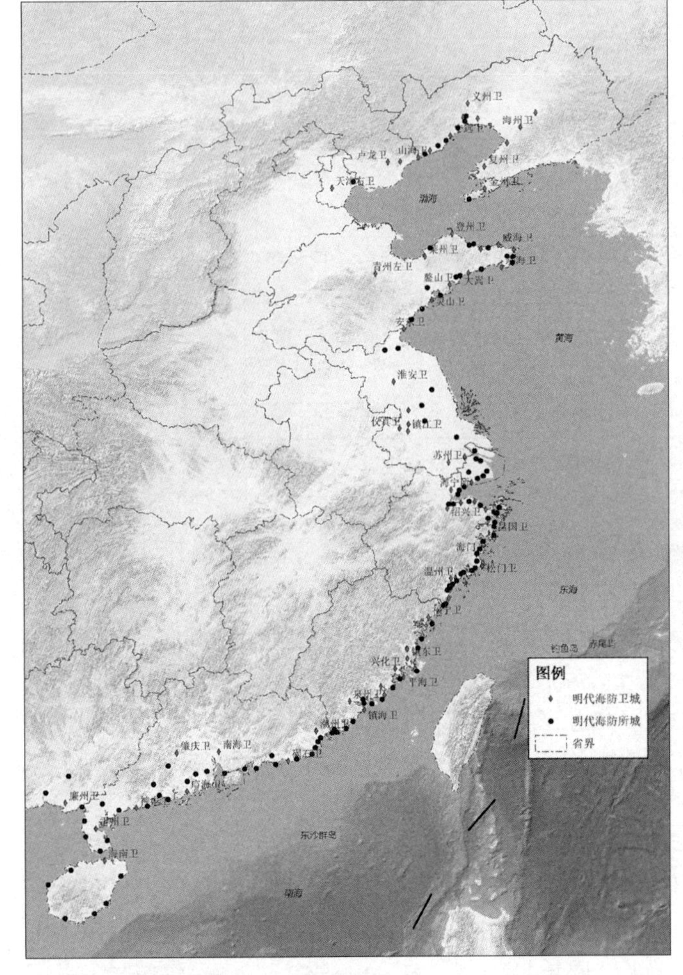

图2-4　明代海防图
（自绘）

用于瞭望和报警，间距1.5～6公里，沿海岸配置[①]。

海口防卫是在江河的入海口两岸构筑城池、烽堠，并与其他筑城设施相结合，构成多层的筑城设施。如长江口防御就设有三道防卫线：以崇明岛及其南北两岸的太仓、吴淞、茜泾、海门为第一道筑城线，构筑有城池，沿海岸设烽堠；以通州（今江苏南通）、狼山（位于南通市南）、福山（位于江苏常熟，与狼山隔江对峙）为第二道筑城线，在通州筑城池，在福山上建营堡；以江苏丹徒东的圌山为第三道筑城线，修城池，筑炮台，并派水师协同固守。此外，在海口的岸边还有重点地埋设了地雷。在海口的近岸浅水地域布有触发水雷和操纵水雷。在可通航的一些江河入海口处植有数列木桩，以防倭寇船只驶入。[②]

同时，政府依照军事编制，在沿海郡县皆设立卫所，并先后派人到广东、福建、浙江等沿海地区设置卫所，“筑

① 中国大百科全书（网络版）http://202.197.127.211
② 同上。

城增兵，以固守备"[①]。后自洪武年间除上述地区外，在山东、辽东等地亦设置了大量卫所，从而基本上建立了明代沿海卫所的布局。到永乐年间，即形成了以卫所为骨架，配以城堡、墩台，辅以巡检司的沿海防线。最终将沿海分为6个防区：辽东、山东、南京、浙江、福建、广东（图2-4、表2-5）。

明代海防卫所分布　　表2-5

防区	隶属	海防卫所设置
辽东	属左军都督府辽东都指挥使司	设广宁前屯、宁远、广宁中屯、广宁左屯、广宁右屯、海州、盖州、复州、金州9卫。此外，还有广宁中前、广宁中后、宁远中右、宁远中左、广宁中屯、金州中左6千户所。其中，以金州卫为防守重点，永乐年间，增"置辽东金州旅顺口、望梅（海）埚、左眼、右眼、三手、手山、西沙州、山头、爪牙山敌台七所"（除三手、手山外，均为旅顺口管辖）。明初，金州卫共有4城（本城、旅顺口、木场驿、石河驿）和5堡（望海埚、红嘴、归服、黄骨岛、盐场），下辖墩台95处
山东	属左军都督府山东都指挥使司	明初，山东卫所属左军都督府山东都指挥使司。沿海设有宁海、莱州、登州、青州等4卫。洪武三十一年五月，又置威海、成山、靖海、大嵩、鳌山、灵山、安东7卫，属山东都指挥使司，沿海共计卫11处，终明之也未变。另外，还设有福山、奇山、金山左、百尺崖后、寻山后、宁津、海阳、雄崖、浮山前、胶州、诸城等11千户所。沿渤海、黄海海岸线设巡检司24处
南京	直属中军都督府	明初设淮安、扬州、高邮、仪真、镇海、太仓、金山等7卫和东海中、海州中前、盐城、兴化、泰州、通州、崇明沙、刘河堡中、吴淞江、南汇咀中后、青树中前、松江中等12千户所
浙江	属左军都督府浙江都指挥使司	洪武初年，沿海府县设海宁、杭州、绍兴、宁波、台州、温州等6卫。洪武十九、二十两年间，新设有临山、观海、昌国（从舟山迁置于象山县）、松门、定海、盘石、金乡、海门等8卫，乍浦、澉浦、沥海、三江、三山（又称浒山）、龙山、霩衢、大嵩、定海中中、定海中左、石浦前、石浦后、钱仓、健跳、桃渚、新河、隘顽、楚门、蒲岐、宁村、海安、沙园、蒲门、壮士等24千户所
福建	属前军都督府福建都指挥使司	明初，置福州、兴化、泉州、漳州等卫，洪武二十一年设福宁、镇东、平海、永宁、镇海等卫，领大金、定海、梅花、万安、莆禧、崇武、福全、金门、高浦、六鳌、铜山、玄钟千户所，洪武二十七年设永宁、中左千户所
广东	属前军都督府广东都司	明初，在广东沿海（包括今海南省）设潮州、惠州、碣石、南海、广海、神电、雷州、海南等8卫及大成、澄海、蓬州、海门、靖海、海丰、甲子门、捷胜、平海、东莞、大鹏、新会、香山、新宁、海朗、双鱼、宁川、乐民、海康、锦囊、海安、永安、钦州、海口、昌化、崖州、南山、清澜等28千户所，另洪武二十六年（1393年）至洪武二十八年（1395年）初设置卫所20多处

（资料来源：杨金森，范中义著．中国海防史．北京：海洋出版社，2005.）

蓬莱水城是现存较好的明代重要海防卫城，又名"备倭城"，其既是海防要塞又是重要的海运枢纽。早在汉代，蓬莱水城已是军事重地，宋代开始建设海防设施，到明代洪武九年（1376年）建立水城，并在永乐六年（1408年）设立了

①《明太祖实录》，卷191，洪武二十一年六月甲辰.

“备倭都指挥使司”，万历二十四年（1596年）设“总兵署都督检事”，同时，统辖山东海防及海运。

蓬莱水城平面呈不规则的长方形，城开二门，其中南门是陆门，北门为水门，是出海之门。水城中间小海，用以操练水军，停泊船只，同时，水城内还建有码头、平浪台、营地、炮台、敌台等军事设施，形成完备的军事防御体系（图2-5）。

图2-5 水门口布局图
（图片来源：温玉清提供）

（三）清代旗城

八旗制度始建于清初，据史料记载：“清初，太祖以遗甲十三副起，归附日众。四旗，曰正黄、正白、正红、正蓝，复增四旗，曰镶黄、镶白、镶红、镶蓝，统满洲、蒙古、汉军之众，八旗之制自此始。”①

八旗军队入关后，逐步控制整个中原地区，进而统一中国。清政府按八旗驻防地区的不同，将军队分为四类。《清史·兵志》中记载：“八旗驻防之兵，大类有四：曰畿辅驻防兵，其藩部内附之众，及在京内务府、理藩院所辖悉附焉；曰东三省驻防兵；曰各直省驻防兵，新疆驻防兵附焉；曰藩部兵。”②

清朝政府为解决兵少而国大的矛盾，对有限的兵力进行了有重点、有主次的驻防：基本是先畿辅，其次为南方各省、西北长城沿线，最后布防边疆。

八旗驻防以北京附近为中心，是清朝最重视的地区，其重心从东南移向长城沿线。山海关至凉州一线的驻防则是京师的屏障。畿辅驻防兵和东三省驻防兵是八旗军队的主力，约占总兵力的一半，驻扎在北京及其周边地区和东北三省。清初畿辅驻防中驻兵最多的是保定和沧州，康熙中叶以后，清政府开始逐渐加强畿辅北部的防卫。到乾隆时期，完成整个格局的北移，尤其热河、张家口形成了屯兵数千的军事重镇。东北三省与畿辅和其他地区不同，东三省的居民一直以八旗兵丁、眷属及其奴仆为主，是八旗军队源源不断的后备力量，也是清政府的大后方。③

为防御准噶尔和西藏的侵扰，清政府将剩下的四成左右的八旗军队布防在了中原一些军事要地。如沿长城驻防在甘肃、山西以及四川。乾隆二十九年（1764年），为防止俄国的入侵，又有一成左右的八旗军队被部署到新疆。同时，其余的八旗军队驻扎在其他各省区。安徽、广西、贵州、湖南、云南等省最初也曾有过驻防，但这些驻防后来都被撤销了。未驻防地区一旦发生内乱，中央政府就将镇

① 耿相新，康华. 二十五史［M］. 郑州：中州古籍出版社，1996.
② 任桂淳. 清朝八旗驻防兴衰史［M］. 北京：三联出版社，1993.
③ 任桂淳. 清朝八旗驻防兴衰史［M］. 北京：三联出版社，1993.

压内乱的任务交由邻近省份的八旗军去完成。

另外，各地驻防官兵之多寡亦差异较大，最小的驻防，如宝坻、东安、固安，可能只有100～200官兵；最大的驻防，如荆州、南京和广州，驻有4000～5000官兵（表2-6）。

乾隆二十五年（1760年）前后部分地区驻防军队分布表

（北京及其军事警戒线之内的地区除外）　　表2-6

地区	地点	驻防设置时间（年）	最高长官	官兵总数（名）	备注
西北	绥远城	1737	将军	2802	
	归化城	1694	副都统	390	该副都统归绥远城将军指挥
	太原	1649	城守尉	555	该城守尉归山西巡抚指挥
	西安	1645	将军	3970	
	宁夏	1676	将军	3509	
	凉州	1737	副都统	1105	该副都统归宁夏将军指挥
	庄浪	1737	城守尉	509	该城守尉归凉州副都统指挥
	成都	1721	将军	2341	
东南沿海	青州	1729	副都统	1807	
	杭州	1658	将军	2232	
	乍浦	1729	副都统	2037	该副都统归杭州将军指挥
	福州	1680	将军	2581（含水师619）	
	广州	1681	将军	3906（含水师623）	
中部	荆州	1683	将军	5535	
	南京	1645	将军	4126	
	镇江	1654	副都统	3521（含水师1878）	该副都统归江宁将军指挥
	德州	1654	城守尉	513	该城守尉归青州副都统指挥
	开封	1720	城守尉	814	该城守尉归河南巡抚指挥

（资料来源：选自任桂淳. 清朝八旗驻防兴衰史[M]. 北京：三联出版社，1993.）

1．实例——青州旗城

青州旗城于雍正八年（1730年）六月六日开始营建[①]，经过三年的施工，至雍正十年（1732年）九月二十日告竣。落成之日，雍正皇帝钦定四门，并为城内敕建的两座主要庙宇赐名[②]（图2-6、图2-7）。

图2-6　海晏门城楼

（图片来源：由李凤琪提供）

图2-7　城远眺

（图片来源：由李凤琪提供）

青州旗城平面为方形，内十字大街将城分为方整

① 关于开工日期，《青社琐记》记载为雍正八年八月十八，从宫中奏折中看是六月初六。选择这一天，是取“六六大顺”之意，可是六月初十以后，阴雨连绵，无法施工，至八月十八，施工才全面展开。

② 李凤琪. 青州驻防城建城概述. 沈阳：满族研究，2002，(4).

的四部分。

据史料记载，城内庙宇众多，有敕建普恩寺（东大庙）、敕建福应寺（西大庙）、关帝庙四座（以北大庙与正白旗关帝庙为最大），其他有弥勒阁、火神庙、龙王庙、马王庙、五圣祠等。道光元年（1821年）又增建16座土地祠（每旗两座）。此外，北门外有同治四年（1861年）为纪念僧格林沁所建的僧王庙；民国初年（1912年），有寇显庭、关恭正集资筹建的以供奉吕祖与行医相结合的宣化会。

原旗城内衙门及军事机构众多。等级最高的是将军府（俗称“大人府”），位于城内十字口东路北。另外，在宁齐门（南门）内，西有理事同知府，是旗城的司法机关，东有副都统衙门。

协领、佐领、防御、骁骑校的衙门，按品级大小建筑规模与房间多少各异。协领衙门四所（每所房十八间），佐领衙门十六所（每所房十五间），防御街门十六所（每所房八间），骁骑校衙门十六所（每所房六间），笔帖式住宅三所（每所房六间）。普通旗兵住房不论携眷多少，每户均为官房两间，独门、独院（图2-8）。房为木结构，四梁八柱，青砖灰瓦，前后出厦，大花格木雕窗板。此外，城内按八旗前后佐设十六座大房（也叫堆房或档房），是佐领办公、各旗存放档案、盔甲和兵器的地方。[①]

图2-8　原八旗兵房
（图片来源：作者自摄）

2．八旗驻防城特征比较

在城市的驻防，为了保持八旗军的独立性，它们的营区通常都在围墙之中，官兵家属也生活在被隔成一小块一小块的军营里。围墙把他们与汉人隔离起来，这样的设计不仅是为了防范汉族人随时可能发生的突然袭击，而且也可以防止满族人汉化。

杭州、福州、广州和荆州的驻防位于最重要的驻防之列。这不仅是由于这些城市是主要的港口，而且还因为前三者是省会城市，后者是府城所在地。康熙二十年（1681年）广州驻防有三千左右的官兵，后增至近五千人。康熙十八年（1679年）福州驻有二千一百官兵，乾隆九年（1744年）增至四千零四十人。荆州驻防在康熙二十二年（1683年）有五千左右的官兵，在19世纪末增至七千余人。杭州驻防，顺治十五年（1658年）约有四千官兵，后来数千官兵及其家属在太平天国起义中丧生，因而人数大为减少。

以下青州旗城与其他主要旗城城池的比较（表2-7）：

① 李凤琪．青州驻防城建城概述．沈阳：满族研究，2002，(4)．

部分八旗原驻防城池比较研究一览表　　表2-7

	驻防设置年度	驻防原因	城池规制
杭州	1658	商业中心 军事要地	大致呈长方形，周长约九里，面积约一千四百三十多亩。“筑砌界墙环九里有余，穿城径三里，高一丈九尺，厚一庹，长一千九百六十二庹。”有五个城门：东面二、南面一，北面二。城中有一条水道与西湖相连以运输给养。营区有将军的重要衙署和八旗官员的其他处所，还有浙江巡抚的官署及浙江承宣布政使司，此外，还有许多寺院和一个清真寺等其他重要的建筑物。建有大量庙宇
乍浦	1729	海军军事要地	大致呈方形，位于乍浦城西北角，占乍浦四分之一的面积。建有大量庙宇
福州	1680	商业中心 军事要地	八旗驻扎在福州府城内，没有围墙与庶民相隔，衙署和兵营修在民房被毁的城东南一带，占地面积六里九。府城呈不规则形，方圆十里，城墙高二丈一尺有余，厚一丈七尺。周长三千三百四十九丈，环城三面有护城河。城墙有七门：南门、北门、东门、西门、水部门、汤门（位于城东南）、牛楼门（位于城东北），另有四个水关，以引江水入城。建有大量庙宇
广州	1681	商业中心 军事要地	广州城大体呈正方形，又有“老城”和“新城”之分。八旗军驻扎在老城。老城共有十六个城门，每面四个。周围有三千二百一十五丈五尺的城墙。建有大量庙宇
荆州	1683	军事要地	荆州城被分成了两部分。驻防营地位于荆州东部的“满城”，呈方形东西长七里三，南北宽三里七，周长为两千四百七十丈。它是按照阴阳五行来进行安排的。正黄旗和镶黄旗住在北边，北方代表水；正白旗和镶白旗住在东边，东方代表木；正红旗和镶红旗住在西边、西方代表金；正蓝旗和镶蓝旗住在南边，南方代表火。建有大量庙宇
青州	1729	军事要地	驻防营地位于青州北部的“满城”，呈方形，城周为六里二分二厘，外周长为一千零四十九丈，旗城有四门，城墙高一丈二尺五寸，底宽一丈二尺，顶宽七尺；城垛口两千个；八旗布局按风水理论布置

（资料来源：定宜庄. 清代八旗驻防研究. 沈阳：辽宁民族出版社，2002.）

通过以上分析，我们可以总结出以下特点：

旗城皆为军事要地，有的兼为商业中心。数量相对较少的八旗军队，为控制住整个中国的局势，不得不采用这种点式的军事布局，即布置在各军事要地，同时也有效地掌握着经济命脉。

除广州城外，其他旗城都另建新城。建新城的主要目的就是为保持八旗军队的独立性，并更有效地对汉族军队加以控制。

中国的传统风水理论影响旗城布局。早在八旗入关之前，满族文化已融合了许多汉文化的因素；入关后更是承传了大量汉民族的传统思想文化体系。因此，在旗城营建时，中国的传统风水理论得到应用也就成为水到渠成之事。

三、山水寨

山水寨是地方自卫武装为据守抗敌，居山或湖泊而建的防御基地。宋时，“因外族入侵，各地百姓纷纷自卫御敌，出兵勤王；或组成义军据守山水寨以抗敌。”[①]此后，元末、明末及清代，每当战乱发生时，各地的自卫武力，也都据守山水寨。

山水寨的兴建在宋代达到高峰。据史料记载，宋臣曹勋使金时，在河北的相州以北，就看到五十多处山寨，“每寨不下三万人，其徙皆河北州县避贼者”[②]。

清中后期，团练兴起，各地士绅遵旨纷纷创办团练，招募乡勇，以图自保。一般而言，团练的设立主要是为了保卫乡里，以守为主，一般不远攻。既然以防守为目的，如果缺乏必要的防御工事，也很难起到保卫家园的效果。因此有了团练，必须以团寨或堡与之相匹配才能达到相辅相成的作用。于是各地在创办团练的同时，纷纷“筑寨堡以卫团练，更建碉卡以卫寨堡”[③]。目前，在山西、陕西、河北、山东等北方地区仍有大量山水寨遗存，这为山水寨的进一步研究提供了依据。

（一）山水寨形制

依险而筑是山水寨修筑的特点之一。山水寨的平面多不规则，寨墙往往依山而建，范围也大于村堡或一般的军堡，并且，山水寨内除有屯兵之所外，还有屯田之地。宋代曹勋出使金朝时，在河北的相州以北，就看到五十多处山寨，“每寨不下三万人，其徙皆河北州县避贼者”[④]。山寨内可以屯田，形成独立的经济单位，加以形势险峻，因此恃险据守颇能持久。像庆源的五马山、太行山，永宁的白马山，太原文水县的西山寨、伊阳山寨等，都有义军据守达十余年之久。山东地区的梁山水寨和青崖山寨是较为典型的山水寨。

1．梁山水寨遗址

梁山泊（又作梁山泺），本为巨野泽（古称大野泽）的一部分。隋唐以后，泽面逐渐北移，环梁山斯成巨浸，始称梁山泊（图2-9）。入宋以后，由于黄河频繁改道决口，梁山泊多次被溃决的河水淹没。

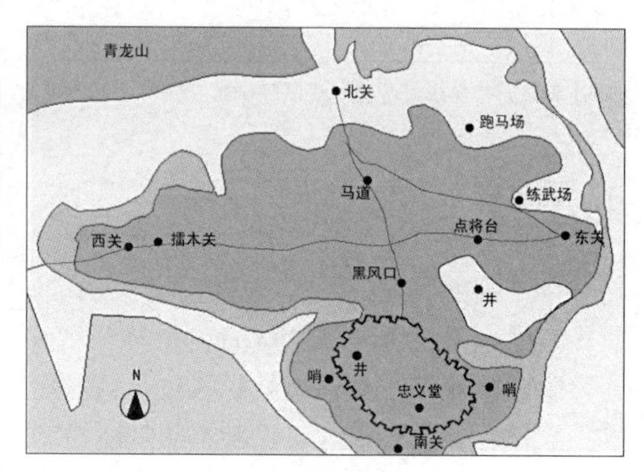

图2-9　梁山水寨平面示意图
（图片来源：自绘）

宣和元年（1119年）十一月，宋江农民起义爆发，十二月二日，徽宗下诏，“京东东路盗贼窃发，令东西路提刑督捕之”。[⑤]二十四日，又诏：“招抚山东盗宋江”。[⑥]

---

① 刘岱主编．吾土与吾民．上海：三联书店，1992.
② 曹勋，集（四库珍本七集），卷26.
③ 吕调元，刘承恩，张仲炘等．民国湖北通志．民国十年（1921）刻本：74.
④ 转引自刘岱主编．吾土与吾民．生活·读书·新知三联书店出版社，1992.
⑤《宋史·徽宗纪》.
⑥《皇宋十朝纲要》卷十八《徽宗纪》.

可见，这次起义爆发于京东东路（今山东地区）。宋江起义后。曾经以梁山泊作为根据地，出没于青州（山东青州）、济州（山东巨野）、濮州（山东鄄城）、郓州（山东东平）各地。

梁山主峰虎头峰顶端开阔平坦，易筑营扎寨，东、西、南三面危岩壁立，四周有两道内外石砌寨墙围绕，北侧有两重扭头门，这便是梁山主寨——宋江寨。宋江寨是梁山泊首要的军事重寨。寨中央有忠义堂、旗杆窝、宋江井等遗址。当年，宋江寨墙固若金汤，易守难攻，而今已变成残垣断壁。

水泊梁山左右军寨分别安扎在梁山支峰雪山峰和郝山峰上，这两座山峰三面绝壁，荆棘丛生，形势险要，与宋江大寨构成犄角之势。左军寨是当年好汉练兵习武之处，上有点将台、比武场、练武场，山北有操练骑兵的赛马场，构成一个和谐的整体，威严而有生气。右军寨上设滚石擂木关，松柏蔽日，壁垒森严，相传林冲、杨志、单廷圭、魏定国等将领在此镇守。

梁山北麓，传说是安顿眷属、铸造兵器、囤积粮草的后军寨。如今，当年的后军寨已变得街衢纵横。

2. 黄崖寨遗址

黄崖寨遗址位于山东长清区孝里镇东南黄崖山上（图2-10～图2-15）。此寨因江苏仪征人张积中居山讲学而建。张积中避祸来山东传授大成教，深得人心，远近弟子和进山避乱者近千户，约5000余人。

该遗址始建于咸丰年间，顺山脊呈“Y”字形庞大的山顶建筑群。最西北方是一寨门，由一寨门经二寨门在祭祀厅处向东南、西南两个方向发展。由一寨门至最东南的建筑物约3000米，至最西南的建筑物约4000米。全寨建有叠涩式全石

图2-10　黄崖寨瓮城
（图片来源：刘建军拍摄）

图2-11　黄崖寨寨墙
（图片来源：刘建军拍摄）

图2-12　黄崖寨祭祀厅
（图片来源：刘建军拍摄）

图2-13　吴家宅子残迹
（图片来源：刘建军拍摄）

图2-14　黄崖寨山势
（图片来源：刘建军拍摄）

图2-15　黄崖寨房屋残迹
（图片来源：刘建军拍摄）

结构和石木结构房屋约1200间，其总建筑面积60000平方米。

一寨门：为呈弓形的瓮城。中间处向西南开门，里面又有向西北的两门。两门前面的墙上留有一排枪箭孔。寨墙高4米，长5米，厚1.6米，全部青石砌成。

二寨门：距一寨门800米，门向西北开，两侧各有一座门哨楼，迎门建影壁一座，寨墙高2.5米，长600米，厚1米，全部青石砌成。

过二寨门向南翻山顶便到祭祀堂。祭祀堂为“凹”字形厅堂，南北阔13.2米，东西长21.2米，顶部已毁坏，无从考证。现存厅墙高3.5米，是用精工细雕的方块青石砌成，石灰抹缝。堂前有25厘米高的台阶25级，阶前有池，筑桥相间如泮池。西侧有与正厅相连的配房10间，前面各向东西开门，后面与厅堂相通，两配房都有地下暗道。

遗址西南距祭祀厅800米处有门朝南的方形院落一座，名曰吴家宅子（是济南知府吴载勋避乱静养所建，有房室19间，北6、东5、西4、南4）。该院东南角现存4间完整的石室，每间4.3米见方，顶高4.5米，为迭涩式全石结构。

其他大部分房屋均为张积中之弟子及投其而来或避乱的乡民居住。整个建筑群除东南方4间房屋完整外，其他房舍寨墙均已毁坏，仅存高低不等的断壁残墙，但眉目尚清，体系完整。

（二）山水寨组织形态

地方自卫武力的组成方式，历代不同。有些由地方百姓自动聚集，有些由官督民办。组织也呈现很大的差异性；有的严密，有的松散，甚至谈不上组织。而成员的凝聚方式，则分别由地缘与血缘的因素组成。

宋代以前的自卫武力，多由民间自动聚集，官督民办的团体较少。魏晋时代，北方由豪族领导，据坞堡以抗外敌的自卫武力就是典型的例子。由于缺乏制度，组织的严密与否，往往取决于领导者个人的能力。一般而言，当时坞堡的内部组织比较松散，多由群众临时聚集。

到了宋代，地方性的自卫武力，除了由民间自发形成外，尚有官督民办的。民众自发的武装，其组织形式与宋代以前无异，同样取决于领导者的能力，一般说来，形式较为松散。北宋实行保甲制之后，保甲制度成为社会基层维持地方治安、管理政务的基本制度。同时，如遇战事，政府即以保甲为基础，由官吏督导，将这种地方自卫武力转化为武装团体以抗外敌。南宋初年的忠义巡社和清代的团练，是典型的例子。

历代自卫武力的组成方式，不论是由民间聚集，或是官督民办，都是以地缘或血缘关系扩展而成的，其中地缘关系尤为重要因素。由地缘关系发展而成的地方武力往往以地方乡绅为领导者；由血缘关系发展而成的地方武力，则以家族或宗族之族长为核心，族长的威信决定团体的性格与发展。

四、村堡及庄园式坞堡

村堡（或称为民堡），即村落构筑的堡寨，可以追溯至原始社会氏族聚落中无政治职能的防御型村落。这种村落与带有政治职能的“中心城堡”同时并存，成为古代城池和村落发展的原型。春秋时期形成的邑及唐宋时期发展出的地主庄园堡坞皆源于此。

村堡的大量兴建主要集中于社会动荡期。元末明初修建的堡寨主要是自发性产生的。明末清初，普通村落构筑堡寨，进行自我防御，亦是形势所迫。清末，政府大力提倡团练，并利用这种自卫武力抵抗外敌，因此各地开始兴建具有官督民办性质的团堡、寨。清廷亦有“版筑自卫之谕”①。清《防守集成》中记载：“知战而不知固民堡，是不植其根而长枝叶者也。”②可见村堡在当时的战略重要性。由此，北方地区逐渐形成了许多堡寨型村落。现陕西韩城、河北蔚县仍存有大量村堡。

（一）清中后期团堡、寨的兴起

鸦片战争之后，内忧外患，清王朝的统治由盛转衰。嘉庆初年，湖北王聪儿等人领导的白莲教起义爆发，席卷川、楚、陕、甘、豫5省。咸丰年间的太平天国起义，迫使清廷疲于应付，渐感不支，因而倡办团练，行坚壁清野之法以对抗内乱。

以山东为例，山东各地士绅创办团练，招募乡勇，以图自保。团练亦称民团，基本成员有团勇、练勇、乡勇、团丁、民壮等，按保甲系统编户，根据需要因时因地变通执行，并制定相应的团练编制：①由知县颁给名册，令各级所管地段确切查明，将年龄、籍贯、膂力、勤劳、智、勇、材、艺诸项填注册内，不准遗漏。造册完毕，由团总誊清正副两本送县盖印，副本叫“环册”，留县备核，正本叫“循册”，团总存，每年正月更新一次，县官携“环册”顺道抽查，有时分路查点检阅壮丁技艺，团总以下齐集听点。②以乡为单位编组，选团长1人为团总，团副1～4人，统辖若干团。团一般以保为单位，选团长1人，或设团正、团副；团以下以哨（甲）为单位，选一哨（甲）长；哨以下为牌，选一牌长。③自团总以下，平时各事本业，有事集中防守。守御有效，计功行赏，由团总呈知县，或给顶戴，或给匾额，或给银钱。③

咸丰三年（1853年）之后，太平天国北伐军、捻军先后进入山东，各地义军蜂起，清政府深感形势吃紧，兵不敷用，遂令山东各州县妥速筹办团练。到同治六年至光绪二年（1867～1876年）丁宝桢任山东巡抚时，根据山东情况，再次制定团练办法六条令在山东各地推行，自此山东团练遍及各州县：①“选壮佼”。即不得以老弱充数。②“认段落”。即先由地方官派定，指示团长明确防守地段。③“颁器械”。即500人为一团营，发抬炮10杆，鸟枪百余支。长矛短刀由地方发给。不得私带回家。④“均劳逸”。即派定团营军事勤务，轮流更替。⑤“一号令”。即有警谕调，不得迟延到防或擅退擅移。更替时，一丁到方许一丁退。⑥“和众志”。即团练与官兵分驻，团练归军官节制。团丁违犯章程由地

① 转引自［清］朱璐编著．防守集成（中国兵书集成第46册）．北京：解放军出版社，1992.
②［清］朱璐编著．防守集成（中国兵书集成第46册）．北京：解放军出版社，1992.
③ 参考：张曜．山东军兴纪略．卷6（上）．台北：文海出版社.

方官惩处。[①]

一般而言，团练的设立主要是为了保卫乡里，以守为主，一般不远攻。既然以防守为目的，如果缺乏必要的防御工事，也很难起到保卫家园、抵御贼寇的作用。因此有了团练，必须以团堡、寨与之相匹配才能达到相辅相成的作用。据山东章丘旧军孟家《孟子世家六寓章丘文谱》记载："咸丰辛酉秋，皖豫捻匪坞十万人北犯，掠省垣而过。大吏敛兵闭城，不以一矢加遗，贼势益张。先是镇人集众议团练，推幼冯（名毓芬）公为之团长，联络遐迩，互为应援。警报至，公号召附近赴历城韩家庄设防，应声传至万余人。公负重创，殁于桥侧……从死者数百人。"《魏氏家谱》也有类似记载："甲寅年（1854年），捻军北进，胞兄魏景昉被同乡之人推举为民团之首，组织乡里之人进行防御。"由此可见，山东现存的旧军孟家以及同一时期的魏氏庄园均应是在此背景之下修建而成。

（二）庄园式"坞堡"

庄园聚落是庄园主占有全部土地的同族聚落，早期为封建领主庄园，后为地主庄园。按庄园主的阶层划分，出现过这样几种类型，如皇族占有土地的皇庄，贵族和官僚占有土地的官庄，寺院占有土地的寺庄，一般中小地主占有的田庄。

"一般中、小型庄园的形态多为单一型聚落。庄园内，地主与佃农往往是同姓或同宗，但仍聚族而居，并容留雇农或庄户居住，但居住领域有明显的区分。大型地主庄园多为复合型聚落，或可称为聚落群。庄园内，除庄园主家族的同族聚落外，尚有本族贫穷家族及佃农、雇农或庄户组成的若干小聚落。由于无土地之本，只是庄园内的附属聚落，从而构成庄园聚落群。"[②]

而"坞堡"亦称"堡坞"，起源于两汉，成熟于魏晋，盛行于唐代。堡在春秋战国时期已很常见。坞的名称出现较晚，是起于西汉的西北边塞。徐慎《说文解字》中以小障释坞，服虔《通俗文》以营居释坞。

"目前，尚未发现早期'坞堡'聚落遗址，有幸的是汉墓中出土的一些冥器给我们提供了重要的参考例证。此外，据黄陂区出土的吴末晋初墓大型青瓷'坞堡'的基本形态与此种冥器大同小异，可以看出坞堡是在一个封闭的空间场所，四周围以高垣深壕，平面多呈方形，四隅筑有角楼，院内布置有平房宅邸的聚落。由此，根据'坞堡'的形制，将庄园式'坞堡'聚落限定为单一型或复合型宗族聚居在一个封闭的空间场所，周围以高垣深壕作为防御体系的聚落。"[③]

清代由于商品经济的发展，出现了许多豪族，到清末，由于战乱，庄园式坞堡随即大量涌现。如山西的灵石王家恒贞堡、阳城"黄城村"、沁水"西文兴"、山西张壁古堡、山东的魏氏庄园、江西土围子、福建土楼等皆属这种类型。

魏氏庄园坞堡是清代庄园式。庄园位于惠民县魏集村。建于清光绪十六年至十九年（1890～1893年），历经战争洗礼和政治运动冲击，主体建筑保护完好。

魏氏庄园由福寿堂、徒义堂、树德堂三组建筑组成。三堂位于魏集村十字大

---

① 参考：张曜．山东军兴纪略．卷6（上）．台北：文海出版社．
② 周若祁，张光主编．韩城村寨与党家村民居．西安：陕西科技出版社，1999.
③ 周若祁，张光主编．韩城村寨与党家村民居．西安：陕西科技出版社，1999.

街的东西街和南北街的两侧（图2-16）。

福寿堂，是在庄园的老宅旧址上于清同治四年（1865年）重建的，坐落于魏集村中十字大街西北部，慈善胡同的西侧。福寿堂因前4个院落已在土改时分给农民，现存的第五进院落大门设在东南角，形成坐西朝东的宅门朝向，为乾宅巽门，平面格局为口字形（图2-17）。

徒义堂，即北协增院，坐北朝南，原有四进院落，现保存完整的还有一进两个院落，其他几进院落于解放初期土改中分给农户，已被拆改为现代民房（图2-18）。

树德堂的布局有别于其他两组建筑群，整体建筑设施组合集居住、礼仪接待、祭祀、游览观赏、农事收储等综合功能于一体，整组建筑群动静相宜、疏密有序、仰止有别、流线明确，富有自然情趣，总体布局严谨合理。总平面中由城堡式住宅、花园、宗祠、广场和池塘5部分组成（图2-19）。

树德堂为城堡式建筑，城垣建筑为长方形，南北长84米，东西宽46米，城体巍峨高耸，雉堞相连，堡内住宅为典型的四合院建筑，由3进院落组成。其整体布局以南北中心线为纵轴对称布置房舍。

堡内有一小广场，广场南面及东西两侧还有辅助建筑设施。有碾、磨房、马厩及轿车棚。在城门台基两侧分别有门卫房和武备库，城墙四周的内侧设有敞棚（也称裙屋），储存粮食杂料。

祠堂，位于城堡的东北角，广场的西部北端，为一规整的小型三合院。院内建筑设施正面有祠堂3间，祠堂前有东西厢房各3间，门向西位于坤位，形成了民宅坤向的坐向，其建筑规模虽小，却是庄园建筑群体中的重要建筑之一，这充分体现了魏氏家庭尊敬祖先的传统习俗（图2-20～图2-31）。

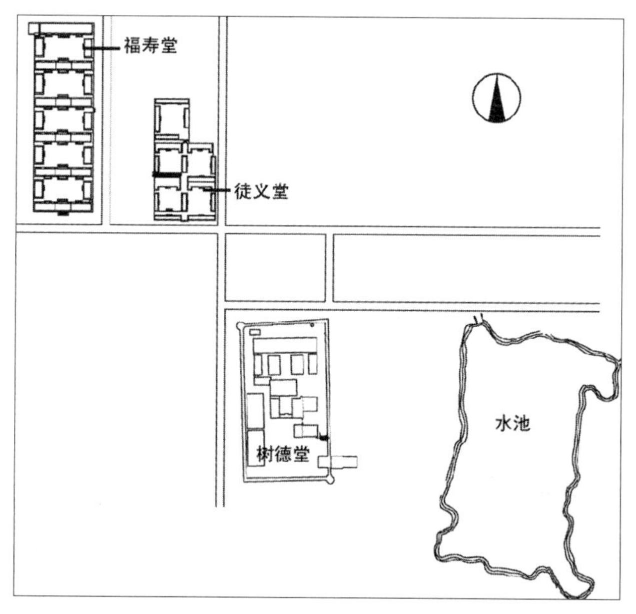

图2-16 魏氏庄园三堂位置图

（图片来源：自绘）

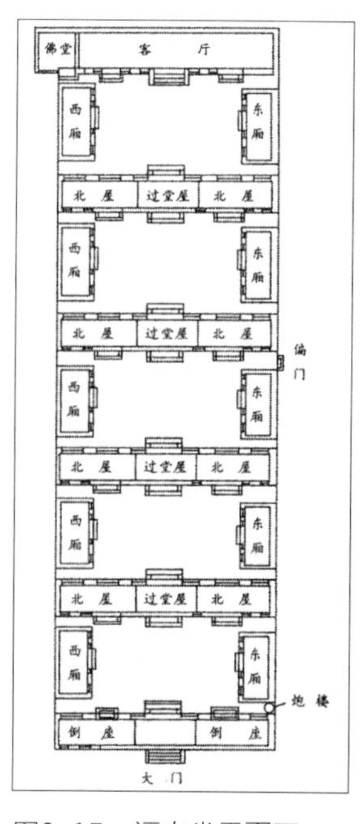

图2-17 福寿堂平面图

（图片来源：自绘）

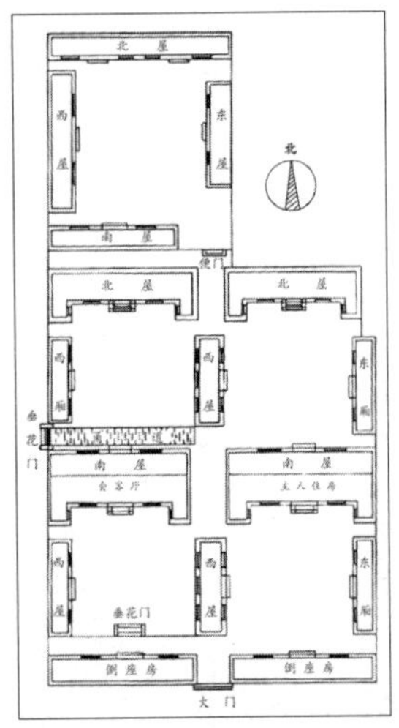

图2-18　徒义堂平面图
（图片来源：自绘）

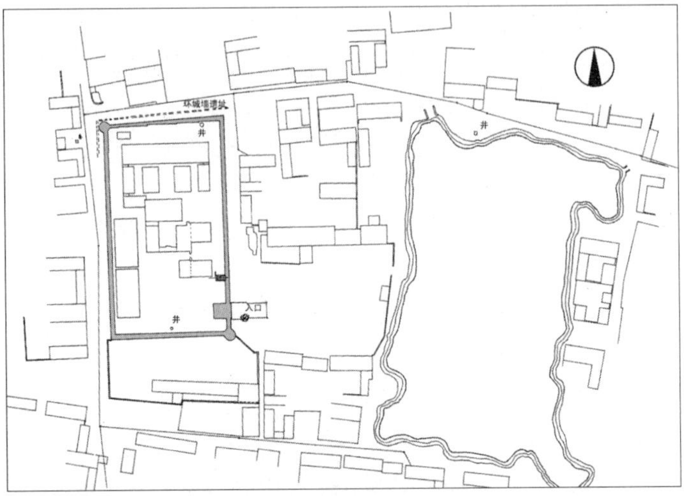

图2-19　树德堂总平面图
（图片来源：自绘）

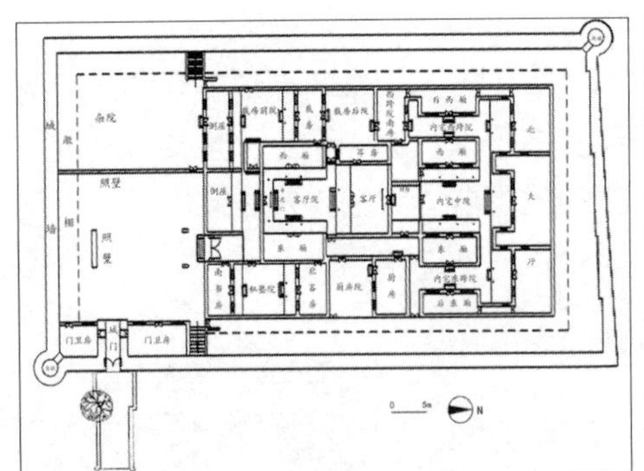

图2-20　魏氏庄园树德堂平面图
（图片来源：自绘）

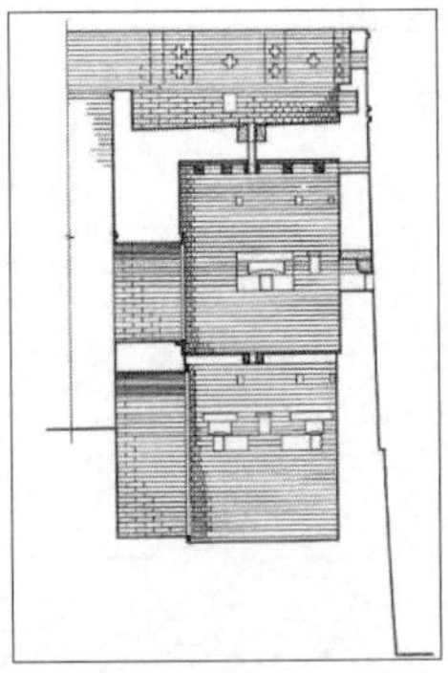

图2-21　角楼剖面图
（图片来源：自绘）

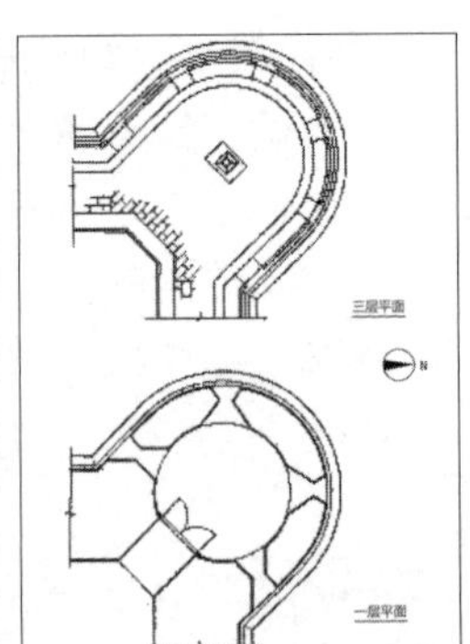

图2-22　角楼平面图
（图片来源：自绘）

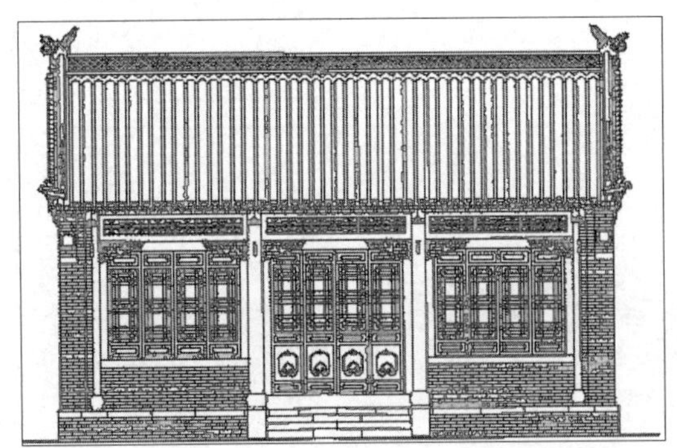

图2-23　魏氏庄园树德堂会客厅立面图
（图片来源：山东省文物科技保护中心）

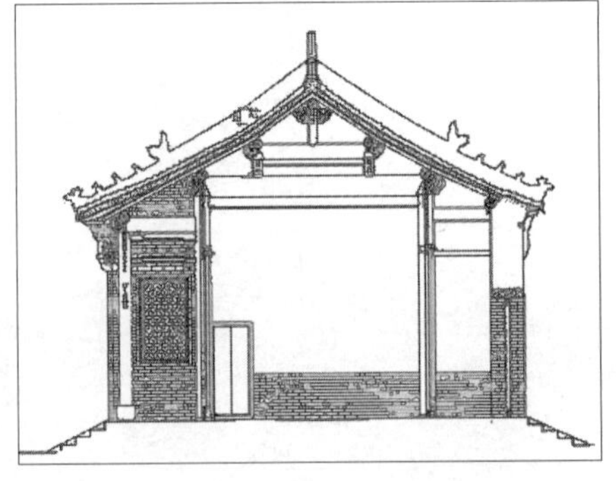

图2-24　魏氏庄园树德堂会客厅剖面图
（图片来源：山东省文物科技保护中心）

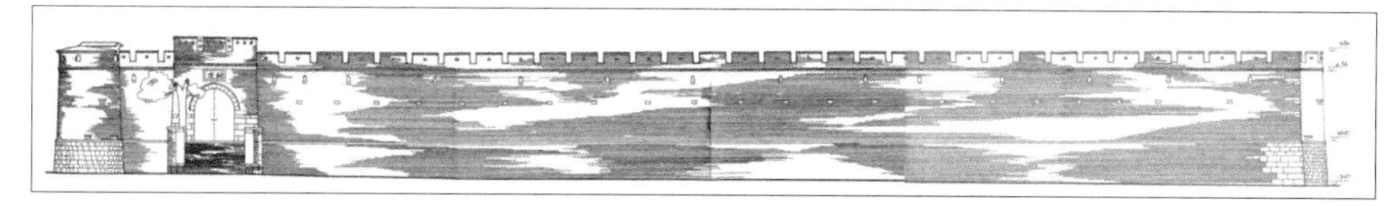

图2－25　魏氏庄园树德堂城墙立面图
（图片来源：山东省文物科技保护中心）

图2-26　魏氏庄园树德堂入口
（图片来源：自摄）

图2-27　魏氏庄园树德堂城墙
（图片来源：自摄）

图2-28　魏氏庄园树德堂城墙顶部
（图片来源：自摄）

图2-29　魏氏庄园树德堂角楼
（图片来源：自摄）

图2-30　魏氏庄园树德堂庭院
（图片来源：自摄）

图2-31　魏氏庄园徒义堂
（图片来源：自摄）

（三）庄园式坞堡比较研究

清代是我国封建经济最后的繁荣时期，在北方中小地主占有的田庄得到了很大的发展，并根据其产生的社会背景，发家始末以及民俗文化的不同产生了不同形式的庄园。

以下是对山东和山西部分庄园所作的比较，分析北方庄园在建筑特点及其防御性特点上的异同（表2-8）。

通过比较，这些北方庄园有以下共同点：首先，就建造时间来说，庄园大多建于清代中后期，这一时期经济的发展为家族的兴隆与发达提供了社会基础，因此这些建筑具有共同的时代特征；其次，庄园的聚居主体则以大家族聚族而居的形式为主；第三，建筑群体布局多以四合院为标准模式，基本符合传统礼制。

但是，由于家族性质和所在地域的差异，它们的不同点也很多。从比较中我们不难看出，魏氏庄园既有山东地区传统建筑的做法，又有山西堡寨式庄园的防御特点。

庄园比较研究一览表　　表2-8

所在地	山东栖霞市	山东栖霞市	山东龙口市	山东惠民县	山西灵石县	山西祁县
名称	牟氏庄园	李氏庄园	丁氏庄园	魏氏庄园	王家大院	乔家大院
家族性质	农业经营地主	商业地主	工商地主 官僚士绅	工商地主 官僚士绅	工商地主 官僚士绅	商业地主
建筑年代	乾隆至民国	清末民初	乾隆至光绪年间	清光绪十六至十九年	乾隆至嘉庆年间	乾隆至民国初
现存建筑占地面积或规模	东西宽158米，南北深148米，总占地面积19000平方米，房屋490间	现留存1个大院（第四进小姐楼已毁），房屋40多间	现在房屋200多间	现存建筑占地约4000平方米	占地34145平方米，院落55座，房屋1083间	占地面积8724.8平方米，建筑面积3870平方米，共6个大院，19个小院，房屋313间
鼎盛时期建筑占地面积或规模	房屋5500间	分5个大院，计有房屋222间	房屋2700余间，占据大半个龙口城	占地面积2761平方米	占地面积15万平方米	占地面积约2.4万平方米
建筑群总体布局	庄园坐北朝南，分成三组6个院落	五个院落呈分散式布局	建筑平面形似丁姓的"丁"字	城堡式庄园，城垣建筑平面为矩形，南北长84米，东西宽46米。整组建筑群包括住宅、池塘、广场、祠堂、花园等部分	王家大院分高家崖、红门堡、教义堂三大建筑群，高家崖、红门堡东西对峙，红门堡暗隐一个"王"字	宅地坐西朝东，大门内饰一条石铺的甬道，长约80米，宽7米，将6个大院分割两旁。南北各3个大院，从外观上看，大院三面临街，不与周围民宅相连，是一座城堡式建筑
院落布局特点	院落沿南北中轴线展开，是典型的北方合院式住宅。体现前堂后寝、门堂制度	五进四院，沿中轴线进深，体现前堂后寝、门堂制度	大院位于中轴线上	典型的北方四合院式住宅。院落形式严谨方整。三进九座院落，分别由中院和东西跨院组合而成，按南北纵轴线依次布置院落	主体建筑中轴线进深对称，院内套院，规整中有变化	祁县典型的离五外三穿心楼院

（资料来源：根据资料绘制）

防御性聚落的发展大体可分为三个阶段，先秦时期、秦至隋唐时期、宋至明清时期，并且每一阶段都有各自的特点。

先秦时期，时间跨度从新石器时代到春秋战国时代，期间的防御性堡寨由环壕聚落逐渐演进，堡寨形态相对简单，主要受到自然因素和社会因素中技术方面的作用。另外，随着阶级的出现，防御性聚落呈现出另一特点，形成了中心城堡和一般城堡。与此同时，防御性聚落的外围护结构亦产生了"圆方之变"，即由圆形聚落向方形城池的变化。至春秋战国，防御性聚落形态发生了质的变化，城市体系渐渐形成，并建立了城邑规划体系和军事堡寨防御体系。

进入封建社会后，尤其是秦至隋唐时期，防御性聚落的在体系上更为完备，类型也逐渐增多，其显著的特点是戍边体系的完善。由闾里制度演变而来的里坊制到隋唐时期发展到顶峰。防御性聚落在自我复制的过程中，成了“里坊制”城市的一部分。军事堡寨成体系建制，主要表现为长城体系、邮驿制度、重兵戍边和徙民实边四方面的内容。此外，由于个体经济的壮大，还产生了自发性防御性聚落形式。

宋至明清，宋代是山水寨兴盛时期。到明代，军事堡寨体系已非常完备，它既包含了陆上的长城防御体系，又有沿海防御系统；清代，自发性防御性聚落趋向多元化，山水寨、村堡以及庄园式“坞堡”等都非常普遍。

第三章　河北防御性聚落产生、发展的整体环境

春秋战国时，河北南部先属晋、卫，后属赵国；北部则为燕国。秦时有六郡郡治在今河北地区。两汉，北部和南部分属幽州、冀州刺史部管辖。到唐代，河北成为正式行政区划，即河北道。元、明、清三代均建都于北京，河北为京畿重地。元朝时，河北为中书省。到明代，成为河北承宣布政使司，后为京师。明初从山西、山东向河北大量移民，充实人口，开展屯田；又组织军队在长城南北、渤海沿岸进行军屯，从而成为现存防御性聚落的前身。清代，河北为直隶省。1928年正式更名为河北省。

第一节　自然影响因素

根据第二章所述，自然因素对防御性聚落的影响主要体现在四个方面：地形地貌、气候、水文、土地资源等。下文将从以上几个方面论述其与河北地区防御性聚落的关系。

一、地形地貌因素

河北省位于华北地区的东部，介于北纬36°03′～42°40′、东经113°27′～119°50′之间，地处北京的周围。东为天津市，并面临渤海，富有渔盐之利和交通海外之便；西倚太行山脉，与山西省为邻；北部坝上高踞，同内蒙古自治区接壤；南部平原展开，与河南、山东两省毗连；东北一隅邻接辽宁省。河北是北京与中南、华东和东北以及全国的陆路交通必经之地，地理位置十分重要。

河北省最北部属于高原，为内蒙古高原的东南边缘部分，北为燕山山地，西以太行山与山西省为邻，东南大部为广阔的平原。境内地势高差悬殊，明显地分为三级阶梯。但每级之中，地貌类型又很复杂，特别在山区中形态多样。在宽谷中常有小盆地和丘陵分布。综观河北省的地势，西北部高而东部低平，最北部高原地势，波状起伏，南缘地势海拔在1500米以上，其中岗梁与湖滩交错分布。山地分布在北部与西部边境，北部燕山山脉和四周没有明显的界线。西部的太行山，略呈南北向，为平原与山西高原的分界线。平原地势广阔低平，从西向东逐渐倾斜，直到海滨。

河北地形地貌造就了防御性聚落的不同特征，比如防御性聚落的规划选址，通常以自然环境为依托，多因山就势、因河为塞，利用天险增强防御能力、减少工程量。例如在陡峭的山体顶部铲削成山崖，形成天然屏障，可以不必再建墙体。据险设寨是防御性聚落利用山地地形加强防御的典型特点，北宋时期修筑的防御性聚落大多具有此特点。“其堡寨城围，务要占尽地势，以为永固，其非九百步之寨、二百步之堡所能包尽地势处，则随宜增展。亦有四面崖险，可以胺

削为城。”[①]如葭芦寨、宁远寨、招安寨等皆为依山而建的防御性聚落。明代河北的军事堡寨同样继承了北宋防御性聚落的这一特点，如独石口堡，它是明代宣府镇防御体系中非常重要的关口，也是地势非常险要的关隘之一。《宣化府志》中记载：其“北路绝塞之地，三面孤悬，九边之尤称冲要，乃上谷之咽喉，神京之右臂。”《畿辅通志》亦有：“宣镇三面皆边，汛守特重，而独石尤为全镇咽喉。其地挺出山后，孤悬绝塞，京师之肩背在宣镇，宣镇之肩背在独石。”同时，与山势地形相对应的是防御性聚落的平面多呈不规则形，而平原地形的防御性聚落则多为规则的方形或长方形，这将在后文中详述。

二、气候、水文因素

河北省属中温带、暖温带大陆性季风气候。主要特征是四季分明，冬季寒冷干燥；夏季炎热多雨；春季干旱、多风沙；秋季晴朗，寒暖适中。年均温度大部分地区为0～13℃。极端最低温度-42.9℃，极端最高温保定43.3℃。四季长短不均，冬季平原区5个月，山区6个月，坝上7～8个月。夏季大部地区2～3个月，北部山区多为1个月，坝上无夏季。境内河流分两大区域。坝上闪电河以西属内流区域，河流多注入内陆湖泊（如安固里淖、察汗淖等），其余地区属外流河。主要水系为海河、滦河及冀东沿海小河——石河、汤河、洋河、饮马河、陡河等。此外，还包括辽河水系老哈河的一部分。[②]

河北境内河流，从北部的燕山山脉及西部的太行山脉向东南部平原汇集。河流密布，成为重要的交通路线和汲水之处。因此，防御性聚落多设在河道之旁就可理解了。明代宣府镇诸多军堡皆沿河而设，例如，沿永定河由西向东渡依次为渡口堡、柴沟堡、万全左卫城、宣府镇城、鸡鸣驿堡、西八里堡、保安卫城、东八里堡、沙城堡等；沿白河由北向南依次为独石口堡、半壁店堡、猫峪堡、云州所城、赤城堡、样田堡、滴水崖堡、宁远堡等。即使是小支流，也同样有军堡的修建，比如白河上游的支流中就有君子堡、马营堡、镇宁堡、镇安堡等。同样，村堡亦有类似布局，如蔚县的8个城镇以及其附属大量村堡皆在壶流河两侧分布。

另外，河流的交汇处一般也建有军堡，如云州所城、赤城堡等。河北这种军堡与河流的布局并非孤例，明代陕西地区的军堡也遵循着这一原则。如高家堡（今神木县高家堡乡），高家堡城池始建于明正统四年（1439年），该堡地处秃尾河的东岸，永利川由东向西绕城北流入秃尾河，形成二水绕城的天然护城之势。此类军堡虽扼守交通要道，但因地势较为平坦，故无险可峙，这也成为此类军堡的特点，即“守要而不据险”。

此外，历代朝廷为加强边防，往往采取移民实边的政策，从而促进边境地区的社会发展。其中开垦土地、兴修水利是移民实边的重要措施。兴建水渠时，人们往往利用当地河流，人工挖凿灌溉渠，以利屯田。例如宁夏中卫县美利渠，其前

① 续资治通鉴长编，卷三百二十八，元丰五年（壬戌，1082）.
② 资料来源：河北省百科http://baike.mysteel.com/doc/view/29933.html

身是蜘蛛渠。美利渠绕中卫堡修建，并与黄河相接（图3-1）。

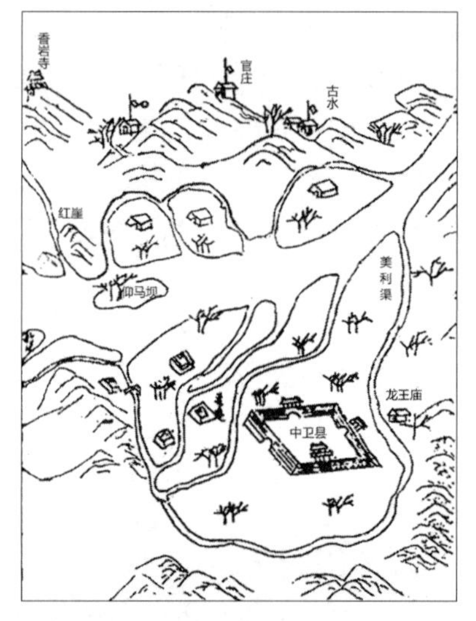

图3-1　宁夏中卫县美利渠
（图片来源：网络）

三、土地资源因素

在中国综合自然区划中，河北省辖区隶属于3个自然地理区。一是内蒙古高原干草原、荒漠草原区。省境北部张北、围场一带属此区的阴山山地与丘陵亚区，俗称坝上，为牧业区。二是冀晋山地半旱生落叶阔叶林、森林草原区。包括冀北山地亚区，以山地为主，中多盆地，山岭叠嶂、沟谷纵横；冀西山地亚区，为太行山中南段。太行山受河流切割，多形成峡谷，成为晋冀交通孔道。三是华北平原半旱生落叶阔叶林区。省境太行山以东平原属此区的海河平原亚区。自山麓向沿海依次为山麓冲积洪积平原、冲积平原、滨海平原。山麓冲积洪积平原为河北省农业最发达地区。冲积平原是由古黄河、海河、滦河等水系冲积形成。滨海平原则由入海各河三角洲组成。地势低平，土壤盐渍化严重。[①]

防御性聚落利用土地资源的方式不仅是用以屯田，而且往往是因地制宜、使用地方材料去建造防御设施，这使得防御性聚落在不同的地区有不同的构造特点。同为用黏土作主要建筑材料，西北戈壁地区使用红柳条等多纤维植物作骨架，起到类似钢筋的作用，缝隙填入沙土也能保证一定的强度；在山西北部地区普通黄色黏土之间使用薄层的红泥作为黏结剂，而在河北及其他的地区，夯土层之间则为石灰。

另一方面，土地资源直接影响古代以军队进行屯田戍守的军事制度。明制规定：边地卫所军三分戍守，七分屯种；内地卫所军二分戍守，八分屯种。卫所军士按月发给饷粮，屯田军士的口粮按戍守军士的口粮的半数发给。这样，明初军队的粮饷基本由屯田的收入供给。关于民屯的耕作方法，万历以前是按井字分片耕种，叫井字屯田法，以九百顷为一屯，将九百顷按井字分成九份：其中八份为耕种之地；另一份，即中央一份为各佃人居住地方，修建防御性聚落或围墙，或居室，或储粮仓。万历以后由于边防日坏，采取了新的方法，即沿着长城的防御线，按路程的远近距离，地形险易，二三十里置一城堡，分堡寨居住屯种，置大屯设城，作为屯田的防御措施，一遇传烽（敌人入侵信息），在田中的劳动者收拾农具，拿起弓箭入城，邻堡闻警也会赶来援救。熊廷弼称为“募民耕种，筑室具器，五里连邑，令其自为战守”的一种民田办法。明朝施行的“宽乡”（移民）和屯田政策是以堡寨作为主要活动地点的边屯运动，它具有政治、军事、经济、

① 资料来源：河北省百科http://baike.mysteel.com/doc/view/29933.html

文化的多种意义，也是内地农业区的保护层，既是一种治国戍防的战略措施，又是加强内外经济与文化交流的有力手段。

第二节　社会影响因素

传统堡寨产生、发展的文化背景根植于各区域的传统文化，我国的区域文化大致形成于春秋战国时期。当时燕、赵、中山等国主要存在于今河北省，具有河北地域特色的燕赵文化就是在战国后期形成的。另一方面，古代风水理论对防御性聚落的形态构成也起到了非常重要的作用。

一、燕赵文化

燕赵文化是中国文化的有机组成部分，它具有中国文化的共性，又具有自身的地域特点。从地理环境和生产方式上看，燕赵文化是一种平原文化、农业文化、旱地农耕文化。在民族上，它是一种以汉民族为主体的文化。

（一）经济文化的交汇——平原农耕经济文化与草原畜牧经济文化

燕赵之地从总体上讲，阴山以南、燕山以北是内蒙古高原向华北平原的过渡地带，在古代属草原游牧区，是北方游牧民族的主要活动区域。燕山以南，太行山以东，黄河以北的海河流域以及东北辽河流域是平原农耕区，主要是汉族的活动区。

早在新石器时代，燕赵地区就形成了两种文化的交汇。燕山以北出现了以打磨细小石器为特征的北方狩猎畜牧民族的经济文化；而在燕赵南部则出现了以磁山文化为代表的农耕民族的经济文化。

战国时期，燕赵之地形成了不同的社会发展模式。燕、赵北长城以南，由于广泛使用铁器，耕地面积不断扩大，成为以华夏族为主体的农耕区，社会发展已进入封建社会。燕、赵北长城以北的广大地区，则人烟稀少，土地空旷，为游牧民族的聚居区，社会发展还处于原始社会部落联盟阶段，尚未建立起国家。

燕赵农耕区实行封建地主阶级的土地所有制，小农经济成为整个社会的基本经济模式，农耕区丰富优良的农副产品和手工业产品奠定了同畜牧区进行经济、文化交流的物质基础。随着经济的发展，农耕区的居住模式从原始居民点、聚落、村落，发展到里、乡、县城，形成若干城市。从早期的城市发展到若干具有区域性，具有政治、经济、文化中心特征的城市。战国时期，燕赵境内已有燕都蓟城，燕下都武阳城，赵都邯郸，中山灵寿都城。

（二）民族文化的融合——汉族文化与北方游牧民族文化

燕赵是古代汉族与北方游牧民族相互融合的重要地区。燕赵畜牧区的经济文化、社会结构大都是生产组织与军事组织相结合。从早期的戎狄、林胡、楼烦、东胡，到匈奴、乌桓、鲜卑，再到后来的契丹、女真、蒙古等，直至满族，兴起之初，一般处于原始社会末期，实行部落联盟制。畜牧区各民族的社会经济以畜牧为主，兼以狩猎。牧民平时为生产者，战时则为骑兵，女真的“猛安谋克”制、蒙古族的“领户分封”制、满族的“八旗”制，都很具有代表性。

北方游牧经济具有脆弱性、单一性和不稳定性。一遇重大天灾，牲畜便会大量死亡，牧区经济萎缩，人口骤减，部落的整体实力急剧下降。游牧经济又具有高度的分散性和流动性。反映在政治上便是各部势力往往各居一方，各自独立。因此，历史上当北方游牧民族崛起时，在其内部总有一个兼并、统一的过程。

农牧两大经济文化区之间存在着互补的关系。畜牧区提供农耕区所需的畜力、皮毛等各种畜产品以及珍贵药材等。而农耕区为畜牧区提供粮食、绢帛、布匹、铁器、陶瓷等农产品和手工业制品。这便形成了相互交往、相互依存的关系。

历史上两种经济文化的交融交汇是通过多种形式和途径实现的，既有激烈的战争，也有和平的交往。在激烈战争中，既有游牧民族统治者的南下侵掠，又有汉族统治者的出塞远征。和平交往时，既有朝贡、赏赐，外迁、内附，也有互市贸易；既有经济交往，也有文化交流。

燕赵地处北方，北方游牧民族崛起后南下中原，首先进入幽蓟，再扩展到河北平原。因此，自古以来，燕赵即为汉族和北方游牧民族的融合之地（表3-1）。

汉族文化与北方游牧民族文化的融合过程一览表　　表3-1

时期	汉族与北方游牧民族文化的融合过程	
先秦	北方戎狄，曾在燕赵地域建立过若干小国，都先后为齐、晋所灭，而融入华夏族。白狄鲜虞在燕赵腹地所建中山国为赵国所灭。赵武灵王实行“胡服骑射”，则成为华夏族吸取游牧民族骑射文化的先驱。	牧融于农
秦、汉	秦、汉统治者大致沿袭燕、赵北长城的走向修筑了秦长城、汉长城，设置郡县，徙民实边，实行军屯。这对开发边疆，推进农业生产向北发展起了积极作用。而秦、汉王朝发生内乱，国力衰落时，北方游牧民族纷纷南下，越过长城，深入燕赵腹地。	农进牧退
晋末十六国北朝	中原战乱不断，北方各游牧民族大量内迁，燕赵则成为农耕经济文化与游牧经济文化交融交汇的中心区域。这一时期，幽蓟是燕赵北部中心，而燕赵南部中心邯郸已经衰落，南移至邻城。从曹魏都邺直至北齐，邺城处于显著地位。此外，值得提出的是鲜卑族拓跋部所建立的北魏王朝，奠都平城（今山西大同市）后，徒山东6州民吏10余万口，鲜卑慕容部、高丽等族36万口，百工技巧10余万口，充实平城地区。给新徙民耕牛，实行计口授田。其后明元帝、太武帝又数次徙北方各族人民至平城地区，至孝文帝时颁布均田令，实行均田制，使平城地区由游牧区变为农耕区。	农进牧退和牧进农退相互交错
隋唐五代	燕赵作为统一王朝的北方农耕区域，经济发展，文化繁荣。唐中叶“安史之乱”起于幽州，乱后，河北藩镇割据，经历五代，一直陷入战乱，农耕区的经济文化遭到很大破坏。	农进牧退
辽金元三代	北方和东北游牧民族契丹、女真和蒙古族相继崛起，辽占领半个燕赵，金占领全部燕赵，元统治了全中国而以燕赵为“腹里”。这一时期农耕经济文化与游牧经济文化前进与后退相互交错，在燕赵大地表现十分突出。在辽初、金初、元初对农耕经济文化的破坏，燕赵首当其冲；而当辽金元的统治稳定以后，燕赵又是北方游牧民族接受中原汉族农耕经济、学习汉族封建社会农耕文化的起点和赖以生存、维护统治的要地。在社会经济文化的发展上，往往出现由破坏到恢复，由恢复到发展的过程。	牧进农退
明清	燕赵是京畿重地，为了充实京畿，明洪武、永乐期间进行了对燕赵的大规模移民，以恢复和发展农业生产。清初多次大规模的圈地，使燕赵农耕经济文化遭受破坏。后经封建王朝的政策调整，农业、手工业又重新获得发展，出现了中国古代封建社会的最后一个强盛期，即“康乾盛世”。	农进牧退、牧融于农

（资料选自：中华文化通志编委会. 燕赵文化志. 上海：上海人民出版社，1998.）

（三）近畿文化与地域文化的结合

自金开始，经历元明清三代，各朝皆定都北京，燕赵便成为京畿腹里，燕赵文化具有了近畿文化特色，由此形成近畿文化同燕赵地域文化结合。元代采用行省制，燕赵大部分地区归中央省直接管辖，明代则归京师管辖，清代自13世纪初蒙古人举鼎中原，继之立国大都（今北京），历经明、清，七百年间，燕赵河北一直是京师所在的畿辅重地，又名直隶，这种靠近全国政治文化中心的“近水楼台”效应，给燕赵文化打上深刻的烙印，形成燕赵文化如下的区位优势：一是历史名胜文化蕴含深厚。今属京、津的名胜已不须说，古已有之的邯郸赵王城、古丛台，保定燕下都、满城陵山靖王汉墓等著名历史遗迹也不必说，仅就清代河北境内就有清东陵、西陵、承德避暑山庄等皇家园陵、园林，被誉为近代“将军摇篮”的保定陆军军官学校遗址，全国现存唯一的保存最完整的直隶总督署，建制较早而清代鼎盛的保定莲池书院等历史名胜。这些名胜古迹，作为凝固的历史，有形的文物，承载着明清畿辅文化丰厚的内涵，诉说着明清时代封建王朝的兴衰、民族命运的起伏、历史人物的功过。二是戏剧艺术及早期市民意识发达。封建时代的京师，自然是皇家贵族、达官贵人、富贾缙绅、文人学子云集的理想去处，所以，一般说来，政治文化中心所在的京畿之地，在生活消费、社会见闻、文化水准以及社会矛盾对国人政治意识、文化心理的冲击上要高于“天高皇帝远”的周边地区。这是元、明、清时期戏剧艺术及早期市民意识在燕赵文化中崛起的根本原因。元代，戏剧文学有如繁花似锦，“勾栏瓦肆”遍布城乡。明清以降，随着南戏弋腔、昆腔北上，山陕梆子东进，河北出现了第二次戏剧艺术高峰。清末民初以来，祖籍在河北或活跃于河北境内的戏曲表演艺术家不可胜数。戏曲艺术是思想的载体和大众传播媒介，它的活跃表征着早期市民意识的崛起和封建文化内部自我批判意识的萌生。

二、风水理论及其影响

风水是中国古代一种选择居住环境的重要方法。风水源于古老的天人合一思想。风水学说有着丰富的内涵，融汇了古代哲学、科学、伦理学、美学、民俗学多方面的思想，并与自然环境各要素间有着密切的关联。

（一）风水理论的基本思想

风水起源于古老的相地术，是一种关于聚落区位的环境选择的学问。最早的“卜宅之文”在商周之际即已出现，像《尚书》、《诗经》这些文献的若干篇章里，都有古代先民选择居址和规划城邑活动的史实性记述，后来风水理论经长期发展而日趋复杂，但其基本追求与古代的“卜宅”是完全一致的，这就是审慎周密地考察自然环境，顺应自然，创造良好的居住环境，以便达到天人合一的理想境界。[①]

风水理论的分化萌芽于汉代，唐代开始分野，并形成形势说与理气方位说，

① 王其亨. 风水理论研究. 天津大学出版社，1992.

至宋代成为正式流派和体系，也称“形派”和“理派”。风水形势说不仅包括了对建筑及建筑群的影响，也包括了对于自然景观构成的“形”与“势”的评审、选择，并结合建筑作为有机整体加以协调组织。作为一种环境观，风水对中国古代民居、村落和城市的形成与发展产生了深刻影响，各种聚落的选址、朝向、空间结构及景观构成等，均表现出一种将天、地、人三者紧密结合的有机整体思想。

1．天人合一的哲学思想

“天人合一”思想是中国古人对天人关系的总体认识。这一观念源远流长，历史上儒家、道家、墨家、杂家等都有类似的思想。

儒家的“天人合一”观念表现为三种趋向。第一，是从孔子、荀子直到刘禹锡倡导的自然论“天人合一”模式。孔子认为天是一种最高的客观意志，是自然社会的主宰，并提出“知天命”、“畏天命”等一系列命题，即是要求人们顺应自然社会的客观规律。荀子进一步提出“制天命而用之”的命题。唐代刘禹锡则较系统地阐述了天人“交相胜”、“还相用”的理念。第二，是以董仲舒为代表提出的有神论“天人合一”模式。董仲舒提出了“天人之际，合而为一”的思想，在《阴阳义》中说“天亦有喜怒之气，哀乐之心，与人相副，以类合之，天人合一也”。第三，是从孟子到宋代理学家形成的心性论“天人合一”模式。孟子提出“尽其心者，知其性；知其性，则知天矣。存其心，养其性，所以事天也”[①]。到宋代理学家张载、王阳明等都认为人只要把自己内在的德性发扬出来，就能与天道合而为一了。

道家则把天看作是无意志的自然之天，人是自然发展过程中的产物，宇宙本身就是一个由其本源“道”演化发展的过程，人只是万物中之一物，因此人只能顺应自然和效法自然。道家的“天人合一”观，带有自然主义的倾向，重自然、重宇宙演化学说，教人们如何效法自然。

道家注重自然层面，将天看成自然而然之物，儒家注重人文层面，把天看成有灵性的、自然万物的主宰，两者所提出的“天人合一”观念都有一个共同的思想，即天与人是和谐的整体，人应当尊重自然万物，与其合而为一。这种强调天与人之间密切相连、不可分割的“天人合一”观念，可以说是数千年来中国农业文化的产物。

2．可持续发展的生态意识

与自然亲和、依山临水而居，强调对自然环境的保护是源于我国原始宗教意识中对自然的依赖、感恩与敬畏心理，也是“天人合一”思想长盛不衰的重要原因。

早在我国古代，生态学思想就已经产生。《国语·郑语》中就提到“夫和实生物，同则不继。以他平他谓之和，故能丰长而物生之。若以同裨同，垓，尽乃弃矣。故先王以土与金木水火杂以成百物”。[②]这里用朴素的语言较为完整、准确

① 引自《孟子·尽心上》。
② 四库全书（网络版）。

地概括了生物与环境之间的物质循环过程，代表了夏商周至春秋时期的生态学水平。在这种生态观的影响下，我国古代已经出现了可持续发展的适度开发理念，在城市规划建设过程中保持对自然界的尊重与维育，形成了《逸周书·文传解》所述的“山林非时不升斤斧，以成草木之长；川泽非时不人网罟，以成鱼鳖之长；不麋不卵，以成鸟兽之长”[①]的保护资源思想。

同时，我国古代城市规划建设还非常注重环境容量问题，历来有“山水大聚会之所必结为都会，山水中聚会之所必结为市镇，山水小聚会之所必结为村落”[②]之说。例如，早在春秋战国时期，管仲和商鞅就较系统地论述过这个问题。管仲提出了根据土地等级安排城市、控制城市密度的主张，重视城市与自然环境的配合关系。商鞅也在《商君书·徕民篇》中指出：“地方百里者，山陵处什一，薮泽处什一，溪谷流水处什一，都邑蹊道处什一，恶田处什二，良田处什四，以此食作夫五万，其山陵、薮泽、溪谷可以给其材，都邑蹊道足以处其民，先王制土分民之律也。”[③]

3．因地制宜的形态法则

在营建城池方面，古代就有“因天材，就地利，城郭不必中规矩，道路不必中准绳”[④]的见解。可见，我国自古十分重视因地制宜地营建城池，强调城池规划建设应充分结合地利条件，城池型制应视地形而定，不必强求形式上的规整。

因地制宜的形态法则对于中国古代城池营建思想的影响尤为突出。古代城池依照其自身的形态，既有规则的圆形与方形两种基本形式，也有长方与椭圆两种变形。既有因为受到自然条件的客观制约，为了与自然取得呼应，而呈不规则形，也有由极其方正的子城与相对自由的外郭所组成的综合型城池。这些城池的客观存在，既反映出我国山地地貌形态十分丰富，也展现了古人因地制宜的建设思想。

（二）风水对防御性聚落的影响

风水理论在对传统聚落、建筑的选址、规划布局和经营建设上，一直起着指导作用。上至京都、皇宫、陵寝，下至山村、民舍、坟茔，无不在风水观念的影响之下。一般而言，理想的风水宝地最好是马蹄形的，三面有山环抱，风水穴位于主峰的山脚下，山势走向呈某种吉祥动物的态势，穴前有一片临水的开阔地，流水呈环形绕过，穴地高爽干燥，方位朝阳。这种“穴”的典型模式被认为可以“藏风聚气”，是有利于生态的最佳风水格局。

1．防御性聚落的修建程序

风水之术主要通过考察山川地理环境，包括地质水文、生态、小气候及环境景观等，然后择吉营建城郭、室舍及陵寝等。风水的“穴”是由山水构成的理想

---

① 四库全书（网络版）。
② 同上。
③ 同上。
④《管子·乘马》。

环境，山可以挡风，水可以取用，两者结合之处宜于居住。所谓选址看风水主要就是选择良好的山水环境，因此古人认为“地理之道，山水而已”。《风水选择序》中也说：“风水之说必求山水之相向，以生地中之气”。风水术其实就是山水之术，地脉就是山脉，河流就是水脉，内外相乘也就是山水相配得宜，所以风水术中多是论山水的，“龙、砂、水、穴”无不与自然山水紧密相关。

防御性聚落兴筑的主要目的是保家卫园，但其建设的步骤则与历代的城池选址、规划与建设的一般程序无异。我国历代的城池选址、规划与建设的一般程序为：相地——辨方——定平——营建。

所谓相地，亦称占地或择地，即运用风水术原理，综合当时的政治、军事、经济、交通诸因素，先从大地理环境出发，由外向内找一处“四灵地”作为国都或州府、县城之建设用地；然后在这块“四灵地”上找一处“穴”，作为控制全局的中心点。对待穴点，风水术认为“京都以朝殿为正穴，州郡以公厅为正穴，宅舍以中堂为正穴，坟墓以金井为正穴”，总而言之，穴点上一定要安置最尊贵、最重要的建筑。

所谓辨方，即测定东、西、南、北四个方位朝向，以朝向附会“天之四灵”，这在《营造法式》中称为“取正”，古代取正的方法不外两种：一种是以天文子午线为依据定向；另一种以地磁子午线为依据，采用风水罗盘来定向（罗盘在风水术中运用得最为普遍）。所谓定平，亦即抄平，它是在建筑地基的四角“立表”（标尺），以水找平的方法。

而营建的过程则与相地的次序刚好相反。相地是一种由外到内、自大而小的过程，而营建则由内而外、自小到大。即先在穴点上建设朝殿、宫室或衙署、公厅，然后自穴点四面圈层扩展，次第建成内外城墙或宫墙，形成自内而外，由小到大的两套或三套城郭。这种城市建设样式恰好是一种生物的自然组织形式，在古代中国，这种模式甚至一直扩展到王国的整个疆域范围，形成以帝都为中心，向外分层扩展，直达王畿边陲的理想模式。

城池甫定，再在四边城墙上开城门各一（或各二、各三），分别附会、契合着“天之四灵”，如南门为“朱雀门”，北门为“玄武门”，西边为“金光门”或“万胜门”（西方属金，白虎为灵，主征战、凯旋），东边为“春明门”（东方代表春天，春和景明）等。有时为了争取风水，四边城墙上也建有庙、阁、塔等建筑；还有的城池北墙正中不开门，而在北墙上建玄武庙或真武庙，据说这样可以封住“王气”，避免“泄气”之虞。[①]

2. 防御性聚落的选址

“藏风聚气”是风水的主要目的。风水中的“风”的作用主要是对“气”产生影响，即所谓“气乘风则散，界水则止”[②]。风水说认为大地像人体一样，是个充满生气的有机体，各部分之间相互联系、相互协调。正像人体有经络穴位一样，大地也有经络穴位，有经络穴位的地方是生气连贯和生气出露的地方。在生

① 万艳华. 论我国古代城市建设模式——兼论我国古代方城之风水影响. 武汉城市建设学院学报，1994.

② 转引自王其亨. 风水理论研究［M］. 天津：天津大学出版社，1992.

气出露的地方，应保持生气旺盛，不得让地中生气散佚。古代人通过选择良好的地形环境来达到“聚之使不散，行之使有止”[①]的目的。

简言之，风水理想模式的重要功能之一就是挡风，或叫“避风”、“藏风”，最终目的是保持小环境的“生气”不受散失。因为生气是化生万物的根本，生气的散失意味着穴场周围环境“生机”的丧失，失去生机勃勃的环境被认为是“凶”的表现。这种吉凶观具体体现在传统防御性聚落的选址上就是一种向阳背风的环境观。

从所处地理环境的特点来看，我国季风气候的主导风向：夏季偏南风，温暖湿润；冬季偏北风，寒冷干燥。因此，避开寒冷的偏北风，迎纳暖湿的偏南风，成为古代中国人普遍重视的问题。由此可见，古人在长期的生活体验中得出的理想居住模式，往往是一个以抵挡偏北风为主要目的的东、北、西三面为群山环抱、南面地形稍微敞开的“功能性”环境模式。这一功能性环境模式，正是中国传统的风水理论所拥有的典型模式。虽然风水理论中混杂着大量的玄学成分，但它最初的愿望是追求理想生活环境。

另外，风水理想模式的另一功能是引水。明代乔项《风水辨》解释风水云：“所谓风者，取其山势之藏纳，土色之坚厚，不冲冒四面之风与无所谓地风者也。所谓水者，取其地势之高燥，无使水近夫亲肤而已；若水势曲屈而环向之，又其第二义也”。[②]晋人郭璞《葬经》，曰：“风水之法，得水为上，藏风次之”。[③]水在中国文化中有着特别重要的含义，往往被看作是“财富”的象征。《水龙经》说：“水积如山脉之住……水环流则气脉凝聚……后有河兜，荣华之宅；前逢池沼，富贵之家。左右环抱有情，堆金积玉。”[④]这种重视水的风水观念体现在防御性聚落的选址上就是靠近水源。

例如，平遥位于山西省中部，太原盆地南缘，汾河下游支流中都河沿岸。地势东南高、西北低，山区、丘陵占2/3，属太岳山脉，有孟山、宝塔山、麓台山等，河流有惠济河、柳银河、婴涧河、吕源河等。古城素有“龟城”之称。按“因地制宜，用险制塞”的原则和世传“龟前戏水，山水朝阳，城之修建，依此为胜”的说法，在合理利用地形的同时，精心设计。

（三）风水对民居的影响

风水对传统建筑方位的确定起到了至关重要的作用。其中，一是“相土尝水”择地；二是“辨方正位”定向，这些不仅要考虑地理、气候的影响，还涉及政治、文化等方面的因素。

此外，传统民居中的风水图谶应用甚广。装饰是传统民居中的一部分，并且题材广泛，多种多样。就其题材来说，建筑装饰大多是具备吉祥、风雅、道德教化的内容与象征，所以造型优美，图案有祈福内涵。

---

① 艾定增．风水钩沉——中国建筑人类学发源．台北：田园城市文化·民．

②《四库全书》（网络版）。

③ 同上。

④ 同上。

建筑祈福装饰主要分为三类：一是文样图案，如动物文、植物文、自然文、几何文、文字、人物、器物等；二是内涵图文，如鹿（禄）、鸳鸯（恩爱）、石榴（多子）等；三是表达寓意，如八仙（祝寿）、天官（赐福）、鲤鱼跳龙门（登科及第）等。这些传统的建筑装饰，不仅具有喜庆吉祥的含义，还具有丰富的内涵。

另外，辟邪厌胜之物也是民居中的一种具有特别意义的装饰。尽管其数量不多，却占据大门入口、山墙和脊栋等较明显的重要位置，如"石敢当"、"刀剑屏"、"八卦牌"、"狮子啣剑"、"桃符"、"镇符"等。同时，建筑的起土、动工、伐木等皆要选吉日进行；起造、立柱、上梁、入宅等都要举行各种仪式，如放鞭炮、挂红、垫钱、贴对联等。这些厌胜和辟邪的措施及镇符，本身并无什么物质功能，仅表示居住者趋吉避凶的心理而已。

民俗在一定程度上反映了一个民族的生活。我们可以透过一个民族的大小节日、婚丧嫁娶、迎宾送客等礼俗以及民间的社火、宗教、戏曲等，看到一个民族的生活概貌。民俗的研究有助于表现和揭示防御性聚落中人们心灵的共同愿景。

三、社火

社火，是广义庙会的一种。它虽是一种歌舞杂耍以娱神娱人的活动，但之所以称为社火，必与"社"和"火"有密切联系。

（一）社与火

社是中国古代的一种基层聚落，也是上古以来的聚落或土地之神，以后又延伸发展成为乡村的基层社区组织，同时，又演化成为按职业、爱好、年龄、阶层、性别以及特殊目的等结成的群体。

作为聚落或社区的社历经长时期的发展，虽常被政府规定的基层行政组织所掩盖，但一真没有消亡。《汉书·陈平传》记载了"里中社，平为之宰，分肉食甚均"。这种"里社"发展到隋唐五代时期，虽记载渐少，但仍有基层政权的辅助性组织机能。元代，政府在农村和城镇中推行社制，"社"成为村一级的基层行政组织，起着劝课农桑、社会教化等方面的作用。所谓"火"，通"伙"，表示群体和众多之意。以后渐失其本义，以"火"为红火、火爆、热闹之意，而"社火"也就成为一种在城乡各地年节演出的一种群众娱乐形式了。

明代实行里甲制度，但社制依然存在。《明史》上说："太祖仍元里社制，河北诸州县土著者以社分里甲，迁民分屯之地以屯分里甲。社民先占亩广，屯民新占亩狭，故屯地谓之小亩，社地谓之广亩。"[①] 又如河北雄县"明初分十二社、七屯，……社为土人，屯为迁民。嘉靖四十年，知县鲁直另编十二社，而以七屯并入。……每社十甲，分统本社各村里。"[②]

清初，里甲制为保甲制所取代。但保甲的职能主要在于治安，还有其他因素

① 张廷玉等. 明史·卷七七.
② 刘崇本. 雄县乡土志. 台北：成文出版社，1967.

关系到社区或聚落的维系和凝聚，一些地方还需要利用里社组织进行赋税的征收，因此传统的里社之制又被再次保存了下来，作为自然村之上的一级基层组织。

同时，“社”还代表着一种古老的社区文化传统，无论它是否被统治者定为一级行政管理组织，它始终存在于乡土社会之中。上古村社的重要凝聚力量之一，就是社祭活动，其中尤以春社活动为甚，这里不仅有祭土祈年的活动，从天子到平民的耕藉仪式、祭祖的活动，更有男女热烈交往的自由狂欢，从而把对自然、亲情、娱乐和社群的凝聚结合在了一起，构成基层社会很重要的一项文化传统。在许多地方依然把春祈秋报当作岁时节庆活动中的两次，如蓟州三月“用牲醴祈年于社庙”，九月则“秋成报社”。蔚县“当春秋祈报日，里社备牲醴祀神，召优伶作乐娱之。各邀亲朋来观，裙屐毕集。竣事，会中人叙坐享竣余，必醉饱而归”。

明清时期的社火，正是来自于上述活动、服务于上述功能的一种民间表演形式。在明清的地方文献中，可以看出社与社火关系，如山西临晋迎春活动中“县官勾集里甲社火，杂以优人、小妓……”，[①]说明社火是由里甲提供的。但多数地方已把社火视为一般的表演形式，如河北赤城正月十五上元节的时候，“沿街设立松棚，杂缀诸灯，翠缕银葩，绚然溢目。又唱秧歌，谓之‘社火’。”[②]也有的把社火视为一系列杂耍演艺活动的概称，河北迁安，元宵节时“乡人多子是节扮杂剧，如秧歌、旱船、狮子等，亦古之傩礼也”。[③]

（二）社火与庙会

春祈秋报，悦神庆丰，自先秦时期即已成为民间最为重要的民俗活动。这种民间形式与佛教行像仪式结合，发展为社火游行表演。民间社火活动长期以来是与戏曲表演混为一体的，而这些活动的空间都是围绕着相应的公共空间展开。宋以后，民间杂神淫祠广为兴起，社火与庙会更为紧密地连接在一起。

现以河北蔚县的庙会为例。《蔚州志》记载：（县城）“庙会三月二十八日，在东关东岳庙，百货俱集，旬日而罢。”“西合营七月十五日，北水泉十月十五日，吉家庄四月二十八日，暖泉四月初八日均有庙会。”蔚县的庙会并不限于八个集镇[④]，其他还有河川庄堡、丘陵村寨，乃至南北山区的小自然村，每年也要择时赶庙会。庙会成为当时的民俗与约定俗成的民间集会活动。蔚县的庙会，具有如下特点：

1．庙会的普遍性

蔚县的防御性聚落可谓村村有庙宇，几乎村村赶庙会。每年从春节过后到秋收以前，基本上月月有庙会。仅以蔚县中部的河川区而言，农历正月十六日是北留庄大觉寺庙会；二月十九日是多处观音殿庙会；三月初三是横涧等村的关帝庙会；三月十五是多处奶奶庙会；三月二十八是县城东关东岳庙赶会；四月份庙会

① 临晋县志.
② 赤城县志.
③ 迁安县志.
④ 八个集镇是暖泉镇、代王城镇、白乐镇、西合营镇、吉家庄镇、桃花堡镇、北水泉镇、白草窑镇等。

更多；初八、十八、二十八都是赶庙会的日子，代王城的岳家堡湾、西合营的泰山庙、张中堡等分别赶庙会；六月初六，代王城河神庙赶会；六月十三日，西合营龙神庙会；七月十五西合营三元宫赶庙会；七月三十日，暖泉地藏寺赶庙会；十二月初八，县城释迦寺、暖泉华严寺举行“冰山庙会”。庙会的普遍性可见一斑。

2．庙会的等级化

蔚县的庙会，有大庙会，也有小庙会。会期最长，规模最大的庙会是蔚县城东岳庙三月二十八日的庙会。会址设在县城东关、东关外一带。会期长达10日。一般的小庙会多至三天，少则一天。大都是农村四月初八或十八的奶奶庙会。西合营泰山庙会、代王城岳家堡湾庙会以及西北江庙会都是三天。而一些小村庄的庙会，则只有半天或一早晨。

3．庙会的商业化

蔚县的庙会在传承当地民俗文化的同时，已发展为一种商业活动。如蔚县城的三月庙会也是京广杂货会。西合营的七月庙会，则吸引了内蒙和坝上的客商赶来销售。因此，附近的农民多去选购，从而形成一定规模的交易市场。

4．社火与庙会的结合

在庙会期间，除雇吹鼓班吹吹打打，渲染欢乐的气氛外，大都要有秧歌或晋剧为庙会助兴。至于拉洋片的、耍杂技的、变魔术的、耍猴的更是司空见惯。为准备进行这些社火表演，民间常常按照技艺行当组织各类团体，平素定期进行练习，节时便到庙会上呈艺（图3-2）。

民间小吃

秧歌

打春花

花灯制作

放花灯

古堡春色

县城灯火

图3-2　蔚县社火

（图片来源：自摄）

四、戏曲

（一）戏曲与戏台的发展

中国戏曲之所以具有旺盛的生命力，原因是它深深地植根于广大人民生活的土壤之中。

在漫长的封建社会里，中国农村经济基本上停留在自给自足的水平。经济不发达，是农村歌舞长期不能很快发展为戏曲的主要原因。从汉代以来，农村的歌舞艺术就不断出现带故事性的歌舞节目，如《东海黄公》、《踏摇娘》、《打花鼓》，以及近代的《小放牛》和东北二人转中的许多节目，但这些节目还不具备完整的故事情节。这种艺术形式在中国长期存在和反复产生，是与农村经济生活长期停滞在很低的水平密切相关的。

宋金时期，由于中国商品经济和商业手工业城市的发展，逐渐产生了职业艺人和商业性的演出团体，出现了反映市民生活和观点的宋杂剧和金院本。南戏和北杂剧就是在这个时代产生的。与此相适应，戏台建筑的发展也是到宋金时期才走向成熟。宋金时期的戏台亦十分华丽，从山西侯马牛村金大安二年（1210年）董明墓的砖雕仿木构舞亭模型可以看出，当时的戏台山花向前，斗栱三朵，有悬鱼、惹草、垂脊兽头等雕刻，台沿饰以云板，华丽程度不亚于后来的舞亭建筑。

元、明、清三代，戏曲得到全面发展，除有受封建上层人士欢迎的戏外，还有许多受农民欢迎的戏，如弋阳腔及其派生的诸腔剧目等。清代是各种地方戏大量孕育和产生的时期。同时，戏曲表演对戏台建筑也逐渐提出了更高的要求：戏班人数的扩大和服装道具的增加，促使一部分戏台将后台扩大并独立出来。戏曲表演角色的增多，导致一部分戏台的面阔逐渐扩大为三开间，有的甚至建为多层阁楼形式。

另一方面，戏曲表演在很大程度上受到戏台建筑的约束，并不得不为此做出相应的调整。

首先，戏台建筑发展到明代以后，除特殊大戏楼外，绝大部分戏台的结构和尺度不再革新，只是在装饰上更趋于美观和华丽，从而使戏曲表演逐渐向程式化和时空虚拟化等方面发展。为在有限的场地和空间容纳更多的内容，戏曲表演才出现了所谓“三五步走遍天下，一二人百万雄兵”和“扬鞭以示骑马，划桨以示行舟”的表现方式，即是以程式化舞蹈动作为核心的戏曲表演特征。由此而发展，中国戏曲的表演从不掩饰自己是在“表演”，也不刻意去追求演出环境和道具的形象和逼真，“无论在何种表演环境中都以不变应万变，场地对它来说只是一个随手拿起的工具，可用可不用，可有可无而已。”①

其次，戏曲表演受戏台建筑的制约还表现在对后台（或曰“扮戏房”）的灵活处理上。虽然戏台建筑的规模随着戏曲的发展不断扩大，如明清的许多戏台存在着构架上明确划分的前后台，其中有的后台面积甚至超过了前台面积，但依然不能满足表演人数增加的要求。元代戏班“一甲五人”，明清戏班“一甲八人”。

---

① 转引自罗德胤．中国古戏台建筑研究．清华大学博士论文．

因此，大多数戏台的“扮戏房”往往另加设两侧耳房，或者将别处的房间临时用作“扮戏房”。

（二）戏曲与宗教、宗祠的融合

在古代社会，戏曲表演有娱人和娱神两大功能。因此，它往往作为祭祀或宴饮的陪衬和附属而出现。在宴饮场合下，以娱人为目的，戏曲表演自然要依附于厅堂、酒楼等住宅或商业性建筑；而在祭祀场合下，则以娱神为目的，戏曲表演常常存在于祠庙之中。戏曲表演和祠庙祭祀之间的关系，一方面表现为戏曲表演依附于祠庙祭祀，另一方面又表现为戏曲表演是祠庙祭祀活动的需要。一般说来，祠庙中的祭祀都是以乡、村或族为单位组织的集体活动，又多在节日里举行，非常有利于宣扬敬神尊祖的观念。明清之时，戏曲成为统治者教化百姓的工具，并将戏曲解释为“礼乐”的一部分，这客观上使戏曲获得了相当程度的社会认可，因此，戏台建筑的数量也得到前所未有的增加。同时，戏曲和礼乐教化的结合使得戏曲和神庙祭祀的关系更为紧密，戏曲失去了独立的发展空间，成为依附于神庙、宗祠的附属建筑（图3-3）。

表演场所依附于祠庙建筑的现象早在戏台形成之前已经出现。如六朝与隋唐时期的“变场”、“歌场”和“戏场”，就广泛分布于佛寺当中。到宋金元时期，

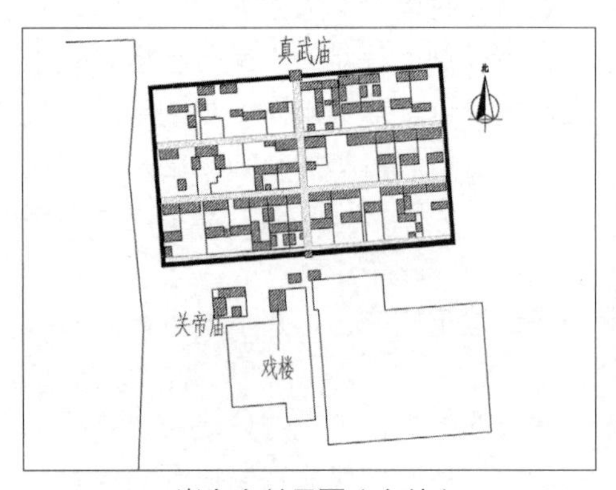

崔家寨总平面（自绘）

崔家寨关帝庙

崔家寨戏楼一

崔家寨戏楼二

图3-3 崔家寨
（图片来源：自摄）

戏台已经成为当时许多神庙必备的附属建筑之一，这从“惟有露台阙焉”、“既有舞基，自来不曾兴盖”和“创起舞楼”[①]等神庙碑文中可见一斑。明清两代，尤其是清代广大的农村地区，戏台分布极为广泛，达到“村村有戏台”的程度，而这些农村戏台几乎毫无例外都依附于神庙或祠堂等宗教建筑或礼制建筑。另一方面，在经济发达地区，演戏的娱乐作用得到强化，而祭祀功能则在一定的场合下逐渐减弱，这最终导致剧场的产生。

此外，在传统聚落，尤其是防御性聚落中，戏曲表演的娱乐性往往让位于聚落的安全性。这主要表现在戏台与祠庙建筑相结合的同时，被置于防御性聚落以外，形成单独的空间格局。如在河北蔚县的大多数防御性聚落中，戏台建于堡门外，并结合堡寨交通干道形成小广场。

五、乡村社会秩序的维持——村规乡约

乡约是指乡村、城坊的民众以美风俗、安里弥盗为宗旨自发订立的乡规民约。乡约是宋代吕氏兄弟创设的一种民间教化组织。它渊源于周礼读法之典，滥觞于北宋吕大钧所创的《吕氏乡约》。

（一）乡约政治职能的转变

明代以前的乡约是一种民间教化自治组织。其主要作用是，于月朔组织约众聚会，讲读乡约，旌善罚过，以励风化。《吕氏乡约》中明确叙述了德业相劝、过失相规、礼俗相交、患难相恤、罚式、聚会等方面的要求，并约定主事为“约正一人或二人，众推正直不阿者为之。专主平决赏罚当否。直月一人，同约中不以高下、依长少轮次为之，一月一更，主约中杂事。”[②]

在明代早期，乡约的实行基本上是由地方绅士主动在家乡倡导并贯彻实施。由于士绅所制定的乡约规条过严，执行太紧，加上并没有得到官方的同意与授权，因此并不具合法性，乡约仍属自发行为。直至明中叶以后，随着时代的变迁，地方社会急需一套加强社区治理的规章制度，而乡约也就渐渐盛行起来。

明中后期乡约在许多州县基层设立，并与保甲、社学、社仓联系起来，建构成以乡约为中心的乡治体系。伴随着官办乡约的兴盛，嘉靖以后，明代乡约发展的一个主要趋向就是乡约与保甲、社仓、社学关系的日益密切，四者由各自举行，互不关联，进而相辅而行，互有侧重，形成以乡约为中心的乡治体系。这时的乡约已和吕氏乡约有所不同：一是乡约的自治职能由教化扩大到综合管理。例如约内“一应斗殴不平之事，鸣之约长等公论是非”[③]；“一约之内人丁、地土、贫富增消，差粮多少，人所共知，只消本约誓神共定”，赋役则由“本约本甲互

① 冯俊杰等编．山西戏曲碑刻辑考．北京：中华书局，2002.
② 牛铭实．中国历代乡约・吕氏乡约．北京：中国社会出版社，2005.
③ 王守仁．王阳明全集・卷一七・南赣乡约．上海：上海古籍出版社，1992.

相劝说催逼"[①]；乡约长要"劝本约之民各量其力"[②]集谷社仓备荒，并"每岁稽查"社仓，有的还亲自兼任社正、社副，具体管理社仓。二是开始具有某些行政管理职能。例如词讼若系"笞杖事情，掌印官将词批与原告执付本约，问明开具手本，以凭处断。愿息者听登和簿，径缴原词，有司不许加罪"[③]；乡约须于季终将约内善恶簿汇册报县，否则"约正、副、讲、史各重责纪过"[④]；荒年官赈，约正要先行审户，划出户等，并由"各约正领散"[⑤]救济凭证，按约顺甲发放赈粮。从上述乡约职能的扩大表明，明代乡约已由宋代吕氏的民间教化自治组织发展成为封建社会政教合一的基层组织。

至清代，由于国家统治的需要，使乡约主事逐渐成为一种基层官吏，从而乡约的基层行政职能进一步强化。首先，乡约进一步配合官府理讼办案。清代乡约不仅负责调解官府批给自己调解的细小词讼纠纷，而且在一些地方，所有的词讼必先经其判断，然后报于官府。清代官府不仅令乡约查明呈报笞杖以下的词讼实情，而且令乡约查明呈报流徙以上的词讼实情。如诸城县"乡置乡约，亦名甲长，土田、婚姻、命盗、殴詈之事，惟保长、甲长是问"。[⑥]其次，乡约协助官府维护约内治安。清代乡约不仅于季终持约内善恶汇册报县，而且每月朔望要到官府汇报本约治安情况，并向官府出具有无邪教、盗匪等类的字据。为了稽查奸宄盗贼，乡约要负责编户、造册、约内稽查有失，约长要连坐。其三，乡约为官府催粮办差。明代约众誓神共定各民户差粮并互相催应赋役，目的是为了防止里胥作弊，勒索约众。在清代，催粮办差则成为乡约的行政职能。

（二）乡约与堡寨的组织管理

防御性聚落的组织管理是以乡约形式出现的管理模式。因国家法令随政府控制力的衰弱而失效，堡寨势必要自行制订一套内部规则，将四方汇聚的流民统一起来，整齐号令，使之成为团结一致且战且耕的坚强组织。这种内部规则类似于乡约。例如，田畴"乃为约束相杀伤、犯盗、诤讼之法，法重者至死，其次抵罪，二十余条。又制为婚姻嫁娶之礼，兴举学校讲授之业，班行其众，众皆便之，至道不拾遗。北边翕然服其威信"[⑦]；庾衮"乃誓之曰：'无恃险，无怙乱，无暴邻，无抽屋，无樵采人所植，无谋非德，无犯非义，戮力一心，同恤危难。'众咸从之。于是峻险厄，杜蹊径，修壁坞，树藩障，考功庸，计尺丈，均劳逸，通有无，缮完器备，量力任能，物应其宜，使邑推其长，里推其贤，而身率之。分数既明，号令不二，上下有礼，少长有仪，将顺其美，匡救其恶。"[⑧]

类似这种内部规则，一直得以延续。例如，明末清初湖北蕲黄各寨都制定了

① 陈生玺．政书集成．郑州：中州古籍出版社，1996.
② 陈子龙．明经世文编．·卷四一六·答毕东郊按台．台北：中华书局，1962.
③ 牛铭实．国历代乡约·吕氏乡约．北京：中国社会出版社，2005.
④ 同上。
⑤ 同上。
⑥ 宫懋让修，李文藻等纂．乾隆《诸城县志》卷五《疆域考》，乾隆二十九刻本。
⑦《后汉书》卷30，田畴传，中华书局校点本，1965年版。
⑧《后汉书》卷31，庾衮传，中华书局校点本，1965年版。

一些规则：

有严检疠疫以保安宁之法，凡染疫之人例弃野外，如英山傅为相之母居朝阳砦，病疫即移出砦外是其例也;有条别秩序，严立分数之方法，如舒城山砦之黄景恒等累男女数万皆秩然分别，绝无淆乱是其例也；有慈善之周济如萧熹恤疾病饥苦于仙女砦，郑万合收邑宰尸于张家砦是其例也；烽燧中不废教育，如朱统奇始授徒于三尖砦……此皆山砦自纳于规律之尚可考见者也。[①]

清中后期，内忧外患，清王朝的统治由盛转衰，因而倡办团练，行坚壁清野之法以对抗内乱，同时，堡寨的发展也趋向制度化和规范化。清以前的村堡多是自发形成，为避祸而建，到清中后期，政府已把修筑堡寨作为一种军事策略加以推广，并建立了团练、堡寨制度。该制度涉及堡寨修筑和管理的各个方面。如对贮藏粮食的规定：“粮多者应于堡内修盖仓屋，收获后将粮食运存堡内；粮少者，贼去一百五十里外将粮食运存堡内，贼在百里内，壮丁无论良民、游民一概入堡，如有警时，粮食不入堡者查出充公，人丁不入堡者，以通贼论。”寨堡内还设有望楼，派人轮流望，并规定：“昼有警则摇旗，夜有警则挂灯，庶四门垛勇一望而知。”对于寨堡的防守人员也做了详细的安排：“团勇守垛，每垛多则三四人，少亦两人，庶可轮流歇息。若一人一垛则精力易疲。”[②]由此可以看出当时堡寨的管理是极其细致和严格的。

本章主要探讨了河北地区防御性聚落产生、发展的整体环境，其影响因素如前章所述，可分为自然和社会两个方面。在这两方面中，社会影响因素是主要的方面。

文章首先讨论了传统文化的影响。传统防御性聚落根植于各区域的传统文化，我国的区域文化大致形成于春秋战国时期。河北地区是燕赵文化的发源地，燕赵文化有三个特点：一是经济文化的交汇，二是民族文化的融合，三是近畿文化与地域文化的结合。燕赵文化的这些特点共同作用于防御性聚落的生成演进过程。另一方面，古代风水理论对防御性聚落的形态构成也起到了非常重要的作用。

其次，在任何时代，社会制度都对聚落的形成与发展产生影响，防御性聚落尤为如此。在堡寨演进过程中，土地制度与居住形态以及制度文化因素等方面作用甚大。如明清屯田制对军事堡寨的发展就起了巨大推动作用。通过分析可以看出，土地制度是决定其他因素变化的主导因素，它的空间分布直接作用于防御性聚落的表现形态。

第三，民俗是传统聚落中不可或缺的元素之一。我们可以透过一个民族、一个地区的大小节日、婚丧嫁娶、迎宾送客等礼俗以及民间的社火、宗教、戏曲等，看到当地的生活概貌，了解聚落空间布局与百姓生活规律的关系。

最后，文章论述了经济技术因素与防御性聚落的关系。文章指出，防御性聚落的建设本身就是一个经济与技术发展的过程，它除了占用土地外，还需要资金、建筑材料、工艺和劳动力等要素的投入。同时，经济技术因素对防御性聚落的设计模式、投资和建造模式产生影响。

---

① 转引自杨国安．社会动荡与清代湖北乡村中的寨堡．武汉大学学报（人文科学版），第54卷第5期．

② 同上。

第四章　河北防御性聚落形态分析——以明代军堡为例

堡寨作为军事防御的重要手段，各朝代都有所兴建。到明代，为了加强北方防御，明政府开始大规模重修长城，沿线设“九边重镇”以及卫、所、营、寨等防御单位，并推行募民屯田、且战且守、以军隶卫、以屯养兵的政策，从而出现大量按照一定的防御体系及兵制的要求分布的城堡。此时除民屯、军屯之外，又增添商屯，由商人雇人在边地屯垦。伴随着军堡的修建，各地百姓也采取堡寨形式修建村庄，形成村堡。河北地区现存的堡寨主要以军堡和村堡为主。

第一节　河北地区军堡分布体系

明代，河北大部地区属宣府镇。宣府镇辖区“东至京师顺天府界（北京），西至山西大同府界，南至直隶易州界（易县），北至沙沟，广四百九十里，轮六百六十里。”[①]基本相当于今赤城、万全、怀安、阳原、蔚县、涿鹿、怀来、宣化、延庆、涞源十县地和张家口市的桥东、桥西、宣化、下花园四区。

一、宣府镇长城防御体系形成

宣府镇长城，东起今延庆四海北四里处，向西沿燕山山脉直至西洋河西北十五里与山西省交界处。长城长约一千一百里，是明长城防御体系的的一部分（图4-1）。

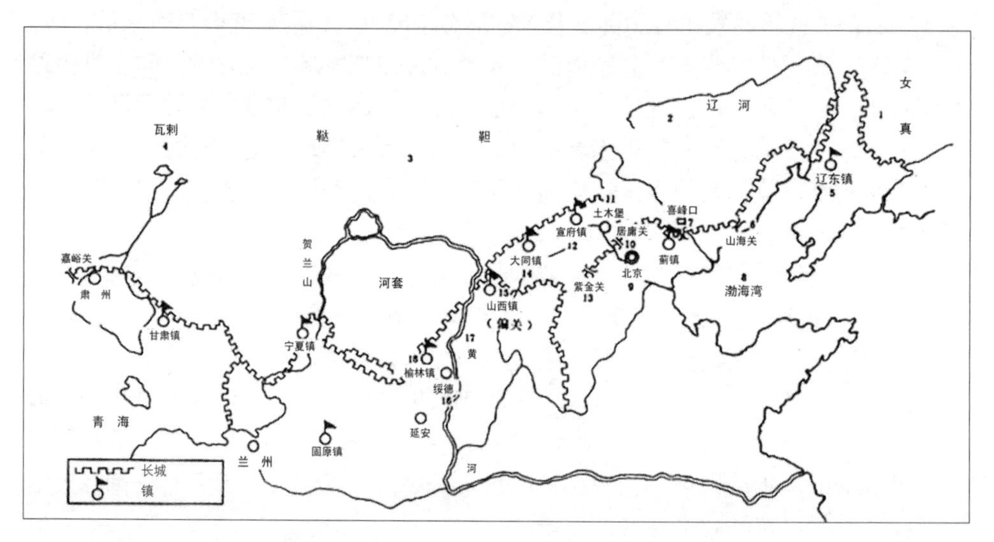

图4-1　宣府镇长城

（图片来源：长城文化网http://www.meet-greatwall.org）

---

①［明］孙世芳，乐尚约．宣府镇志．台北：成文出版社（影印），1970.

宣府镇长城，基本为明代所筑。自明惠帝建文年间至嘉靖二十八年（1549年）形成全线，历经近150年。嘉靖以后，隆庆和万历年间，皆对宣府镇长城进行过多次修复。

永乐年间，由于迁都北京和对蒙古战略思想的转变，设宣府为长城边镇。正统至正德年间，修长城的动议有多次。土木堡之变后，在于谦主持下"修沿边关隘"[①]。成化年间余子俊筹建宣府镇边墙，由于战事连年和军费吃紧，实际成绩不大。

嘉靖年间，北边有鞑靼骚扰，东南有倭寇进犯，农民起义不断发生。宣大总督翁万达于1546至1549年间，全面修复宣府镇长城。补城垣、削山崖、起敌台、通暗门、疏水道。《四镇三关志》载："嘉靖二十五年（1546年）总督侍郎翁万达以王仪所筑塞垣半已溃圮，诸要冲垣墙亦多未备，请先于西路急冲张家口、洗马林、西洋河为垣七十五里有奇，削垣崖二十二里有奇，堑如之。次冲渡口、柴沟中路葛峪、青边、羊房、赵川东路永宁、四海冶为垣九十二里有奇，堑十二，敌台、月城九十一。"[②]"嘉靖二十六年（1547年），万达又请自西阳河镇西界台起，东至龙门所灭胡墩止，为垣七百一十九里，堑如之，敌台七百一十九，铺屋如之，暗门六十，水口九。"[③]"嘉靖二十八年（1549年），万达又请自东路新宁墩，北历雕鹗、长安岭、龙门卫至六台子，为内垣一百六十九里有奇，堑如之，敌台三百有八，铺屋如之，暗门一十有九，以重卫京师，控带北路。又请补筑东路镇南墩与火焰山中空，由镇南而北而西历永宁至新宁墩塞垣，以成全险。俱从之。"[④]这段长城主要用于防鞑靼。因为嘉靖年间，每逢秋熟马肥季节，北方部族皆由今赤城县西长城入境劫掠，骚扰百姓。

嘉靖以后，隆庆和万历年间，皆对宣府镇长城进行过修复。《宣化府志》载："明穆宗隆庆元年（1567年），兵部请浚边壕，从之。隆庆二年（1568年）总督方逢时请筑北路龙门所外边，起龙门所之盘道墩，迄靖胡堡之大衙口，俾北路之兵由此以入援南山，东路之兵由此以出援独石，从之。"[⑤]又载："神宗万历元年（1573年），从宣大督抚所请，修南山及中北二路诸边墩营寨。"[⑥]

明末，朝廷仍十分重视宣府镇长城的修筑。但因费用高昂，明王朝已无力承担，只是对宣府镇长城个别地段做了修补。

二、宣府镇军事机构设置

都指挥使司，又称"都司"，是明代的省级军事单位。宣德五年，明政府在宣府设立万全都司（兼管行政）。据《明史》记载："宣德五年（1430年）分直隶及山西等处卫所添设"。

万全都司的辖属，各时期不同，据史书记载，都司所辖15个卫比较固定

① [明] 孙世芳，乐尚约. 宣府镇志. 台北：成文出版社（影印），1970.
②《宣化府志》卷十四《塞垣考》. 清乾隆八年本. 台北：成文出版社，1968.
③ 同上。
④ 同上。
⑤ 同上。
⑥ 同上。

（表4-1），而直接隶属于都司的所、堡等却变动较大。另辖两个县级州为隆庆州（今延庆县）和保安州（今涿鹿县），还曾直辖五个堡、两个城，即：长安岭堡、雕鹗堡、赤城堡、云州堡、马营堡；顺圣川东城、顺圣川西城（即今阳原县东城、西城）。纵观万全都司诸卫、所之布局，构成了一个以京师（北京）为轴心的扇形防御地带，形成了一个纵深梯次配置的防御部署。

万全都司机构设置　　表4-1

<table>
<tr><th>机构名称</th><th>驻地</th><th>机构名称</th><th>驻地</th></tr>
<tr><td rowspan="2">宣府左、右、前三卫
兴和守御千户所</td><td rowspan="2">宣府城</td><td>保安卫、
美峪守御千户所</td><td>保安卫城</td></tr>
<tr><td>怀来卫、隆庆右卫</td><td>怀来卫城</td></tr>
<tr><td>开平卫</td><td>独石口城</td><td>四海冶守御千户所</td><td>四海冶堡</td></tr>
<tr><td>龙门卫</td><td>龙门卫城</td><td>万全右卫</td><td>万全右卫城</td></tr>
<tr><td>云州守御千户所</td><td>云州城</td><td>万全左卫</td><td>万全左卫城</td></tr>
<tr><td>龙门守御千户所</td><td>龙门所城</td><td>怀安卫、保安右卫</td><td>怀安卫城</td></tr>
<tr><td>长安岭守御千户所</td><td>长安岭城</td><td>蔚州卫</td><td>蔚州卫城</td></tr>
<tr><td>永宁卫、隆庆左卫</td><td>永宁卫城</td><td>广昌守御千户所</td><td>广昌城</td></tr>
<tr><td>共计</td><td colspan="3">15个卫、7个守御千户所</td></tr>
</table>

（资料来源：由倪晶整理）

到明朝中期，为加强北方防御，明政府逐步改变了防御作战的战略及与之相适应的军事机构。由初期都司、卫、所的设防机构，演变为中、后期镇、路、参、守的设防机构。从仁宗朱高炽起，朝廷设总兵于宣府，统领全军。原万全都司的都指挥使，也直接隶属于总兵。隆庆年间，巡抚方逢时的《训练疏》中，对此论述较为明确："国初三镇（指宣府、大同、延绥）之兵，隶之卫所，统于行都司，都司之官即主帅也；卫、所之官即偏裨也。唯有最大征讨，则命大将挂印总兵而行。事宁则归京师，兵还卫所，将无专擅，兵无久劳，法莫善焉。洪、永（洪武、永乐）以后，边患日棘，大将之设，遂成常员。镇守权重都统权轻，卫所精锐悉从抽选。于是正、奇、参、守之官设，而卫、所徒存老家之名。"

宣府设总兵后，原都司、卫、所取消。代之而设的是："专制者称镇守总兵，协守者称协守总兵（即副总兵），一路者称镇守参将，后来分守分驻；各路往来策应者称游击将军；守一城一堡者曰守备，曰操守，曰防守，屡有更易。"[①]以上诸官的实际作用，基本取代了原都司、卫、所官职的职能，多数则一身兼二任，为明代中后期的实际统兵之官。在设防上，把原来的卫、所分为北、中、西、南、东五路（西、北、中三路通称左路；东、南二路称为右路）来镇守，每路各设镇守参将一名（表4-2）。

在五路所辖城堡中，路城有参将，大堡有守备，中堡有防守，小堡有操守，有的州县（如隆庆、保安二州和永宁县）还有民兵。全镇极冲守备19处，次冲守备9处，操守21处，使防守基本体系化。

① 宣化府志.

1566年前宣府镇机构设置　　表4-2

	分守情况	驻地	人数	所辖城堡	范围
宣府镇（1566年前）	东路	永宁城	9100多名	7个	东距燕山，西接鸡鸣山，南距居庸关，北距龙安山，广250里，轮190里
	西路	万全城	15500多名	13个	东距清水河，西距枳儿岭，南距兴宁口，北距野狐岭，广130里，轮110里
	北路	独石口	15000多名	14个	东接潮河川，西距金阁山，南距长安岭，北距毡帽山，广60里，轮180里
	中路	葛峪堡	2600多名	8个	东接龙门关，西距张家口，南连镇城，北距沙漠，广130里，轮35里
	南路	顺圣西城	5600多名	7个	东接黄峪关，西尽顺圣川（即今马坊川），北距盘崖山（即今深井南十八盘），南接紫荆关，广140里，轮390里

（资料来源：由倪晶整理）

嘉靖四十五年（1566年）后，至万历十八年（1590年）又把全镇五路划为七路（其中把北路和西路各分为上北路、下北路、上西路、下西路），守卫的城堡不断增加，戍守任务也更加具体（表4-3）。

1566年后宣府镇机构设置　　表4-3

	分守情况	驻地	所辖城堡
宣府镇	不属路		宣府城、鸡鸣驿
	东路	永宁城	四海冶堡、周四沟堡、黑汉岭堡、靖胡堡、刘斌堡、隆庆州城、怀来卫城、土木驿堡、沙城堡、东八里堡、保安卫城、西八里堡、麻峪口堡、保安州城
	上西路	万全右卫城	张家口堡、膳房堡、新开口堡、新河口堡、万全左卫城、宁远站堡
	下西路	柴沟堡	洗马林堡、渡口堡、西阳河堡、李信屯堡、怀安卫城
	上北路	独石城	青泉堡、半壁店堡、猫儿峪堡、君子堡、松树堡、马营堡、镇安堡、云州所城、赤城堡、镇宁堡、仓上堡
	下北路	龙门所城	牧马堡、样田堡、雕鹗堡、长伸地堡、宁远堡、滴水崖堡、长安岭所城
	中路	葛峪堡	常峪口堡、青边口堡、羊房堡、大白阳堡、小白阳堡、赵川堡、龙门关堡、龙门卫城、三岔口堡、金家庄堡
	南路	顺圣川西城	顺圣川东城、蔚州卫城、桃花堡、深井堡、滹沱店堡、黑石岭堡、广昌城
1566年前宣府镇机构设置			

（资料来源：由倪晶整理）

总之，由于是朝廷的门户，地处重要位置，宣府镇军事机构非常完备。在设镇制之初，边政严明，官军皆有定职。营堡、墩台层级分明，整体防御体系可谓层层设防。

三、军堡分布

（一）军堡的兴建

明代宣府镇军堡的兴建大体经历了三个高峰期。首先是洪武年间（1368～1398年）以建立卫城为主的兴建高峰。修筑了怀来卫城、蔚州卫城、怀安卫城、万全左卫城、万全右卫城、宣府城等大量卫城。之后的永乐年间建堡数量不多，仅有宁远站堡、长安岭所城、保安州城、鸡鸣驿等兴建。其次是宣德年间（1426～1435年），形成卫城、所城、堡城同时兴建的高峰。宣德五年，宣府设立万全都司，同年，开平卫内移治于独石口城，为配合边地的防守，宣府修筑了独石口城、马营堡、葛峪堡、洗马林堡等共20个屯兵堡城。正统至正德年间，每代皆有筑城，此85年间陆续共修筑柴沟堡、西阳河堡、膳房堡等共18个屯兵堡城，至正德十六年，宣府镇全线堡寨体系基本形成。最后是嘉靖年间（1522～1566年），随着宣府镇长城的形成，在一些虚弱之处陆续又增筑了16个堡城，戍守任务也更加具体（表4-4）。

军堡的建置时间表　　表4-4

年号	元年	末年	堡的名称及建置时间
洪武	1368	1398	怀来卫城（洪武初年）、蔚州卫城（1374年）、怀安卫城、麻峪口堡、东八里堡、西八里堡、沙城堡（1392年）、万全左卫城、万全右卫城（1393年）、广昌城（1379年）、宣府城（1394年）
建文	1399	1402	无
永乐	1403	1424	宁远站堡（具体年代不详）、长安岭所城（1411年） 保安州城（1415年）、鸡鸣驿（1421年）
洪熙	1425	1425	无
宣德	1426	1435	赵川堡、龙门关堡（1428年）、张家口堡（1429年）、独石口城、葛峪堡、常峪口堡、青边口堡、大白阳堡、小白阳堡、云州所城、赤城堡、永宁卫城（1430年）、龙门卫城、龙门所城、雕鹗堡（1431年）、马营堡、君子堡（1432年）、洗马林堡、新开口堡、新河口堡（1435年）
正统	1436	1449	柴沟堡（1437年）、西阳河堡（1440年）
景泰	1450	1457	保安卫城、隆庆州城（1451年）、青泉堡（1453年）
天顺	1457	1464	顺圣川西城、顺圣川东城（1460年）、四海冶堡（1464年）
成化	1465	1487	羊房堡（1465年）、金家庄堡（1466年）、镇安堡（1472年） 膳房堡（1479年）
弘治	1488	1505	滴水崖堡、渡口堡（1496年）、牧马堡（1497年）、镇宁堡（1498年）
正德	1506	1521	黑石岭堡（1507年）深井堡（1510年）
嘉靖	1522	1566	李信屯堡（1537年）、周四沟堡（1540年）、宁远堡（1549年）、 靖胡堡（1550年）、黑汉岭堡（1552年）、三岔口堡（1556年） 样田堡、半壁店堡、猫儿峪堡（1558年民改官堡）、 桃花堡（1565年民改官堡）、土木驿堡（永乐初创后毁1566年复筑）、滹沱店堡（1566年民重修）、松树堡（1523年）
隆庆	1567	1572	无
万历	1573	1620	长伸地堡（1579年）、仓上堡（1588年）、刘斌堡（1594年）
泰昌	1620	1620	无
天启	1621	1627	无
崇祯	1628	1644	无

（资料来源：由倪晶整理）

宣府镇军堡的兴建经历了近230年，多数堡寨筑于嘉靖及嘉靖之前，并早于宣府镇长城的建设时间。其中大部分卫、所城的筑城时间处于明初的61年间（1374～1431年）早于其所辖小堡的筑城时间，这种卫、所建置在前，小堡在后的筑城顺序是和明初的都司、卫所制度相适应的。

（二）军堡的分布

军堡的设置及其选址受到诸多因素的影响。作为历朝历代国防的主要手段之一，它呈现出与普通堡寨聚落不同的分布规律。

1．重点设防，集中与分散布置相结合

明代九边防御并不能面面俱到，而是采取重点设防，其设防的主要方向是在九边的偏东，即蓟镇、宣府镇、大同镇和太原镇。而宣府镇重点设防地区则是中央偏东的位置，即东路、上、下北路、中路。除镇城外，该镇全部68个城堡中的47个全部为此四路所辖。而南路防区处于内外长城之间腹里的位置，防守任务比之沿边几路缓和，因此，防区内城堡的分布也较其他几路分散。

军堡的设立是根据防御地区的地理位置、地形的险要程度和战略、战术价值而定的。在长城内侧，明政府按防御体系和兵制的要求配置了许多卫城、所城和堡城。在有战术价值的地区设置所，如龙门所、四海治所、云州所等。在具有战略价值的重要地区则设置卫。如开平卫、万全右卫等。另外，军堡的分布疏密有秩。堡城的间距30～40里，堡城至长城的距离一般不超过20里，以便来敌侵犯时，军队可迅速登城。卫、所城之间相距百余里，与堡城相间布置，以利有效控制所管辖的堡城，并且地势平缓，便于屯垦。

2．据险设堡、结合水源、控制要害

“走分水地带，易守御而节戍卒之效，便施工而收城塞之用”[①]，这是城堡选址的基本原则。

宣府长城的选址，主要是依着山岭、河流等险要地形修筑，一个防区由一条或多条水系的上游支流、发源地（包括少量的干流）贯穿。宣府镇境内有洋河、桑干河、白河三大水系。长城作为军事防御工程体系，必须遵循“制高以御下”的原则。垂直于长城走向，宣府地区水系多从坝上发源，由北向南流入镇内，相对于北方的敌人进攻方向，控制水系的上游就相当于“制高”，可以更好地控制敌人到达下游平原地区的道路，加之顺应水系的走向也便于人员换防和物资运输，对长城的建设也是重大的工程节约。同时，选址靠近水源也是人们日常生活、屯田耕作的必要条件。

① 四镇三关志.

3．拱卫京师，层层设防

“九边而护神京蓟在左腋，之间绵亘二千里，带甲十万，文武将吏划地而守垣。”[①]京师以北宣府镇本身就是层级防御体系，卫城、所城、堡城以京师为中心向长城辐射，并且越来越密集，成为有效保护京师的屏障。此外，以京师自身为主，向南到保定的防御体系也非常完整。根据《河北通志稿旧志源流关隘考》仅北京市就有346个关隘，天津有89个，保定有212个。就分布来看，北京市的主要防御重点是其北侧，如昌平区和密云区就分别有133个和109个关隘。而保定市的防御重心亦在北部，并靠近京师，如涞源县、易县、涿州市、涞水县等。通过上述分析可以看出，对京师的防御是一种辐射式的层级防御体系（图4-2、表4-5）。

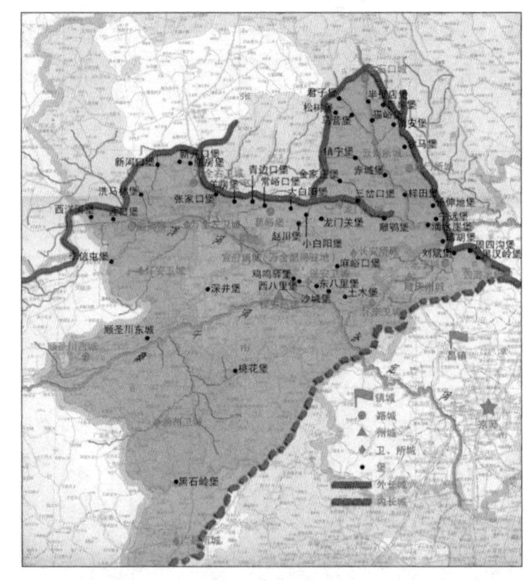

图4-2　宣府镇长城及所辖城堡分布图
（图片来源：由倪晶整理）

宣府镇周边关隘统计表　　表4-5

地区	所辖县市	关隘数	所辖县市	关隘数	合计	地形地貌特点
石家庄	辛集县	5	–	–	5	位于河北中南部，地处华北平原，地势东高西低，主要河流有滹沱河、冶河等
保定市	清苑县	4	满城县	3	212	位于河北中部，自西向东依次为山地、丘陵、平原、洼淀等4种地形。河流均源于太行山，有拒马河、漕河、清水河、唐河、大沙河等，东部有白洋淀
	徐水县	6	定兴县	2		
	易县	32	涞水县	19		
	涞源县	63	新城县（今高碑店市）	7		
	唐县	22	博野县	6		
	望都县	4	容城县	3		
	顺平县	3	蠡县	2		
	雄县	3	安国市	3		
	安新县	3	高阳县	2		
	涿州市	25	–	–		
北京市	宛平县	52	大兴区	9	346	地势由西北向东南倾斜。永定河、潮白河、温榆河、大石河和拒马河，各从山地流向平原，贯穿整个东南部，并构成了北京地势最低的地段
	（今房山区窦店村西一里）	5	通州区	11		
	昌平区	133	顺义区	6		
	密云区	109	怀柔区	6		
	房山区	6	平谷区	9		

① ［明］刘效祖．四镇三关志．明万历四年刻本．

续表

地区	所辖县市	关隘数	所辖县市	关隘数	合计	地形地貌特点
天津市	永清县	2	固安县	6	89	地势西北高，东南低。有山地丘陵和平原三种地形。平原面积占总面积的94%，河流有海河千流及南运河、北运河、子牙河、大沽河、永定河、潮白河、蓟运河等，构成丰富的天津水系
	香河县	3	安次县	6		
	霸州市	10	三河市	9		
	蓟县	32	武清区	14		
	宝坻区	7	–	–		

（资料来源：孙鹏．河北通志稿旧志源流关隘考．成文出版社，1968．）

第二节　军堡的规模特征

军堡的规模与之所处的军事等级密切相关。等级越高，军堡的人口与规模也就越大。宣府镇镇城设在今宣化，其下有路城7个，卫城9个，守御千户所城5个，堡51个。这些卫、所、堡，是宣府镇陆路屯兵系统最主要的防御力量，它们反映了当时城建的规模和建筑水平。本节将各类屯兵城从地理位置、建置沿革、内部格局、现状等方面分别加以介绍。

一、镇城——宣府镇

（一）宣府镇建制沿革

宣府城址，位于张家口市宣化区，地处河北省西北部，在张家口市东南30公里处。宣化位于冀北山间盆地边缘，地势险要，战略地位重要，为历代兵家必争之地。诚如旧志所述，“宣化全境飞孤（今山西代城飞孤关）紫荆（今河北易县紫荆关）控其南；长城、独石（口）枕其北；居庸（关）屹险于左；云中（大同）固结于右，群山叠嶂，盘踞峙列，足以拱卫京师……”

宣府城始建于唐天宝年间（742～755年），元为宣德府治。洪武三年（1370年），汤和攻占宣德府，改称宣府镇，洪武二十二年（1389年）置宣府左、右、前三卫，洪武二十四年（1391年）朱元璋封其子朱惠为谷王于宣府，在城内筑王府，二十七年（1394年）扩建城墙。永乐七年（1409年）在此置镇守总兵官，佩镇朔将军印，又置巡抚都御史管理屯垦。

宣府城初为土筑，《宣化县志》记载：“明洪武二十七年（1394年）展筑[①]，方二十四里有奇，南一关四里，城门有七，东曰定安，西曰泰新，南（东）曰昌平，（中）曰宣德，（西）曰承安，北（东）曰广灵，（西）曰高远。永乐时止留四门，其宣德、承安、高远并窒，建城楼角楼各四座，铺宇百七十二间。正统五年，砖包共城厚四丈五尺，址□[②]石三层，余砖砌至垛口高二丈八尺，雉堞崇七

① 在元宣德府旧城基础上展筑。
② 字迹模糊，无法识别。以□代替。

尺，通高三丈五尺，面阔减基之一丈七尺，四门外各环瓮城，瓮城外有筑墙作门设吊桥更外有隍堑。”①至隆庆、崇祯年间又有所修筑。宣府镇作为防御元朝残余势力入侵的重镇，兵力甚强，《宣化县志》载：在隆庆初年，其军籍户口最多时高达151452人。

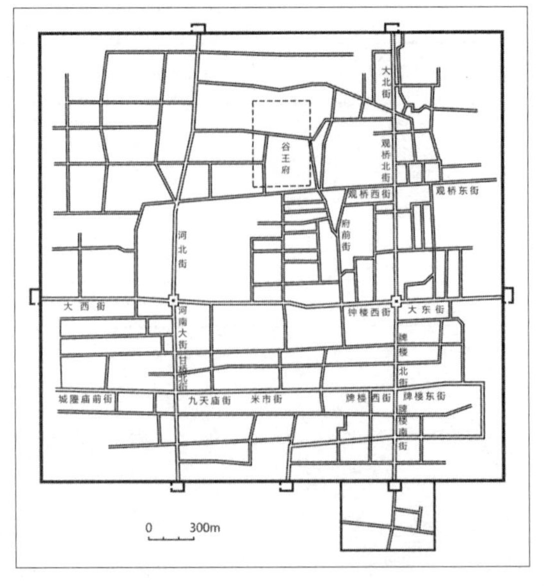

图4-3　宣化城图
（图片来源：《宣化县志》）

（二）宣府镇内部结构

宣府镇城内街道的设置，以各城门为中轴形成井字形干道。将城内划分为东、西、北三区。镇城的最高领导机关都察院、都司，都设置于城的中区；总兵府设在东区；各卫治都分别设置于中枢区的周围。明代北部多为军户居住，《宣化县志》记载：“北门西城街又东至李镇抚街，南至朝元观、观音寺、马神庙后，皆系宣府左卫地方，其内街巷房屋皆有兽脊，半属故明左卫指挥千百户所居”②。明末因饥荒，城内房屋多被拆除，改作菜园，直至建国初期。城内实际只有东半部沿昌平门至广灵门的南北大街较为繁华，在此街上有建于明正统五年（1440年）的镇朔楼（鼓楼）和建于成化十八年（1482年）的清远楼（钟楼），与南北二门形成一条轴线（图4-3～图4-7）。

图4-4　北门广灵门
（图片来源：自摄）

图4-5　东门定安门
（图片来源：自摄）

图4-6　南门昌平门
（图片来源：自摄）

图4-7　北城墙
（图片来源：自摄）

（三）宣府镇现状

现宣府城城址基本保存，平面呈长方形，城墙总长约12120米，东西2960米，南北3100米，北城墙北门以西、西城墙西门以北2000米城墙保存完好。城墙底宽14米，顶宽5.4米，存高10米，明永乐时留下的四门旧址仍存。

宣化城的建筑原则“以宫城（这里指谷王府）为核心，以各城门为干道，城

①［清］陈坦等纂修．宣化县志，卷七，城堡志．清康熙五十年刊本．
② 政协张家口市宣化区委员会文史资料研究委员会．宣化文史资料，第五辑．1987年．

中街道相交处，或冲要地方，往往以牌坊楼之属为饰。”[①]宣化城布局与北京城相似，仅规模较小，门制不同而已。这说明建城初期城市地位重要，但由于城市的基础较差，其商业的发展主要靠大量驻军的生活需求，因此虽在明代为商业都会之一，但明末以来受驻军减少和灾荒的影响，城市逐渐衰落。清代虽然仍作为府级驻所，但其作为与蒙古地区茶马贸易的商市的地位逐渐被张家口取代。

二、路城——葛峪堡

路城是随战事发展逐步形成的防区中心城堡。路城的最高军事长官是参将。下面以中路葛峪堡城为例对路城进行分析。

（一）葛峪堡建制沿革

葛峪堡，东南至赵川堡30里，西至常峪口堡7里。四周山峰林立。葛峪堡始建于唐代前期，安史之乱以前，安禄山曾在此建雄武军城，派兵驻守。明朝建立之后，燕王朱棣奉命伐北，重建城池，从而使葛峪堡成为宣府镇中路参将的驻地。据《宣化府志》引《北中三路志》记载："宣德五年土筑，嘉靖四十二年增修，万历六年砖甃，周四里二百九十二步，高三丈五尺，堡楼三，角楼四，门二，南曰永安，西曰永宁。”[②]当时，从山上向葛峪堡俯瞰，红光闪闪一片，酷似一块红铜，故有“铜葛峪，石羊房，生铁灌了小白阳”的佳话。葛峪堡现属宣化县（图4-8）。

图4-8　葛峪堡位置图
（图片来源：《宣大山西三镇图说》）

（二）葛峪堡内部格局及现状

葛峪堡地势北高南低，平面呈正方形，边长约620米，堡内主街道路呈十字形，另有两条南北小巷和五条东西小巷互相贯通，构成堡内居民俗称的“三街六巷”。沿堡内最北院落均为一进，院落后到北城墙全为空地。堡内没有水源，居民吃水需到堡西挑泉水。城西南有一座明代戏台，精巧别致，主体结构无损，前檐上部分坍塌。据《宣化府志》记载，原城内有巡按察院，参将府、河间行府、守备官厅

① 政协张家口市宣化区委员会文史资料研究委员会. 宣化文史资料，第五辑. 1987.
②（清乾隆八年）宣化府志卷八，城堡志. 台北：成文出版社，1968.

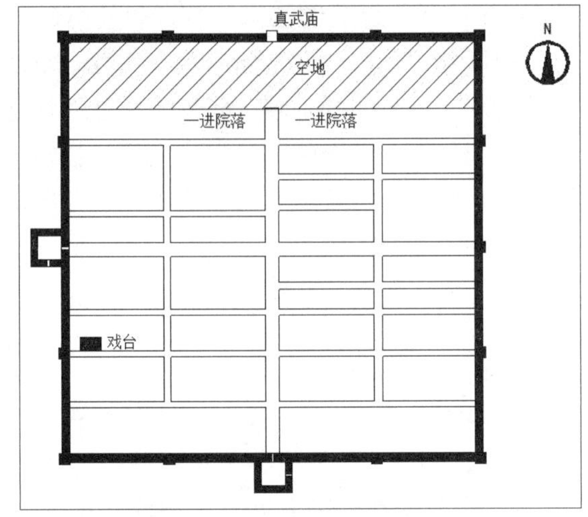

图4-9　葛峪堡平面示意图
（图片来源：倪晶绘制）

等军事衙门。另外，城东南角有神机库，东北角有葛峪仓，西北角有草场[①]。堡内原来庙宇禅寺林立，经历了几百年的风剥雨蚀，衙门寺庙现已荡然无存（图4-9）。

葛峪堡城墙破坏较为严重。原南门两端城墙已夷半，成为巨大豁口，南门瓮城仅剩东南两段部分残墙，东墙上瓮城门已被堵死。西墙西门以南部分已无，东墙、北墙保存尚可。北墙正中墩台上原有真武庙，现在庙已毁，墙被拆出一豁口。除四座角楼外，城西墙有墩台二，城东、南、北墙各有墩台三。堡外东有演武厅和校场。原用砖包砌的演武厅，如今仅剩下了4米多高的土台（图4-10～图4-16）。

图4-10　南城墙东段

图4-11　南城墙西段

图4-12　南瓮城

图4-13　戏台

图4-14　西门瓮城

图4-15　十字街心的新建鼓楼

图4-16　北城墙上俯瞰堡内葛峪堡
（图片来源：自摄）

①（清乾隆八年）宣化府志，卷十，公署志．台北：成文出版社，1968.

三、卫城（一）——万全右卫城

（一）万全右卫建置沿革

明洪武二十六年（1393年）二月，宣府镇置万全右卫与万全左卫，万全右卫曾历次归属于山西行都司（今大同），洪武三十五年（1402年）改徙蔚州，次年又改徙通州，隶属后军都督府，同年在得胜口南1.5公里处筑万全右卫城。永乐二年（1404年）将万全右卫治所移置右卫城（今万全城），左、右卫城呈一条直线南北相对，相距约25公里，并在得胜口南建得胜驿及五处驿传站铺，以备传递信息。从此，万全左、右卫一直到明末清初，始终作为宣府镇西部的战略支撑而派重兵扼守（图4-17）。

图4-17　万全右卫位置图

（图片来源：《宣大山西三镇图说》）

万全右卫辖境，成化十年（1474年）分万全左、右卫，以张家口、膳房堡、洗马林、新河口、新开口、柴沟堡、怀安卫、西洋河、李信屯为宣府西路。清康熙三十二年（1693年）裁改宣府镇所属厅、卫，置宣化府，将西路厅所属之张家口堡、膳房堡、新开口堡、新河口堡、洗马林堡并入万全右卫，始置万全县，隶属于宣化府。

（二）万全右卫内部格

万全古城平面呈方形，以南、北门和东、西翼城为轴形成长度各约880米的两条主轴线。两条主轴线形成的十字大街以宣仁、正德、安礼、昭武大市坊（牌楼）为起点，向四方延伸，将城区划分成大小基本相同的方块，然后再按方块确定次级街巷，以街巷确定民居及其他建筑。此外，与纵向主轴线并行的东桥大街贯穿南北，而西面与主轴线并行的街道却很不规则。

城内南北大街商号店铺林立，万全古城是当时沟通坝上坝下物资交流的繁华集镇。城中间，有嘉靖年建的玉皇阁，名清远楼亦称钟楼，下四面通衢。南十字路口，四面建有四牌楼。城东北有正统五年建的永安楼，即鼓楼。

永乐十五年（1417年）在四牌楼西建卫指挥署，署东建有镇抚司署。永乐十八年（1420年）城西南建巡抚察院，正德年间建河间通判署，嘉靖二十七年（1548年）城东北建总督行台，城西建太监署。嘉靖中改为巡抚行台，后改守备署，景泰年间，卫署西建有参将署，经历司署。清代驻军逐渐减少。改县后，将河间通判署改为知县署，即解放初的县政府。县署西建有捕衙署、监狱，后称典史署、县狱。雍正十三年（1735年），城西北，只剩千总署①。

①［清］左承业纂修．万全县志，卷二，建置志．道光年间刻本．

为供给军需，永乐年间，在城东北建有神机库、城东南设广运仓（粮仓），南关西南角有草场和备荒仓。清改县，利用广运仓旧址设常平仓。乾隆年间，增建至45间。嘉庆年间，建有南北义仓共30多间。此外，康熙年间，在县署东偏南设有车库，收贮钱粮。万历年间，城东设有养济院，清代在城外设留养局。城南半里设有演武厅①。

除衙署、书院外，建城的同时还建了不少庵观、寺庙、祠坛。永乐三年（1405年）建东岳庙，五年（1407年）建龙神庙，十七年（1419年）东街建马神庙，十八年（1420年）东街建关圣庙，宣德八年（1433年）城西建城隍庙，成化八年（1472年）城东北建昭化寺、城西北建西大寺，弘治十年（1497年）城东北建大真武庙，乾隆年间建文庙，雍正年间建忠义祠②等。这些庙宇寺观往往配有戏台、照壁、碑石、牌坊等（图4-18）。

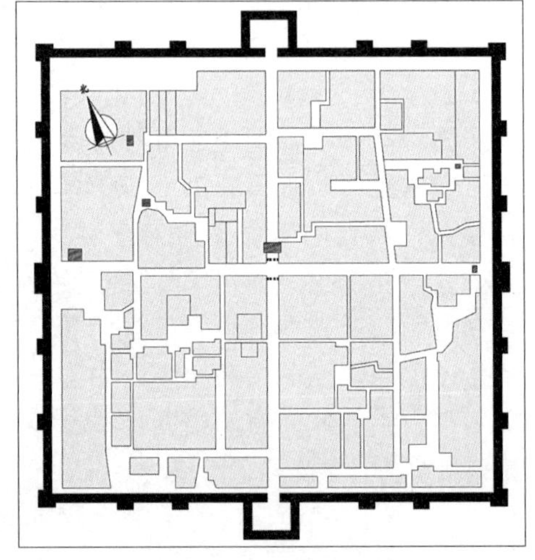

图4-18　万全卫城民国时期平面图

（图片来源：根据民国《万全县志》绘制）

（三）城垣的修筑及现状

建城初期，只是夯土为城，正统三年（1438年）始砖包。此后历代又进行了多次重修：万历三十七年（1609年）重修并增筑南关，清咸丰三年（1853年）重修北城墙，光绪二十八年（1902年）重修南瓮城，民国11年（1922年）修补西城墙，13年（1924年）修补东南城墙。城上建有城楼2个、角楼4个；城内中央建谯楼1个，牌坊4个，并建有官署（都指挥司）及文庙、武庙、西大寺、昭化寺等庙宇50余处。城内建筑部分因年久失修（如庙宇等）坍圮废弃，而大部分建筑（如牌坊、谯楼、南北城楼等），则多数毁于“文革”。

整个城堡坐北朝南，城西南角和东北角内缩，略显菱形。经河北古建筑研究所测量：城墙东西长（以下肩石上皮为基准）880米，南北宽880米，高12米。

城墙下肩石为五层毛石砌筑而成，自上而下，毛石逐层加厚，高方1.6米。下肩收分约21厘米。城墙墙体结构分两层：外层以砖包砌。外包部分为一顺一丁（城砖规格：38厘米×18厘米×8.5厘米），里包亦为一顺一丁；包砌砖内为夯土层。据省古建所勘查：上部约7层夯土，每层夯土厚约20厘米。下为砾石、碎砖层，厚约15～18厘米。再下又为夯土、砾石相间。再下纯为夯土层。墙心夯土均为经过筛选的黄土，质地纯净。经夯实后密实而坚固，且分层明显。

万全卫城开有南、北二门，门洞都是砖拱券式样。南门洞深18.7米，宽4.3米，高7.5米。北门洞深19米，宽4.15米，高7.35米。南门名曰“迎恩门”，据说

---

①［清］左承业纂修．万全县志，卷二，建置志．道光年间刻本．

② 同上。

是迎官、娶亲、敬神的吉祥之门；北门为“德胜门”，是城隍出府、送殡、扫墓、处决犯人的凶险之门。南、北门的门洞都保存完好，门扇已无存。南、北瓮城建筑采取了“城套城（外设关城，亦称月城）”的形式。两座关城分别设南、北门，瓮城均开东门。南北门瓮城墙虽遭较大破坏，但仍能看出当年的规模，两座瓮城门尚存，两座关城仅有少段残墙留存。关城内是守将屯戍的大营所在。南关外即是广阔的练兵校场，点将台至今还有残址。[①] 整座城的墙体基本保存完好，仅北墙有部分坍塌（图4-19～图4-30）。

图4-19　南城门上俯瞰

图4-20　北城门俯瞰

图4-21　东瓮城
（图片来源：自摄）

图4-22　南城门　　图4-23　南瓮城门　　图4-24　南城墙西段

① 以上资料来源于河北省古建所测量数据。

图4-25　南关城残墙

图4-26　玉皇阁基址

图4-27　北城门上看瓮城门

图4-28　北瓮城上看城门

图4-29　街中看北城门

图4-30　城中主街

（图片来源：自摄）

四、卫城（二）——独石口城（明开平卫治所）

（一）独石口城建置沿革

独石口古城，位于长城脚下，海拔高度1265米。北至长城10里，东南至青泉堡40里，西南至君子堡、马营堡30里，南至半壁店堡20里。独石口城南面是东西不及3里的狭长谷地，白河穿流其间。东、西、北三面则为长城。

春秋战国时，独石口属燕国地。秦时，属上谷郡。西汉因之，东汉为上谷郡下洛县之北境。西晋时，属广宁郡之下洛县地。北魏时（386~528年），始见独石口地名。北魏太和年间，为了保卫首都平城（今大同）的安全，防止柔然的南侵，东自赤城，西至五原，沿阴山置御夷、怀荒、柔元、怀朔、抚冥、武川六军事重镇。今赤城以北至内蒙古多伦间的地域属御夷镇，独石口在其中。《赤城县志》载：御夷镇的治所在独石；《河北地名志》载：先期置于今沽源的小宏城子，后期移治于独石①。

元代，独石口成为连接上都开平和大都的必经之地。中统四年（1263年），独石口便成为皇帝国王下榻、来往迎送公文的人或文武大臣中途换马及暂住的重要驿站。明宣德五年（1430年），独石口成为开平卫的治地。清初，建置上仍沿袭明制。独石口为直隶省宣府镇的开平卫、北路参将的驻地。康熙三十二年（1693年），升赤城堡为赤城县，并开平卫入赤城县，置县丞驻独石口。雍正十二年（1734年）九月，设置独石口理事厅，独石口厅之建置至民国3年（1914年）为独石县止。

---

① 贾全富主编，古镇独石口，《古镇独石口》乡友编辑组，内部发行，1999.

新中国成立初期，独石口隶察哈尔省赤城县。1952年11月察哈尔省建置撤销后，只有20世纪50年代末60年代初的一年多时间赤城县合并到龙关县外，独石口一直隶属于河北省赤城县至今，先后设区、镇、乡、公社、革委会，直至后来又复置乡和镇（图4-31）。

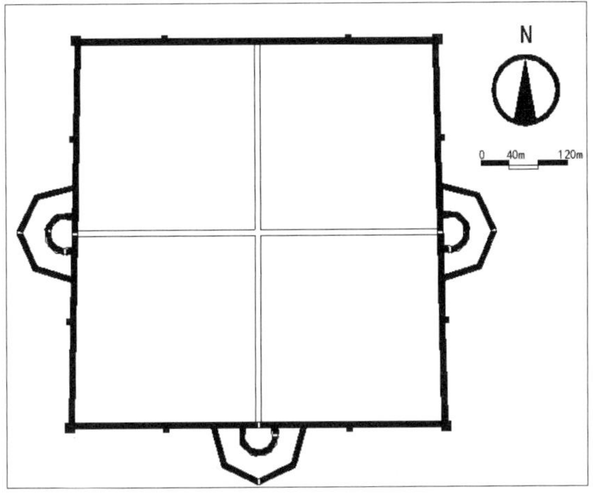

图4-31　独石口平面示意图
（图片来源：由倪晶绘制）

（二）独石城内部格局

独石城北窄南宽，略呈梯子型。方一里十三步，角楼四，每面有突出于墙体的墩台两座。城共三门，东常胜门、西常宁门、南永安门。三门皆有双重半圆形瓮城，城门上原有八角形城楼，现南、西瓮城仅有遗迹残存，南瓮城第一重瓮城门东开，门洞尚存，东瓮城被水冲毁。据《赤城县志》所载的独石图，明时城东西门外还有关城，现在遗迹不存。城内主街为十字形。街巷较整齐规则。明成化三年（1461年）于十字街建承恩、长胜、长宁三大市坊。明弘治三年（1490年）于北街依次建钟楼（俗称“无耳钟”）、鼓楼。①

城内官署衙门林立。明正统六年（1441年）城东南角建参将署，七年建有开平卫指挥使署，万历二十三年（1594年）在南门内西街建巡按察院署，宣德年间还在西街建公馆一所，以上建筑至清朝乾隆年间先后被废掉。

仓库，明正统元年（1436年）城内西北角建“广积仓”6间。开平卫治所内建备荒仓。

城南门外建有演武厅和草场。独石城内，除军政官署衙门外，还曾建“无梁殿”、“无孔桥”、“无影塔”和庙宇十多座。如：明永乐年间建旗寿庙、明正统年间修、弘治年间复修的城隍庙、关帝庙、火神庙（明正统十一年建，位于城东）、水母庙、轩辕庙、三贤庙（明正统年间昌平侯杨洪建）、镇疆寺（明正统七年昌平侯杨洪建，位于城内西北隅）。其实未记载的还有很多，财神庙、奶奶庙、山神庙、龙神庙、仓神庙等等，不一而足。

此外，城内还建有许多坊表。其中，轶官坊有昌平侯杨洪的藩翰边鄙坊，兵部尚书王軏的都宪坊、大司马坊，大同总兵张守愚的廉勇大帅坊。科第坊有王軏的进士坊、举人王承芳的凤鸣塞上坊、举人胡贯的耀奎坊。旌表坊有独石庠生鄢维高妻陈氏的贞节坊、舍人池宽妻陈氏的贞烈坊。②

① [清] 孟思谊编修．黄少七重修．赤城县志，卷二，建置志．清乾隆二十四年本．赤城县档案史志局，1996.

② 同上。

（三）独石口城垣的修筑及现状

独石本无城，明初开平卫悬远难守内移独石口，始筑独石口城垣，宣德五年筑成。《宣府镇志》记载：宣德年间，左都督使薛禄奏允上都旧开平移驻于此，委指挥杜衡筑城包甃砖石，方九里九十二步，城楼四，角楼四，城铺八，门三：东曰常胜，西曰常宁，南曰永安。①

明正统十四年（1449年）己巳秋七月瓦剌入，守备杨俊先遁，与马营皆陷，云州继陷，诸堡胥警溃。景泰元年（1450年），少保于谦请造镇朔大将军昌平侯杨洪行障塞。洪言独石八城胥宜修复。又诏都督董斌提督独石、马营、云州、雕鹗、赤城、龙门、长安岭、李家庄（龙门所）诸城工。于景泰三年，八城皆修复。独石城方五里，高四仞，厚三仞。②

明嘉靖年间，边境战乱不断，尤以嘉靖三十八年（1559年）七月，数万骑入塞时，对独石城的疯狂践踏，是继正统十四年（1449年）"土木之变"之后，又一次最为严重的破坏。23年后，即万历十年（1582年），朝廷准其对独石城垣又进行了一次较为重要的增修。不仅在原来的基础上，加以展筑，而且重又全部甃砖。竣工之后，城围一千三十一丈七尺，即6.8里许，虽小于初筑时的九里十二步，但较景泰年修复后的五里又增扩了1.8里多。墙高亦由原来的三丈二尺，增高到三丈七尺。独石口最后一次的修筑是在清朝乾隆七年（1743年），此次独石城边围比第二次修筑后又小了2.8里多，仅剩四里五十二步，即为后来的边长一里十三步的规模（图4-32～图4-37）。

图4-32　南城墙

图4-33　原南门位置

图4-34　南瓮城门

图4-35　堡外看南瓮城门

（图片来源：自摄）

图4-36　堡墙上俯瞰堡内

① [清] 孙士芳修. 宣府镇志，卷十一，城堡考. 嘉靖四十年刊本. 台北：成文出版社，1970.
② 贾全富主编. 古镇独石口.《古镇独石口》乡友编辑组，内部发行，1999.

图4-37　独石口西瓮城
（图片来源：自摄）

五、所城——龙门所城

龙门所城东至边10里，西至赤城堡30里，南至长伸地堡40里，北至镇安堡45里。明宣德六年（1431年）筑城，同年置龙门守御千户所，隆庆元年（1567年）重修（图4-38）。

图4-38　龙门所城位置图
（图片来源：《宣大山西三镇图说》）

“龙门所城高三丈五尺，周四里九十步，墙体内以黄土夯实，基宽二丈，顶宽一丈，排马可行，城楼七，角楼三，敌楼八，瓮城二。”① 东西城墙上有墩台五个，城内筑有登城甬道。城外北、东、西三面墙根下挖有城壕。城门两座，有瓮城，上有门楼，两门门楣上各嵌有一方石匾。南曰“敷化”，北曰“统政”。南门之外建有关城，高两丈，方一里三十步，设立两座城门，两门之间建有影壁，城门上均建有城门楼（图4-39）。

龙门所地势东北高西南低，城的道路系统基本保留明清时期的原貌，主街十字街，南北大街长约1000米（含南关），东西街长约500米，东西向街道除主街外，从南至北还有五条次街，并与环城马道相通，此外还有南北小巷串连各东西向街道，南来北往畅通无阻，每条横街建庙凿井，井庙相对。

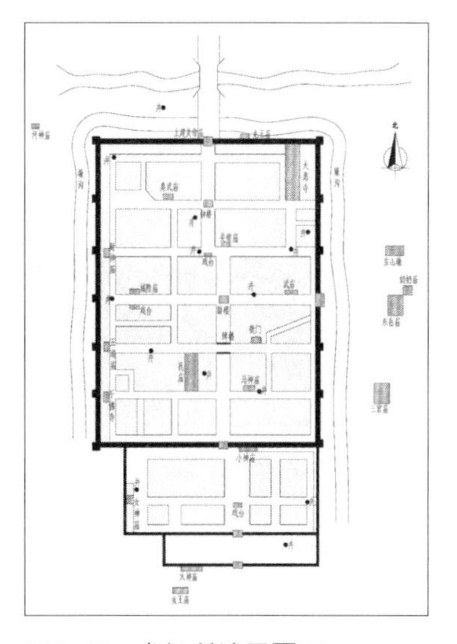

图4-39　龙门所城平面图
（图片来源：改绘自张等三老师所画平面）

城内庙宇众多，南门附近有马神庙街，街北建马神庙，西为社神庙街，街北建有文庙，社神庙街西端坐南面北建有千佛寺。千佛寺占地十余亩，寺院山门、正殿、东西配殿、厢房、跨院、经阁不下百间。寺院前后四进院落。南北主街有两座跨街牌坊，南为“进士”，北为“文明”，为清朝所立。牌坊东为衙门街，坐北

①［清］孙士芳修．宣府镇志，卷十一，城堡考．嘉靖四十年刊本．台北：成文出版社，1970.

面南建有衙门府第，三进院落。街东端建有庵庙。牌坊西为五道庙街（即文庙后街），街西端坐西面东建有五道庙。牌坊向北，有明正统十一年（1446年）兴建的鼓楼。鼓楼坐落在全城中央十字街心，楼墩青砖砌成，门洞四开，通南北东西大街，鼓楼高三层，上供魁星，故又叫魁星楼。鼓楼东街建有武庙，供奉姜子牙。鼓楼西为城隍庙街。街中建有官赐景氏家族贞妇牌坊。城隍庙坐北面南建在街北，街南正对庙门建有戏台。

鼓楼北有关帝庙和三贤庙。三贤庙正殿三间，外廊庙门一间。关帝庙西建有戏台、财神庙。钟楼与鼓楼同建于明正统十一年（1446年），钟鼓楼乃古镇最高的建筑。钟楼建于街心，洞门四开，上层供奉铜铸玉皇大帝，下层悬有一口铁铸大钟。1946年9月，钟鼓二楼同时毁于战乱。钟楼西为花园街，街中坐北面南建有真武庙，正殿供奉真武神君。另外，北门瓮城内坐北面南建有关帝庙。

据《宣府镇志》记载，明代时龙门所城内建有多所官署衙门，有巡抚督察院、巡按察院、分司、守备官厅、龙门守御千户所，除衙署外，还设有神机库、龙门仓（城东北角）、备荒仓（所治内）、军器局、草场等供应军需的仓局。除此外，还设有官店和药局。以上各衙署、仓库除个别几个有记载外，大部分在城中的位置都没有详细的记载（图4-40～图4-45）。

图4-40　关帝庙

图4-41　东城墙残段

图4-42　庙宇群（现为学校）

图4-43　庙宇群（现为学校）

图4-44　三贤庙街

图4-45　小庙

（图片来源：自摄）

六、堡城——洗马林堡、西阳河堡、小白阳堡、青泉堡

堡城是长城防御体系的重要组成部分，它负责所辖范围内长城及邻近烽燧台防守。堡城在长城内侧能够设伏兵，也能够攻击敌人的有利地形修筑。屯兵多者有400余名，少者170～180名。

（一）洗马林堡

清《万全县志》记载：该村始建于唐朝，因人多村大，故名“万家村”。万家村，村居山湾，东、西、北三面环山，向南是沙河冲击而成的广阔平川。土地肥沃，水利方便，物产丰盛，士农工商，集居而来，形成农、牧、商行业交易中心，是塞外农、牧产品的集散地，又是历代屯兵重镇（图4-46、图4-47）。

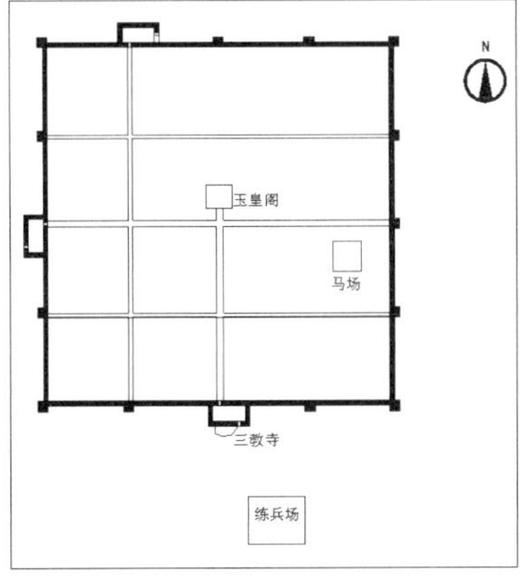

图4-46　洗马林堡平面图
（图片来源：由倪晶绘制）

图4-47　南门
（图片来源：自摄）

洗马林堡，西至边20里，西南至渡口堡30里，南至柴沟堡40里，北至新河口堡40里。明代以来，在修筑长城的同时，每隔一段设“口”，并由把总或守备率兵把守。横贯万全县境内的长城二道边上就有三个口：镇河口、新河口、新开口。为了加强防御，每口必设城堡，而洗马林城堡即为扼守城外七里之遥的镇河口而建。洗马林堡是怀安、蔚的门庭，地势平漫，危而难守。

明朝初年，洗马林已是相当大的村落和军事要塞。洗马林城始建于明宣德十年（1435年），隆庆五年（1571年）增修砖包，清乾隆六年（1741年）知县左承又修。城为方城，边长一里十三步（约521.6米），高为三丈三（约11米），厚14.3米，墩台（长15米、宽7.5米）分布四面，城角处各1个，每边城角之间3个，共计16个。墩台间距为110米。城有西、北、南三门（明《宣府镇志》记载为南西二门），北门为死门，常年不开。城门洞深11.5米，宽5米，城门内缘洞顶高6米，外缘洞顶高4.5米，洞顶为拱形，五层五包。西门洞顶砖刻门匾“大有门”三字（初建时为观澜门，隆庆五年重修时改之），当地人称丧门，为出丧通行。南门洞顶砖刻“迎恩门”三字（初建时为承恩门，后改之），俗称喜门，为办喜事通行。

北城墙城堞全无。除北城门外开了一个豁口供人出入外，墙体基本保存完好，一面城墙，建筑特点迥然不同，重修痕迹可见。咸丰三年发大水时，西瓮城及西城墙南半段被水冲塌，西南的许多住户也被殃及。民国15年（1926年）由当地绅士组织民众将冲毁的城墙处打起了土板墙。而如今已是断壁残垣，疮痍满目了。南城墙两角处已破损坍塌，中间处尚好，全为城砖所包，厚60厘米，石条砌基，极为平整。

西、南、北三门均设有瓮城，长43米，宽17米。观南、北瓮城遗迹可推断，北瓮城门东开，南瓮城门南开，且与南门不对正，西门门扇尚存。南城门外还设有关城，方100米，墙高11米，全是土石堆砌而成。关城设南门和东门，门为砖石结构，与内城门建筑无二，现看不到遗迹。城内主要道路为丁字街，南北主街自南门始至城中央玉皇阁前止，另有横贯东西，连接东门的另一条主街，玉皇阁后隔一进院落有一条东西向次街，另外，自北门迄南墙根有一道南北向次街。其余便是宅间小巷。

据详细统计，在全镇不足2平方公里的地面上，有大小庙宇寺院30座。道光甲午年县志记载，仅在顺治十八年（1661年）就修缮过前明朝始建的玉皇阁、地藏寺、关帝庙、城隍庙、观音寺、灵官庙、三贤庙、白衣庵等八座寺庙。寺庙大多数在城里，少数在城外，也有几座建在城头上。

城内除寺庙外，还设有官厅、守备厅、公馆、神机库、洗马林仓、备荒仓共六处衙署、仓储建筑（图4-48～图4-59）。

图4-48　堡外看西城门

图4-49　堡内看西城门

图4-50　西城门外影壁

图4-51　北门

图4-52　北瓮城残墙

图4-53　北城墙西段

图4-54　南瓮城残墙

图4-55　三教寺正殿

图4-56　院内看三教寺山门

图4-57　三教寺

图4-58　玉皇阁

图4-59　玉皇阁后墙

（图片来源：自摄）

（二）西阳河堡

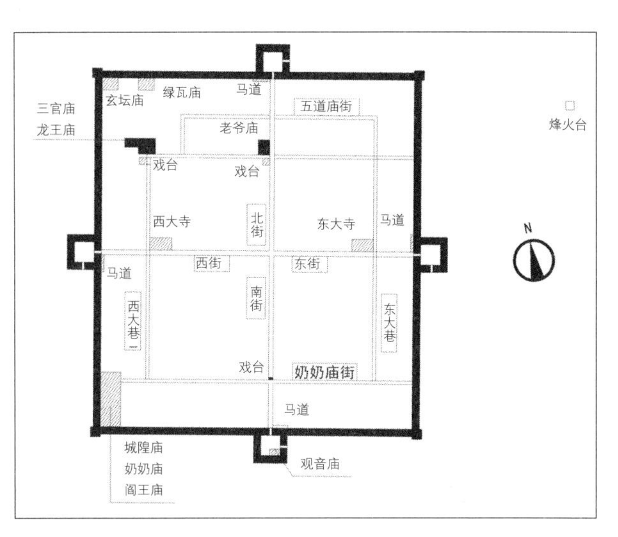

图4-60　西阳河堡平面图
（图片来源：由倪晶绘制）

西阳河堡，明正统五年（1440年）因旧修筑，成化十年（1474年）展筑，万历三年（1575年）包砖。清康熙三十二年（1693年）属直隶宣化府，后一直属怀安县境域。堡城北临阴山支脉梁渠山，南到西洋河，西、北依长城，东靠蒙汉古道。堡“方四里一百一十三步，高三丈六尺，顶宽一丈五尺，底厚二丈三尺二寸。城楼二、角楼四、门四。东门宾旸，南门观澜，西门远驭，北门永靖”①（图4-60）。

明朝初年，逃至北漠的蒙古铁骑，不时南侵，西阳河是进攻的主要关口之一。明永乐二十一年（1423年），成祖率领大军亲征阿鲁台，至西阳河，闻阿鲁台远去而还。成化十九年（1483年）蒙古由西阳河一路入寇顺圣东西川。成化二十年（1484年），兵部尚书余子俊奉旨到西阳河督察军务，修筑长城。嘉靖二十五年（1546年），总督宣大侍郎翁万达奉命筑大同东路阳和口（今山西省阳高县）至宣府西阳河边墙，修筑敌台和烽火台，至万历年间工成，加强了西阳河一线的防御工程。西阳河可谓御敌南犯之屏障。在城的南北有两条蒙汉古道环城而过，可通向呼和浩特、北京。古城外围，南北等距分筑南堡、北堡，城西一里的长城建有境门、茶盘营，皆由守军昼夜把守。为保城的安全，在城西一箭之地置有护城台。城东延伸建有23个烽燧台，与渡口堡、柴沟堡相连，使古城形成一个攻守自如、内外呼应、互相联系的防御线。

明初，西阳河堡作为关隘，加强了军事供给，延至清朝统一。明时在城东北角置守备署，分设大堂、二堂、旗牌厅，建营房130间，驻兵1900余名，马674匹。延至清代仍有驻兵96名。

城墙现状：四面城墙规模尚存，残损不齐，四座瓮城遗迹尚存，南、北瓮城保存情况稍好，瓮城门均东开，南瓮城外还有一道半圆形月城，月城门南开。东西瓮城外原还有关城，遗迹不存，瓮城门、关城门均南开。

西阳河城南北约540米，东西不足500米，城内道路系统以四门为轴形成十字主街。从街心向北、南、东、西分别称北街、南街、东街、西街，除主街外，城北半部有两道东西向次街，北为五道庙街，南为老爷庙街；城南半部一条东西向次街为奶奶庙街；城东半部一条南北向次街为东大巷；城西半部一条南北向街为西大巷。原城墙根下的环城马道，已被民房占据。

①（清乾隆八年）宣化府志，卷八，城堡志. 台北：成文出版社，1968.

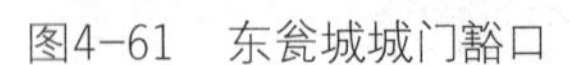

图4-61　东瓮城城门豁口

图4-62　东城墙南段

图4-63　东门

图4-64　西门及瓮城残墙

图4-65　老爷庙

图4-66　南北主街上的戏台

图4-67　三官庙

图4-68　南门

图4-69　南瓮城残墙

（图片来源：自摄）

除守备署外，明代城内还建有西阳河仓、备荒仓和草场，城外建有演武厅。

古城庙宇多建于万历年间，诸如城隍庙、关帝庙、玉皇庙、三关庙、财神庙、奶奶庙以及龙王庙等。在城内东西大街还建有东大寺和西大寺等。如今，城内仅剩下破败不堪的龙王庙和关帝庙，其他庙宇已荡然无存（图4-61～4-69）。

（三）小白阳堡

小白阳堡西北至大白阳堡15里，东至龙门关堡15里。东北至龙门卫城45里，西南至赵川堡10里。《宣府镇志》载："高二丈六尺，方一里一百六十步，城楼一，城铺四，南一门。"①《宣大山西三镇图说》曰："本堡东与龙门卫接界，烽火戍卒相望，有唇齿之义焉。堡建于宣德五年，嘉靖四十三年加修，犹然土筑也，万历二十四年始砖包之。周二里三百步，高三丈五尺。"②《宣府镇志》中记载的应为堡初建时的规模，《宣大山西三镇图说》中记载的应为嘉靖四十三年加修后

①（清乾隆八年）宣化府志，卷八，城堡志．台北：成文出版社，1968.

②［明］杨时宁．宣大山西三镇图说，卷一，宣府巡道分辖中路总图说．明万历三十一年刻本.

的规模（图4-70～图4-72）。

小白阳堡平面呈矩形，南北长约520米，东西长约230米。堡内道路结构呈“一街十二巷”，即南北向主街和十二道东西小巷。主街距东城墙约40米。另外，距西城墙15米处有一条贯通东西十二道巷的南北小巷。十二道东西小巷间距大略相同，约为38米，恰好为一进院落的深度。堡的内部格局非常规整。

主街偏北路西有空地，路边有古井一口，现已填塞弃用。堡内庙宇群多毁于“文革”，原戏台已翻新为砖结构戏台。

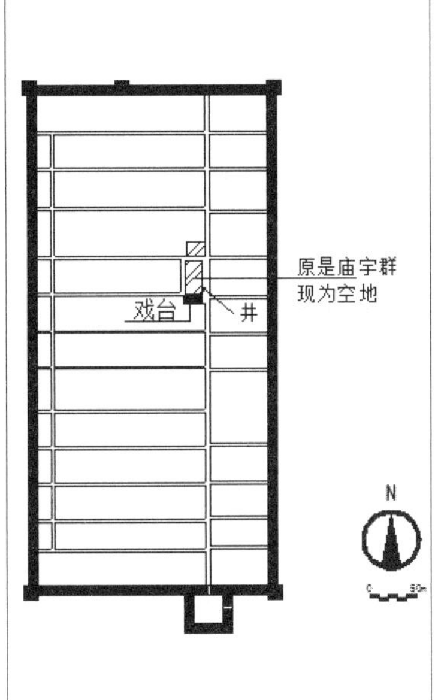

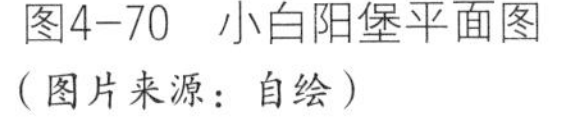
图4-70　小白阳堡平面图
（图片来源：自绘）

图4-71　南瓮城门外侧

图4-72　南门
（图片来源：自摄）

堡西、北城墙保存尚可，北城墙有墩台一个。南门有方形瓮城，瓮城仅残存东墙。南门和瓮城门保存尚可，两门制相同，南门洞口宽3.4米，深13.8米，券高3.6米。瓮城门已被堵死。

根据《龙关县志》记载，明时堡内西南角建有操守官厅，还有仓库、草场、神机库，堡外有演武厅，位置不详（图4-73～图4-79）。

图4-73　戏台

图4-74　北城墙残段

图4-75　北城墙东段

图4-76　西北角墩台
（图片来源：自摄）

图4-77　堡外山上烽火台

图4-78　南瓮城门内侧

图4-79　堡墙上俯瞰堡内
（图片来源：自摄）

（四）青泉堡

青泉堡南至镇安堡30里，西北至独石口城40里，西至半壁店堡15里，西南至猫儿峪堡20里。《宣化府志》引《北中三路志》载："景泰四年（1453年）筑，隆庆五年（1571年）加修，万历十五年（1587年）砖包，周二里六十五步，高三丈五尺，堡楼二，角楼四，铺一，门二座。"①

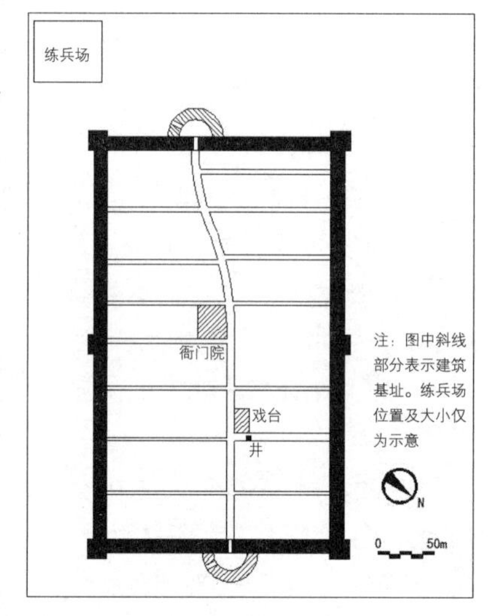

图4-80　青泉堡平面图
（图片来源：由倪晶绘制）

青泉堡地势西北高，东南低，平面呈矩形，南北长约340米，东西长约202米，整个城池向东北方向偏斜约45度。堡内道路结构呈"一街八巷"即南北向主街和八道东西向小巷。城内西北主街路西小巷口，现存古井一口仍在使用，另有戏台基址一座，位于古井北，面向主街而建。占据城中心位置的是当地人称的衙门院，推测为明代巡按察院署或防守衙的旧址。根据《宣化县志》记载，明时堡内还设仓库，位置不详。堡外东南角有校场（图4-80）。

城墙局部存残坍的夯土围墙，基本上保存着原堡的规模，包砖已被拆为民用。南北二门皆有半圆形瓮城，现已毁，据堡内居民讲，瓮城门均向东开。南北城门门制相同，经测量洞口宽3.7米，深13米，券高4.5米。门上原镶有额匾，今已无。城堡东南方向有一座砖砌敌楼，上三分之一已毁，下部较好（图4-81～图4-87）。

图4-81　南门
（图片来源：自摄）

图4-82　老井

图4-83　残墙

①（清乾隆八年）宣化府志，卷八，城堡志. 台北：成文出版社，1968.

图4-84　堡外烽火台

图4-85　北门

图4-86　堡墙上俯瞰堡内

图4-87　衙门院门残迹

（图片来源：自摄）

七、驿堡——鸡鸣驿

驿堡在古代军事战略上的作用至关重要。在军事信息技术不发达的年代，邮驿体系的建立在战争中不可或缺。下文将以鸡鸣驿为例阐述驿堡的内部构成。

（一）鸡鸣驿建制沿革

元代，鸡鸣驿址设“府邸店”，为直属西京路德兴府之一座驿站。明永乐十八年（1420年），再设驿站。次年（1421年）扩筑土垣，周长约四里。成化八年（1472年），明廷拨款修整土垣。十七年（1481年）都御史秦弘会同镇守官员再次督修营堡。（图4-88）

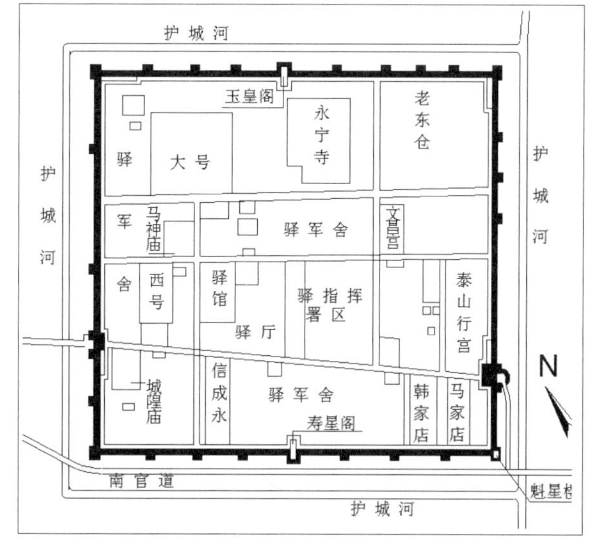

图4-88　鸡鸣驿清朝时期平面示意图

（图片来源：由倪晶绘制）

之后，鸡鸣驿又经过多次修建。嘉靖三十八年（1559年），操守指挥王漠“修城高三丈五尺，方三里四十六步，门楼三，角楼四。”[①]嘉靖四十二年（1563年）鸡鸣驿毁于战火。隆庆四年（1570年），时任内防守指挥的王懋赏“监督起工，砖包，修完东、南城二面，五年修完西、北城二面，大墙平高三丈，上加女墙五尺，四周城台，共

① 宣化县志，卷七，城堡志.

六百九十九丈，重券东西城门，开越楼越城各二座，更铺一十二间。”[1]

清康熙三十二年（1693年），撤销了宣府都司、卫、所，改置府、厅、州、县。鸡鸣驿脱离军管，改隶宣化县，单设驿丞署，负责驿站所有事宜。同时改指挥署为把总署，负责城守之责。乾隆三年（1738年）三月至次年七月，清廷拨银21000余两对鸡鸣驿四面城墙、土牛、垛口、女墙、东西二门、城楼券洞进行了大规模维修，并在东垣外新筑护城石坝一道。

民国3年（1913年），北洋政府决定撤销全国驿站，使得鸡鸣驿历时五百年的古驿城历史从此宣告终结。驿城逐渐衰变为村落，村名鸡鸣驿，隶属宣化县辖。

（二）鸡鸣驿内部格局及现状

鸡鸣驿城的形状接近于正方形，东、西边长约460米，南、北边长约480米，整座城池向西北方向偏斜约22度，整座驿城东北高，西南低。

鸡鸣驿城内的主要道路有“三横两纵”。其中，三条东西向的大街由南自北依次是头道街、二道街、三道街。同时在距离东城门80米处和距离西城门110米处各有南北向街道各一条，分别称东街和西街。

头道街连接东西城门，是城中最重要、最宽阔的一条街道，宽度约9米。西街宽约8米，联系南北交通。城内紧靠城墙内侧设置了宽约5米的环城马道。除此之外，城中还密布着数十条巷道，相对比较狭窄，其中最窄处尚不足1米。大小街巷纵横交错，形成了便捷的道路系统。南城墙外有一条东西向的驿道，宽约5米，称“南官道”，驿传人员可由此进城换马，与城内的道路系统内外呼应。历史上有不少街道的路面曾经铺设石板，其余街道基本为黄土路面。

重要的建筑多数沿着头道街、西街和东街展开。头道街所在区域主要是军政管理和商业服务区，西街区域主要是驿站的核心设施，东北为驿仓区，正北为驿学区，宗教建筑布局分散。

头道街街北建有驿丞署、把总署等最重要的行政机关，两侧分布着酒店、当铺、面食店等主要的商铺建筑，还有关帝庙、财神庙、城隍庙等祠庙建筑和戏台。西街东侧一区分布着驿馆、普渡寺、龙神庙、白衣观音殿、三官庙以及附属的虫王庙、河神庙等小庙；西侧一区有财神庙、三义庙、马王庙、马号、阎王庙等。东街两侧主要坐落着泰山行宫、文昌宫、永宁寺和东大仓等建筑。宗教性建筑位置较为分散。除城内以外，在城墙上也建有一些重要的宗教性建筑，如北城墙中部平台上的玉皇阁，南城墙中部平台上的寿星庙，城的东南角上还有一座魁星楼。

鸡鸣驿保存基本完好。城墙除西城墙中部有段塌陷外，其余均保留较好。城内的佛、道教寺庙和驿站等其他建筑，不少仍保存完好。专供过往官员、驿卒就餐住宿的“公馆院”即驿馆，是一座明代建筑，这座三进院落的北屋，隔扇木插销头做工考究，各个木插销头分别刻有琴、棋、书、画、荷、莲、蝙蝠、蝉等不同的形象，反映出我国古代匠人的高超工艺。2001年，经国务院批准，鸡鸣山驿成为第五批全国重点文物保护单位（图4-89～图4-100）。

---

① 宣化县志，卷七，城堡志.

图4-89　鸡鸣驿城西门上俯瞰城内

图4-90　鸡鸣驿城西北的鸡鸣山

图4-91　鸡鸣驿北城墙

（图片来源：自摄）

图4-92　东城门

图4-93　西城门

图4-94　西城门南墙

图4-95　驿城署大门及信道

图4-96　驿馆二进院落正房

图4-97　文昌宫正殿

图4-98　城隍庙

图4-99　泰山行宫

图4-100　城外烽火台

（图片来源：自摄）

第三节　军堡的形态特点

军堡的形态特点包含了平面形态以及堡寨各组成部分之间的结构关系两方面的因素。明代的军事体系对堡寨聚落形态作用明显，从堡寨聚落外围到内部布局都产生了巨大的影响。

一、严格的等级划分

军堡的等级制，不仅包括了行政上的划分，而且还包括规模上的划分。军堡有严格的军事级别和组织关系，每个军镇、卫、所都有其辖区范围，管辖一定数量的堡寨关隘。同时，由于驻扎人数的不同，每一级别的军堡规模也不尽相同（表4-6）。镇城是本镇军事和行政指挥中枢，宣府镇城的规模达到24里，驻军23000多人；在镇城级别以下的卫城，如万全卫城规模为6里，驻军1400多人；卫城所辖的堡寨，如膳房堡的规模2里有余，驻军620多人。这些等级分明的堡寨构成了严密的防御体系，御敌时互相支援，共同作战，层层守卫。

宣府镇城堡规模　　表4-6

分守	所辖城堡	城池规模	所辖城堡	城池规模
宣府镇	驻地：宣府城	周二十四里，城高三丈五尺		
东路	驻地：永宁城	周六里十三步，城高三丈五尺		
	四海冶堡	周三里，城高三丈五尺	土木驿堡	周二里有奇，城高三丈五尺
	周四沟堡	周二里九十四步，城高三丈五尺	沙城堡	周五里
	黑石岭堡	周二里十六步，城高三丈五尺	东八里堡	周四百四十七尺，城高三丈五尺
	靖胡堡	周二里五十三步，城高三丈五尺	保安卫城	周七里有奇，城高三丈五尺
	刘斌堡	周一里一百三十二步，城高三丈五尺	西八里堡	周三百三十九丈，城高三丈五尺
	延庆州城	周五里，城高三丈五尺	麻峪口堡	周一里一百一十九步，城高三丈五尺
	怀来卫城	周七里，城高三丈五尺	保安州城	周四里十三步，城高三丈五尺
上西路	驻地：万全右卫城	周六里，城高三丈五尺		
	张家口堡	周四里，城高三丈五尺	万全左卫城	周六里三十余步，城高三丈五尺
	膳房堡	周二里二百余步，城高三丈五尺	新河口堡	周二里二百二十余步，城高三丈五尺
	新开口堡	周二里二十三余步，城高三丈四尺	宁远站堡	周三里二十六余步，城高三丈五尺

续表

分守	所辖城堡	城池规模	所辖城堡	城池规模
下西路	驻地：柴沟堡	周七里十三步，城高三丈五尺	怀安卫城	周九里十三步，城高三丈七尺
	洗马林堡	周4里6丈，城高三丈五尺	李信屯堡	周二里二百六十步，城高三丈五尺
	渡口堡	周二里五十七步，城高三丈五尺	西阳河堡	周四里八十步，城高三丈五尺
上北路	驻地：独石城	周六里二十步，城高四丈		
	青泉堡	周二里六十四步四尺，城高三丈五尺	君子堡	周六里五十三步，城高三丈五尺
	半壁店堡	周一里十四步，城高三丈五尺	松树堡	周一里三十六步，城高三丈五尺
	猫儿峪堡	周一里二百二十七步，城高三丈五尺		
下北路	驻地：龙门所城	周四里有奇，城高三丈五尺		
	牧马堡	周一里六分，城高三丈五尺	宁远堡	周二里七十八步，城高三丈五尺
	样田堡	周二里六十六步，城高三丈五尺	滴水崖堡	周三里一百八十步，城高三丈五尺
	雕鹗堡	周二里一百八十步，城高三丈	长安岭所城	周五里十三步，城高二丈八尺
	长伸地堡	周一里二百七十六步，城高三丈五尺		
中路	驻地：葛峪堡	周四里二百五十二步，城高三丈五尺		
	常峪口堡、	周三里十三步四尺，城高三丈五尺	赵川堡	周四里有奇，城高三丈五尺
	青边口堡	周二里三百一十步，城高三丈五尺	龙门关堡	周二里一百二十一步，城高三丈五尺
	羊房堡	周二里一百一十三步，城高三丈五尺	龙门卫城	周四里五十六步，城高三丈五尺
	大白阳堡	周二里二百五十一步，城高三丈五尺	三岔口堡	周一里二百五十四步，城高三丈五尺
	小白阳堡	周二里三百步，城高三丈五尺	金家庄堡	周二里有奇，城高三丈五尺
南路	驻地：顺圣川西城	周五里一百三十五步，城高三丈五尺	顺圣川东城	周四里十三步，城高三丈五尺
	蔚州卫城	周七里十二步，城高四丈一尺	滹沱店堡	周二百八十丈，城高三丈五尺
	桃花堡	周五百九十五丈，城高三丈七尺	黑石岭堡	周一百二十丈，城高二丈七尺
	深井堡	周三里六十四步，城高三丈五尺	广昌城	周三里一百八十步，城高三丈五尺

（资料来源：根据《宣大山西三镇图说》整理）

二、因地制宜的平面布局

军堡一般都是由朝廷出资，依照中国古代筑城之制的基本模式进行有规划的建造。堡筑成后，城防设施完善，并迁内地军民来此屯守。军事辖区内，为满足古代战争作战距离的限制，军堡之间的距离往往仅有30里或40里。同时，由于边疆地形复杂，多为山地、河流等地貌，因此经常有军堡建在山头上或河谷里。从总体上看，大型军堡的平面形态比较规整，如镇城、卫城等。小型军堡的平面形态则相对灵活，有的因地制宜，结合山势，有的地势平坦，规划方整，如所城、堡城。

据险设堡是中国历代长城及长城军事堡寨选址与建设的基本原则。因此，军堡的选址首先考虑的是军事需要。宣府镇属丘陵地区，地形复杂，防守较难。作为据点的重要关隘城堡，往往因势就利规划城池，城的平面不一定规整。例如，怀来镇边城，明正德十五年筑，东西跨山，设守御千户所，后又增筑一城于其西，曰镇边新城，清顺治初参将驻守，后改都司，今旧城已废。现在的镇边新城，即镇边城，石筑城墙，现存城高约3米，东部城墙北偏西18度，东城中间有一个5米宽的砖拱城门，北城中间和南城中间对称距离处各有一个城门，三个城门都是对扇木门，南北城门原都有瓮城。城中有一鼓楼，城西北角、西南角和东门对称的西城墙处有三个角楼，西城全部和南、北城的大部分均建筑在西山上。

另外，九边重镇多数城堡是边境地区的中心，除军事防御职能外，同时也具有较强的政治、经济职能。因此，一般镇城的规模都相对较大，修建在地势平坦的交通要道上，平面呈方形或长方形，周长在12里以上，宣府城由于是防御元朝残余势力入侵的重镇，更是达到了周长24里的规模。镇城的城门数量最少为四门，即每边各开一门，道路系统呈十字形，如大同城。宣化、榆林开七门，道路系统呈井字形。镇城的道路可分为干道、一般街道、巷三级，形成垂直相交的类似棋盘式的道路网。城中重要的衙署、军事指挥建筑分布在主干道两侧；在干道、街道的交会处形成店铺林立的商业区，两侧还分布城内的主要庙宇寺院。

卫、所城经济职能相对较弱，城堡规模不大。一般根据地形而设一门到四门不等。卫所城道路结构布局多为十字街，堡城大则十字街，小则一字街，道路分为街及巷二级。街巷整齐平直，通往堡门的主街宽阔畅达，并且多依古制在城墙内侧设环城马道，作为兵营时房舍行列式排列、形象单一，后来演变为村落。小堡通常不开北门，而在北门的位置建真武庙（图4-101～图4-106）。

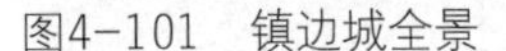
图4-101　镇边城全景

图4-102　城墙

图4-103　瓮城

图4-104 堡门

图4-105 戏楼

图4-106 民居

（图片来源：自摄）

三、军屯与聚落形态

明代在地方实行卫所制度，卫所士兵开垦府、州、县管辖以外的荒地，实行屯垦，称为军屯。“边地卫所军，以三分守城，七分开屯耕种；内地卫所军，以二分守城，八分开屯耕种。每个军士受田五十亩为一份，发给耕牛、农具、粮种等，三年后交纳赋税，每亩一斗”。[①]“所征之粮贮于屯仓，由本军自行支配，余粮为本卫官军俸粮”。[②]“屯军以公事妨农事者，免征子粒，且禁卫所差拨”。[③]

明代军屯的生产组织是以“屯”为基本单位，一屯有若干人或若干户。一般而言，屯的基层组织是“屯所”，即“屯田百户所”。在边地为防御敌人的入侵，往往合几个“屯”或“屯所”建立一个“屯堡”。屯田百户所之上有千户所，有指挥所。屯所的设立，意味着守御军和屯种军在管理上的分离。军队通过屯田，有效地保障了军队的粮食供应，也使边境地区的荒芜土地得到开发。

在空间上，屯堡与防御为主的军堡形成了中心辐射式网状结构。由于军堡一般管辖若干屯堡，所以这就形成了以军堡为中心的网状辐射结构，从而确保军堡的正常运转。如开元的威远堡之下就有雷其屯、塔儿山屯等七个屯堡，军事级别更高的宣府镇，则下辖屯堡七百零三个。

另一方面，为抵御长时间的进攻，粮仓和草场是军堡所必备的场地。所谓“仓场者，广储蓄、备旱涝，为军民寄命者也。……至于预备常平，尤为吃紧，而草所转输，百倍艰难。”[④]宣府镇内大到镇城小到边堡都备有粮仓和草场。另外，很多堡城中还有专门负责军器的宫宇——军器局和“专收火器”的神机库，火药局等（表4-7、表4-8）。

①《大明会典·户部·屯田》.

② 同上。

③ 同上。

④［清］吴廷华等纂修. 宣化府志，卷十六，军储考. 清乾隆二十二年刊本.

明代各城、堡内官署表[①] 表4-7

<table>
<tr><th>官署名称</th><th>路城</th><th>卫城</th><th>所城</th><th>堡城</th></tr>
<tr><td>巡按察院</td><td>√</td><td>√</td><td>√</td><td>◇</td></tr>
<tr><td>守备官厅</td><td>√</td><td>√</td><td>√</td><td rowspan="3">√</td></tr>
<tr><td>操守官厅</td><td></td><td></td><td></td></tr>
<tr><td>防守官厅</td><td></td><td></td><td></td></tr>
<tr><td>参将府</td><td>√</td><td></td><td></td><td></td></tr>
<tr><td>河间行府</td><td>◇</td><td></td><td></td><td></td></tr>
<tr><td>保定行府</td><td>◇龙门所城</td><td>◇怀来卫城</td><td></td><td></td></tr>
<tr><td>真定行府</td><td></td><td></td><td></td><td>◇马营堡</td></tr>
<tr><td>大名行府</td><td></td><td>◇蔚州卫城</td><td></td><td></td></tr>
<tr><td>巡抚督察院</td><td>◇万全右卫城</td><td>◇万全左卫城</td><td></td><td></td></tr>
<tr><td>守御千户所</td><td>◇</td><td></td><td>√</td><td></td></tr>
<tr><td>兵备宪司</td><td></td><td>◇怀来卫城</td><td></td><td>◇赤城堡</td></tr>
<tr><td>游击将军署</td><td></td><td>◇怀来卫城</td><td></td><td></td></tr>
<tr><td>卫指挥使司</td><td>◇</td><td>√</td><td></td><td></td></tr>
<tr><td>分守藩司</td><td>√</td><td>√</td><td></td><td></td></tr>
<tr><td>分巡臬司</td><td>√</td><td>√</td><td>√</td><td></td></tr>
<tr><td>总督府</td><td></td><td>◇怀来卫城</td><td></td><td></td></tr>
</table>

明代宣府城内仓场、厂局表 表4-8

仓场	位置	厂局	位置
万亿仓	钟楼东	兵车厂	河南营北
宣德仓	城东北隅	军器局	都司内和褒忠祠后
宣政仓	钟楼东	造作军器局	各卫和兴和千户所内
宣化仓	城西北隅	造作火药局	兵车厂旁
备荒仓	各卫所内	钱局	书院东
东草场	广灵门内	神枪库	钟楼西北
西草场	宣府右卫后		

（资料来源：[清]吴廷华等纂修. 宣化府志，卷二，公署考. 清乾隆二十二年刊本.）

① 表中“√”表示确定设置有该衙署，“◇”表示根据情况设置，除特殊说明外，则表示其后仅所注城堡设置.

第四节　军堡的微观表现

军堡与其他类型堡寨的不同之处在于其防御体系非常完善，是由城墙、城门、瓮城、城楼、角楼、护城河等共同构成完整的防御体系。此外，堡寨内军户的存在也产生了与其他类型堡寨相异的居住形态，这些都是本书研究的重点。

一、完备的边界防御体系

城墙是军堡防御体系中的边界，城墙的形态即是城池的形态。城墙形态的形成首先受地理环境的影响。在地势崎岖、多山多水的地方，城墙的修筑必须依山傍水。因而，长城许多关隘的形态呈不规则形，有圆形、椭圆形，还有其他形状的。在地势平坦之地，堡寨多呈长方形或正方形。这种方形城墙除与自然条件有很大的关系外，还是一种文化理念在现实中的体现。如果我们追本溯源，仍不难发现它的原始形态为“匠人营国，方九里”的理学规范。这种“礼”的体现是通过制度来规范的。早在春秋战国时期就已经出现城池规模的限定，到清代则更为具体。《防守集成》中就规定：“凡大城除垛身，城必高四丈或五丈或三丈五尺，面阔必二丈或二丈五尺或一丈七尺五寸，底阔必四丈或五丈或一丈五尺；次城除垛，城身必高三丈或二丈五尺，面阔必一丈五尺或一丈二尺五寸，底阔必三丈或二丈五尺；小城除城垛，身必高二丈，面阔一丈，底阔二丈，此其大较也”。[①]

城门是进入城堡的惟一通道，是维系城堡安全的关键所在。军堡的城门较村堡高大。门洞都是砖拱券式样，有的深达19米，门洞内设20厘米厚的木制大门。门扇还由铁板包裹，布满铁蘑菇钉，从而增强了门扇的硬度，降低了火攻城门的危险性。此外，堡门开设的位置首先受来敌的方向所决定，其次与地理位置、道路交通及其他军事设施的位置有关。长城线上的军堡，地势险要，门开方向既便于调动兵力、迅速应战，又要有利于抵御敌人的进攻。如军堡平面布局不规整，依地势而建，其方向性主要取决于外部交通的来向。[②]

城门上一般均建有城楼，是城门防御的重点。城楼下为夯土墩台，用木柱、木梁为骨架，构成平顶或梯形顶的城门道，台顶上建木构城楼，城楼一至三层，各代不同，居高临下，便于瞭望守御。

瓮城是建在城门外的小城，或圆或方。瓮城高与大城同，城顶建战棚，瓮城门开在侧面，以便在大城、瓮城上从两个方向抵御攻打瓮城门之敌。瓮城门到明代时增设闸门，称为闸楼。士兵可以在瓮城墙上组织侧射火力，用以增强城堡的防御能力。还有的城在瓮城之外还设有关城，即使敌军攻破关城门，但仍可借瓮城门防守。

城墙转角设有方形角楼墩台，上有城楼，可以住巡防兵丁，每隔一定距离还设墩台，以便组织防守的侧射火力。墩台的构造用料绝大部分是随着城墙墙体的

---

① [清]朱璐. 中国兵书集成（46）防守集成. 北京：解放军出版社. 1992.
② 李严，张玉坤. 明长城军堡与明清村堡的比较研究. 新建筑，2006.

用料而定。石砌墙台均坐落在石砌城墙的墙体上。石砌墩台形状绝大部分平面为长方形，大小根据地形的变化而各异，一般长5～7米，宽2～3米。也有的墩台形状为圆形或半圆形。砖包墩台结构规整，从外侧看形状呈梯形，顺城墙两侧看呈长方形，整个墩台紧靠城墙外侧。

护城河设在城墙的四周，由人工挖筑壕沟，再引水注入，形成了保护城墙的一道屏障。护城河一般阔2丈，深1丈，距城30步左右。在城门处有桥。一端有轴，可以吊起的称“吊桥”；中间有轴，撤去横销可以翻转的称“转关桥”。有的在桥头建半圆形城堡，称“月城”，河上有的建有吊桥。另外，护城河还是古代的消防设施，它就像一座巨大的蓄水池，城墙一旦失火，人们则就地取水，扑灭大火，控制火势蔓延。

二、庙宇和牌坊

宣府镇各个城、堡内所建庙宇主要分为两类：一类是明代地方常见的庙宇，如文庙、城隍庙、奶奶庙、观音庙、龙神庙。另一类，就是具有彰表军事的庙宇，如旗寿庙、关帝庙、马神庙、真武庙、显忠祠、褒忠祠、汉寿亭侯祠等，它们或者祭祀武神，或者纪念忠臣烈士。

明初，军队由“从征”、“归附”、“谪发”、“垛集”四部分构成。洪武二十一年（1388年），在元代旧籍册的基础上，由兵部改置军籍勘合，建立起新的、较为完备的军户制度。非经皇帝特许或官至兵部尚书，任何人都不得自行改籍。在社会地位上，军户低于一般民户。例如，明朝规定：军户丁男仅许一人为生员，正军户五丁以上方许充吏，军户不许将子侄过房与人，脱免军籍。军户的生活方式就是屯田、备战、参战。正统年间，巡抚大同、宣府右副都御使概括了军户的生活内容：“塞北军士守边效劳，岁无宁日，其余丁无他生业，惟事田作，每岁自正月伺候接送北虏使臣，至二月出境，三月始得就田，七月又复采草，八月以后修关备边，十月又将迎接使臣，计其一岁之中，不得尽力于南亩者十常六七，况边境直抵沙碱硗瘠，霜旱雨迟，收获甚薄，听其自食，庶几仅足。”[①]所以，军堡中的庙宇就成了军户的精神寄托。在当时的历史条件下，宗教成为一种精神支柱。从而，在各城堡中，出现了弘扬“忠义、勇武”精神的各种武庙，以及保佑“五谷丰登”的神庙。

另一方面，牌楼也广泛存在于军堡之中。根据《宣化府志》的记载，镇城、路城、卫城、所城中的主街街心都建有极具标志性的四个大市坊，分列在东、西、南、北大街上。还有属于城内众多衙署各自的官署坊以及旌表武臣和武德的牌坊。比较之下，孝子烈妇的牌坊极少。

牌坊在军堡中的功能可以概括为以下几个方面。一是褒奖功能。由于立牌坊能让人“美名远扬”、“流芳百世”，因此，常被用来褒奖功臣、良将、贤士、科甲俊才、义士等。二是空间分界功能。牌坊的树立，限定并收缩空间，赋予空间

① 明英宗实录，卷一六九.

某种意义。通过树立牌坊，将一个区域的空间划分为多个部分，既划定了空间，又营造了气氛，从而达到了空间分界的目的。三是情感承载功能。古人立牌坊是一件极其隆重的事，不论哪一座牌坊，无不蕴含和表达着人们的复杂情感。四是纪念追思功能。牌坊可以记载已发生过的有关事情，可以刻载坊主的姓名、科第、官爵、业绩、功勋、所获荣誉恩宠及对坊主的族表、颂扬、纪念等方面的文字，还可以刻载立坊人的姓名、科第、官爵及立坊的时间等文字，因此立牌坊犹如树碑一样，常被人们用来表示对某一重大历史事件的纪念或对先贤或先人的纪念和追思。五是炫耀标榜功能。牌坊多立于人们往来必经之处和热闹繁华的大庭广众之地，牌坊既能刻载文字，又形态优美，备受人们注目，是用以炫耀标榜的最好载体。所以，牌坊常被用来标榜功名、官爵、家世、身份、地位、功勋、门第、荣誉及所受帝王的恩宠等等。六是理念体现功能。牌坊是中国封建社会中人们表达人生理念的一种重要载体。“学而优则仕”、“荣华富贵”、“青云直上”、“官运亨通”、“飞黄腾达”、“光宗耀祖”、“封妻荫子”、“子孙满堂”、“洪福齐天”、“名垂千古”、“流芳百世”等等，这些在封建社会中人们所追求的人生理念，在牌坊上得到了充分的体现。七是标识引导功能。牌坊常常建在巷口街道中间、两端、交叉路口，这些牌坊既是这些街巷、道路、府第、寺庙标识，同时也起着一个引路导向的重要作用。[①]

三、军堡的权力中心——衙署

衙署建筑是中国古代官吏处理公务的主要场所，也是封建统治的权力象征。军堡与普通村堡内部构成的要素的不同在于各个城、堡内存在着的军事衙门，宣府镇城内林林总总的衙署更是达到了24个之多，即使是小堡也会有一座规模相当宏敞的衙署。

概括而言，衙署建筑形制具有以下两个方面的特点：

第一是作为权利象征，衙署修建的位置比较显要。例如，青州旗城由副都统指挥，在中心大街设都统府作为城市的政治中心，其下每方形四佐设一协领衙门，每佐设一佐领衙门，佐领衙门之下依次是防御、骁骑校衙门，并且，按品级划分建筑规模与房间数量。从旗城整体组织形式上分析，它是由中心位置的都统府与四周的佐领衙门组成，而都统府与佐领衙门之间是控制与被控制的关系，其结构模式图见图4-107。第二是衙署的建筑存在等级规制。明代制定了详细的各官员府第的建筑等级，清代的衙署已是如此。比如清代就规定：京师部级衙门（一、二品官衙）规模为1.82～2公顷（27～30亩）；寺、监、院级衙门（三、四品官衙）规模为0.6～1公顷（9～15亩），以上规定均不带官眷住所。[②]

军堡是河北地区现存防御性聚落的主要形态之一，主要分布于河北省北部张家口地区。它形成于明代，属于宣府镇长城防御体系的重要组成部分。堡寨体系

① 参考金其桢．论牌坊的源流及社会功能．中华文化论坛，2003，(1).
② 姚柯楠，李陈广．衙门建筑源流及规制考略．中原文物，2005，(3).

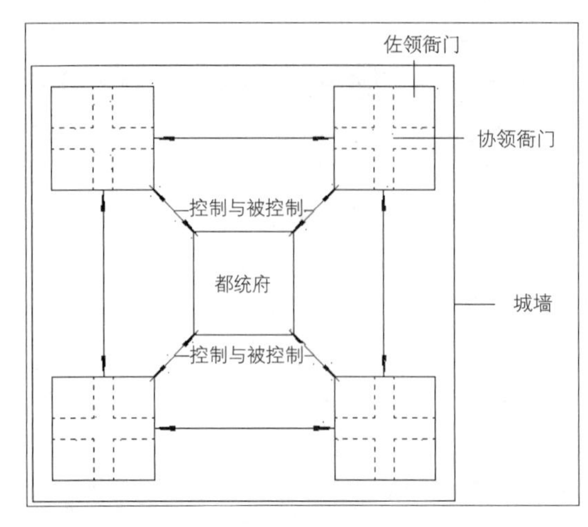

图4-107 旗城结构模式图
（图片来源：由倪晶绘制）

的机构设置及等级划分非常明确，规模也相应不同，分为镇城、路城、卫城、堡城以及驿堡等。

就军堡的规模特征而言，镇城是最高一级的军堡单位。以宣府镇为例，镇城内设镇守总兵官，佩镇朔将军印，又置巡抚都御史管理屯垦。另外，镇城的人口和规模在军堡中也是最大的。

路城、卫城、堡城都属于防区中心城堡，它们的人口及规模等级随指挥权限的缩小而降低。驿堡则与上述军堡有所不同，它自成体系，亦有相应的规模等级划分。

文章总结了军堡的三个形态特点：一是严格的等级划分，二是因地制宜的平面布局，三是特殊功能的屯堡。最后，本书分析了军堡的微观表现，详细论述了军堡的边界防御体系、庙宇和牌坊以及衙署的特点。

第五章　河北防御性聚落表现模式分析——以蔚县村堡为例

村堡是古代乡村社会中人们为避战乱而修筑的防御工事，是当时社会动乱的产物和见证。尤其是北方地区，每遇社会动荡，修筑堡寨便成为村民的一种防卫措施。如陕西西安长安县（今长安区），康熙年间《长安县志·建置志》载："城坊外其在乡各里，自明末迄今皆筑垣堡，以谨守望。"[①]这些堡寨是乡民为躲避明末李自成起义以及康熙帝平三番所引发的社会动荡而修筑的。嘉庆元年（1776年），白莲教起义爆发，席卷楚川陕豫甘五省，清政府实行坚壁清野饬修堡寨。嘉庆《长安县志·土地志上》记载，嘉庆年间（1776～1820年）长安县建堡寨达155座。[②]民国《续陕西通志稿·建置四》："查坚壁清野之议，咸丰年间即钦奉谕旨举行，维时各省虽有贼扰，陕境尚是籽安，地方官督修堡寨，小民不知远图，各就本村旧有之墙略加修葺以塞责。"[③]统计当时建堡寨约180座，但质量多不合格，以致同治回捻之乱时，"（逆回）一日而破数十堡至百余堡不等"[④]。这也从一个侧面反映了当时堡寨的数量之多。

第一节　河北地区村堡分布体系——以蔚县为例

村堡的分布反映了当时社会的政治、经济发展情况，也是我们探讨其文化背景的重要依据。河北地区现存的大量村堡较为集中，主要在北部长城沿线一带。下文将以村堡保留较多的地区——蔚县为例，就堡寨分布体系展开详细论述。

一、村落分布特点

明清是村堡大量兴起的时期，河北境内现存的村堡聚落大多就是在这个时期形成的。随着时代的变迁，一部分堡寨的性质发生了变化，有的军堡由于军事地位的下降逐渐改为村堡，而有的村堡则反之，改为了军堡。《赤城县志》记载：样田堡原民堡嘉靖三十七年改为官堡，万历十六年砖包，周二里六十步高三丈五尺，角楼四门一座。[⑤]蔚县的桃花堡则是由原来的军堡演化为村堡的。因此现存村堡的名称叫法不一。为了解现存由堡寨式聚落演化而成的村落的分布特点，笔者依照河北省测绘局2006年版的《河北省地图册》，对各市以"堡、寨、卫、所、营、屯"命名的村落进行统计（表5-1）。

通过统计总结出以下村落布局特点：

① 转引自：长安县地方志编纂委员会．长安县志．西安：陕西人民教育出版社，1999.
② 转引自：长安县地方志编纂委员会．长安县志．西安：陕西人民教育出版社，1999.
③ 转引自：（民国）慕寿祺．中国西北文献丛书．兰州古籍出版社影印本，1990.
④ 同上。
⑤ 赤城县地方志编纂委员会办公室编．赤城县志．北京：改革出版社，1992.

以“堡、寨、卫、所、营、屯”命名的村落　　　　表5-1

地区	所辖县市	堡	寨	屯	营	壁	合计	地形地貌特点
石家庄	辖6区、12县、代管辛集等5个县级市	5	5	8	31	2	51	位于中南部，地处华北平原，地势东高西低，主要河流有滹沱河、冶河等
邯郸市	辖4区、14县、代管武安市	69	117	39	47	3	275	位于南部，与山西、山东、河南省接壤。西部为山区，东部为冲积平原。主要河流有滏阳河、漳河、卫河等
邢台市	辖2区、15县、代管沙河、南宫2个县级市	12	77	29	42		160	位于南部，地处太行山东麓，西部为山地、丘陵，中部和东部皆属平原，主要河流有20多条，多西南—东北流向，多为时令河
保定市	辖3区、18县、代管定州等4个县级市	10	6	8	53		77	位于中部，自西向东依次为山地、丘陵、平原、洼淀等4种地形。河流均源于太行山，有拒马河、漕河、清水河、唐河、大沙河等，东部有白洋淀
张家口市	辖4区、13县	72	11	22	141		246	位于西北部，与山西、内蒙古接壤，北为坝上高原，南处洋河盆地。河流有闪电河、洋河、桑干河、清水河等
承德市	辖3区、5县和3个自治县	2	1	3	102		108	位于东北部，地处冀北山区，地势西北高东南低。河流有潮河、滦河、老哈河等20余条，大部分属滦河水质
唐山市	辖6区、6县、代管遵化等2个县级市	1	13	6	20		60	位于东部，南临渤海。地势北高南低，北部为燕山余脉山地丘陵，中部、南部是平原和沿海滩涂。主要河流有滦河、沙河、陡河、还乡河、蓟运河
秦皇岛市	辖3区、3县和1个自治县	2	9	2	24		37	位于东北部，北依燕山、南临渤海。北部、中部多山地丘陵，南部沿海为平原。以滦河水系为主，并有洋河、北戴河、汤河、石河独流入海
沧州市	辖2区、9县和1个自治县，代管泊头等4个县级市	1	7	62	15		85	位于东南部，地处华北平原东部，地势自西南向东北倾斜。主要河流有南运河、滏阳河、滹沱河、子牙河等
廊坊市	辖2区5县、1个自治县，代管霸州、三河等2个县级市	1	4	32	54		91	位于中部，地处平原，东北有少量丘陵，南部有多洼地。有子牙、大清、永定、北运、潮白等河
衡水市	辖1区8县，代管2个县级市		9	49	25		83	位于东南部，地势平坦开阔，有南运河、滏阳河、滹沱河、滏阳新河等

（资料来源：杜秀荣主编. 河北省地图册. 中国地图出版社，2002.）

第一，以“堡”命名的村落主要分布于张家口、邯郸地区。张家口是河北现存防御性聚落最多的地区，宣府镇长城穿境而过。自古以来，张家口就是中原与北方古文化接触的“三岔口”和北方与中原文化交流的双向通路，是多民族征战、融合的战略要地。历史上张家口曾是中俄、中蒙物资贸易的重要通道和物资集散地，是对外贸易的“旱码头”。邯郸是赵国故都，四省交界之地，地理位置特殊。《读史方舆纪要》称邯郸“西出漳邺，则关天下之形胜，东扼清卫，则绝天下之转输。邯郸之地，实为河北之心膂。”[①]邯郸现存的防御性聚落不多。

第二，以“寨”命名的村落主要分布于河北省南部，以邯郸、邢台地区最多。两地之中，尤其邯郸以“堡”、“寨”命名的村落分布最广，这反映了邯郸地理位置的重要。邯郸、邢台两地西部皆为太行山脉，山高谷狭，雄关据险，是山西高原通往华北平原的主要通道，也是历代兵家必争之地。从春秋战国直至清朝烽火未断，干戈未息。战国时期，诸侯国为互相防御，在太行山地区筑长城。赵为防御秦、魏，在今邯郸地区沿漳河北岸筑漳滏长城，又称赵南界长城；在今河北蔚县南，经飞狐口、雁门关至宁武关筑赵西北界长城。

第三，以“屯”命名的村落分布表现出两个特点：一是战略位置突出的地方分布广，如张家口、廊坊、邯郸等地；二是古运河沿岸地区分布广泛，例如，沧州市的青县有13个、沧县有23个、泊头有11个、衡水市的故城有14个，这些县市都分布在古运河的两岸。

第四，以“营”命名的村落在河北省北部分布最多，如张家口、承德地区等，这是明代边疆卫所防御体系的表现。此外，在其他地区，以“营”命名的村落呈现出分布均匀的特点。

第五，总体布局：河北省南部、北部地区分布最广，如邯郸、张家口、邢台等地；中西部地区次之；沿海分布较少。另外，沿运河两岸，以“屯”命名的村落分布广泛。

通过以上分析可以看出，用“堡、寨、卫、所、营、屯”命名的村落分布，反映了明、清以来各军事要地的驻防情况（图5-1）。

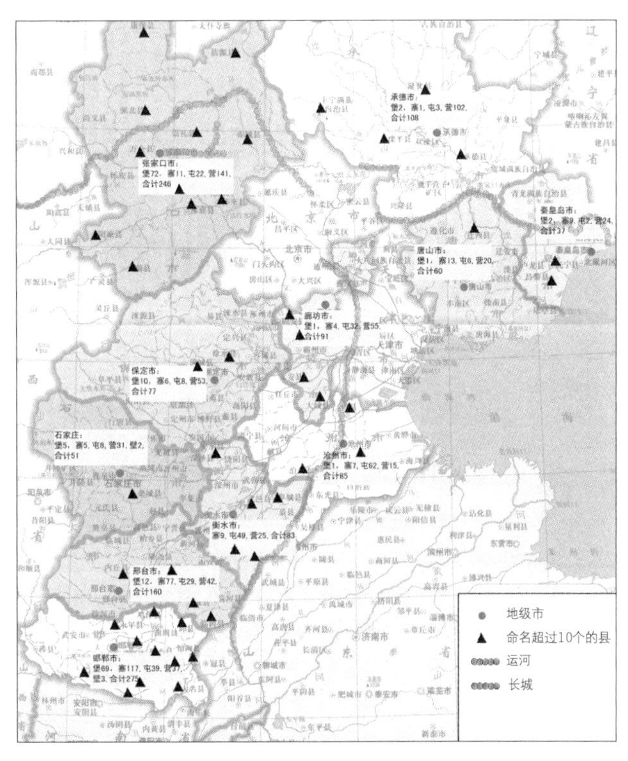

图5-1　以“堡、寨、卫、所、营、屯”命名的村落分布图
（图片来源：自绘）

① 转引自：邯郸县地方志编纂委员会办公室编. 邯郸县志. 北京：方志出版社，1986.

二、村堡分布体系

（一）古村堡成因

蔚县古称蔚州，曾是古“燕云十六州”之一，地处冀西北，北京西部。蔚县东邻涿鹿县和北京市门头沟区，南接涞源县，西与山西省广灵县相接。北与阳原县接壤，东北、东南、西南分别与宣化、涞水、山西省广灵县相接。明初建国，元残余势力不断破长城扰内地，蔚县连遭铁骑洗劫，一直处于动荡不安的状态。以下是蔚县明代所发生的战乱统计表（表5-2）。

明代蔚县境内发生战乱统计表　　表5-2

时间	事件	相关历史背景
明洪武二年（1369年）	都督张温统兵至州境，元臣楚报善全城附焉	太祖略定秦晋
建文二年（1400年）正月	燕王次，蔚州指挥佥事李远与指挥王忠举城降	燕王起兵
正统十四年（1449年）	也先脱脱不花烧紫荆关入犯。帝在军中，军退，十月十九日到蔚州，二十一日驻顺圣川，二十四日北行	土木之变
弘治十三年（1500年）五月	寇自大同阳和入，南至顺圣川犯蔚州	
正德九年（1514年）六月	北部由野狐岭入，寇顺圣东西城。秋，复由膳房堡入，掠镇城，南至蔚州，由顺圣川出游击	平河北盗
正德九年（1514年）九月	小王子犯宣府、蔚州	蒙古诸部入犯
嘉靖十九年（1540年）秋	俺答诸部大举入宣府，过顺圣抵蔚州。总兵白爵等出战败绩，俺答留宣府两月乃去	蒙古诸部入犯
嘉靖二十三年（1544年）十月甲戌	小王子入万全右卫，戊寅，掠蔚州至于万县	蒙古诸部入犯
嘉靖二十四年（1545年）八月庚戌	俺答犯松子岭，杀守备张文翰	蒙古诸部入犯
嘉靖三十二年（1553年）八月	寇犯蔚州	蒙古诸部入犯
嘉靖三十八年（1559年）八月	敌寇顺圣东西川，抵蔚州，攻破城堡十数，杀掠数万计。镇兵皆避不敢击	蒙古诸部入犯
崇祯七年（1634年）八月	大兵围蔚州	清兵入关

（资料来源：（清代）庆之金，杨笃等纂修. 蔚州志. 光绪三年。）

从表5-2中可以看出，第一，事件的性质大多是外患入侵，贼寇骚扰亦有之；第二，事件的时间段主要集中在从洪武到嘉靖年间大约两百年的时间里，而这段时间正是蔚县村堡大量修建的时期。清代蔚县战乱较少，地理位置重要性下降，由康熙三十二年（1693年）改蔚州卫设蔚县，蔚州递裁驿改额可见一斑。到清末团练兴起，因已有大量村堡存在，故未如山西、湖北等地出现建堡高潮。以桃花镇和南留庄镇为例，根据《蔚县地名汇编》统计：桃花镇共18个村堡，其中明之前修建的村堡有2个，洪武到嘉靖年间修建的村堡有12个，明末有1个，清代修建的有3个；南留庄镇共29个村堡，其中明代之前的有8个，洪武到嘉靖年间修建的有14个，明末有4个，清代修建的有3个。

通过以上分析可以清楚地了解到，抗击外患、抵御贼寇是蔚县古村堡兴建的主要动因，也是古村堡不断延续的重要外因。

（二）分布及特点

蔚县历史上有八百村堡之说，可谓村村有堡，以堡为村。现存150多个村堡中，西古堡、宋家庄、北方城、白后堡、白中堡、白宁堡、白南场、小饮马泉等堡保留尤为完整。其他村堡城墙大多残破不全，但内部道路结构基本保持原貌，民宅中也存有大量明清时期的建筑。其分布见图5-2。

蔚县南部山区地势险要，易守难攻，且因交通不便，村民较少，故仅有少量村堡。绝大多数的村堡集中在中部河川和北部丘陵地势平坦的地区，这些地区水源方便。壶流河常年有水，可提供部分生活用水，有足够的饮用水源。其中明清时期形成的八大集镇：暖泉堡、西合营、代王城、吉家庄、白乐、桃花堡、北水泉、白草窑等皆始于一堡，因人口增加而建多堡，随经贸发展而建集成镇。这些集镇在中部呈线性分布。而从民宅角度分析，中西部的民宅明显好于东部，这反映出当时蔚县经济发展不平衡的情况，即中、北部好于南部，西部好于东部。另外，军堡有两处，黑石岭堡地处南部山区飞狐古道上，明正德二年（1507年）建，万历元年（1573年）甃石；另一处是桃花堡，建在蔚县东端，毗邻涿鹿，明嘉靖四十四年（1565年）由民堡改为军堡。蔚县所属驿站是沟通内外长城的一段，从北往南依次为白草窑、蔚州递、大宁村。

现存较好的村堡主要集中在西部的暖泉镇、南留庄、宋家庄一带。

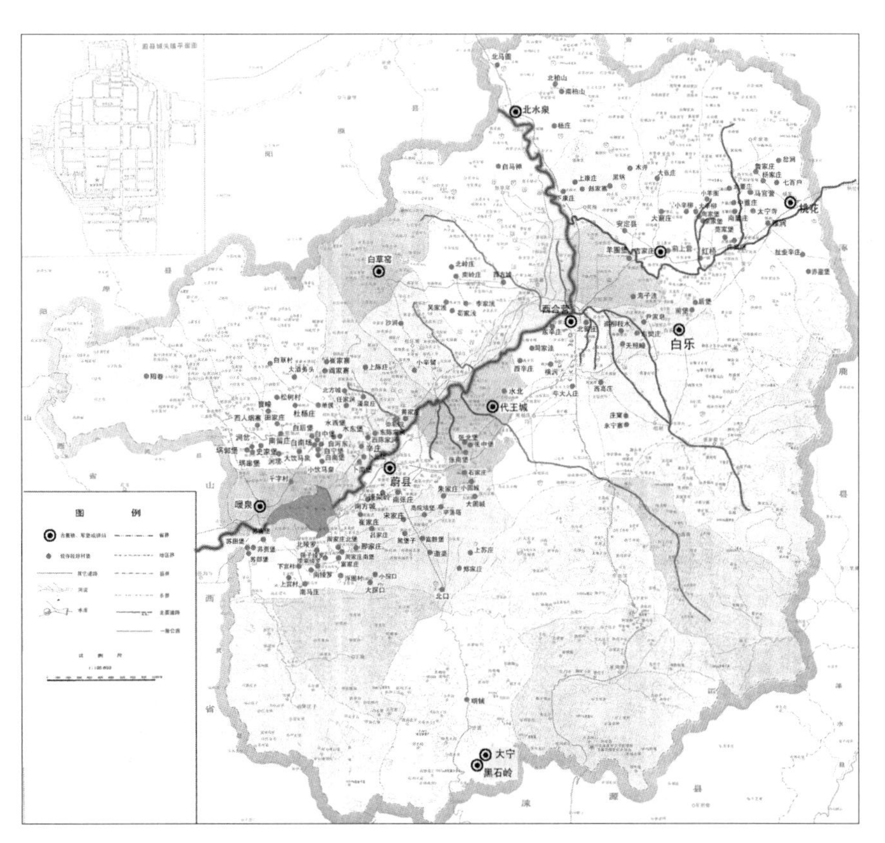

图5-2　蔚县古村堡现状分布图

（图片来源：自绘）

第二节　村堡的规模特征

村堡的规模主要受到社会因素的影响，其中，人口与土地的关系是重要的制约因素。村堡与军堡的规模差异正是体现在以上两者的关系上，这里也涵盖了资源分配规律的潜在制约。因此，分析村堡的人地关系，对了解村堡的聚落实态和布局特征至关重要。

一、人口与土地

（一）人口分布

明朝，蔚县村落发展到300多个。人口不断增加，如明洪武二十四年（1391年）有1890户，8255人，到明正德七年（1512年），增加到1938户，21725人。此后，人口规模继续扩大，1949年中华人民共和国成立时，全县有90731户，316392人（表5-3）。

蔚县历代人口统计表　　表5-3

年份	人口数	户数	户均人口
明洪武二十四年（1391年）	8255	1890	4.4
明正德七年（1512年）	21725	1938	11.2
清顺治十六年（1659年）	9688	—	
乾隆六年（1741年）	81013	24417	3.3
乾隆八年（1743年）	131278	49412	2.7
光绪三年（1877年）	300080	49839	6.0
民国24年（1935年）	318978	58070	5.5
民国37年（1948年）	293162	—	
1949年	316392	90731	3.5

（资料根据《蔚县志》统计）

2000年蔚县总人口46.13万人，从人口的分布来看，13.4％分布在县城，28.6％分布于建制镇，其余58.0%的人口分布于农村。

从人口的城乡空间分布来看，人口密度最大的是县城所在地的蔚州镇，为1677人／平方公里；其次是白乐镇、涌泉庄乡和代王城镇，人口密度为470～430人／平方公里；再次为暖泉镇、南留庄镇、西合营镇、南岭庄乡和杨庄窠乡，人口密度为380～300人／平方公里；吉家庄镇、常宁乡、阳眷镇、桃花镇、黄梅乡、南杨庄乡和北水泉镇，人口密度为190～120人／平方公里；陈家窳乡和宋家庄乡，人口密度90人／平方公里，下宫村、白草村、柏树和草沟堡乡，人口密度为70～30人／平方公里。

（二）人口与土地分布特点

1．与地形地貌特点和产业布局特点的一致性

中部较平坦以农业为主的区域，人口密度相对较高；南、北部山区人口密度很小，相差50多倍；工商业发达的地区，人口集聚程度较高，如县城、暖泉镇、西合营镇等。

2．与资源条件的一致性

这里的自然资源条件，主要指地上自然条件，土壤条件、水利条件等。因煤矿资源的发现和开采较晚，对人口分布的影响较小。地上条件较好的地区人口密度大，其他地区人口密度则低。

二、防御性聚落实态

村堡的规模与当时社会、经济发展规模有关。一般而言，经济水平越发达、人口越多，村堡的规模就越大、质量越高。本书根据蔚县现有的村堡，将其划分为四种聚落实态加以分析，即州城、多堡城镇、多堡村落、单堡村落。

（一）蔚县蔚州城

蔚州城是蔚县原县政府所在地，据史籍记载，蔚州城始建于后周大象二年（580年），初为土城。到明朝洪武十年（1372年），在原土城的基础上再行加造，用土加宽垒高，外用砖包砌。该城周长七里十三步。城墙底宽四丈，顶宽两丈五尺，高三丈六尺，城墙底用经过加工的巨型石条打基，垒土夯实。城墙顶端用砖砌有六尺宽、六尺高的齿状堞墙，有1100多个垛口。城墙上有角楼、敌楼28座，还有更铺楼一座。

蔚州城开设东西南三座城门。东门叫安定门，砖砌拱形门洞，顶上建景阳楼；西门叫清远门，砖砌拱形门洞，顶上建广远楼；南门叫景仙楼，砖砌拱形门洞，顶上建万山楼。正北为三层通顶的“靖边楼”，也叫“玉皇阁”。在城街北段，建有三层高的“鼓楼”，也叫“文昌阁”，与南城门上的“万山楼”遥相呼应（图5-3）。

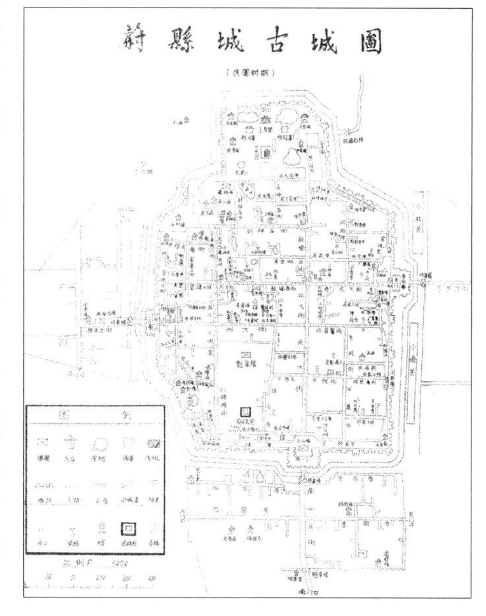

图5-3　蔚县蔚州城平面

（图片来源：河北省蔚县政协文史资料委员会．蔚县文史资料选编第14辑［G］．蔚县：蔚县政协，2009：8.）

蔚州城城内有东西南北四条主街。街道两旁商家铺户、砖木结构的临街房屋鳞次栉比，规则有致。城内除了在不

蔚州城　玉皇阁　南安寺塔

释迦寺　真武庙　仓神庙

城隍庙　天齐庙　灵严寺大雄宝殿

图5-4　蔚县古建筑
（图片来源：由丁垚提供）

同方位建有各路神仙的大型庙宇外，据说在主要街道的显要位置还建有各种名目的牌坊70余座。蔚州城三座城门外各建一座“关城”。这些“关城”都是土垒夯实的土城墙。虽未用砖包砌，但夯土坚硬，既厚且高。“关城”各开设东西南北四门，拱门顶上建楼，用以瞭敌。主城城墙外挖有三丈五尺深，七丈宽的蓄水城壕，水流环绕城墙一周，在玉皇阁底座的城墙下注入壶流河（图5-4）。

（二）多堡城镇

多堡城镇是由两个或两个以上堡组成的城镇。这种城镇交通便利，资源丰富，也是当地及其周边村落村民集市贸易所在地。

1．暖泉镇

暖泉镇是蔚县古镇中保存较好的。暖泉镇位于蔚县最西部，壶流河水库西北岸，是大同通往华北平原的军事要地。同时，暖泉又是古代重要的区域交通枢纽和经济中心。该镇是古老的张库商道（张家口到库仑）的必经之地，这使其逐渐形成商道上的贸易集散地。到明正德年间（1520年），暖泉集市已颇具规模，西市、上街、下街与河滩的草市街和米粮市共同形成古镇的露天集市，它们呈西边狭长，东边宽敞的三角形布局（图5-5）。

图5-5　暖泉镇总图
（图片来源：自绘）

该镇镇区内有三个堡，即北官堡、西古堡、中小堡。北官堡建造年代最早，位于暖泉东北部，是明代驻军屯兵之处。城堡基本呈方形，边长有260余米。堡门高大坚固，上有歇山顶堡门楼。堡内地形复杂多样，古粮仓、古暗道分布其间。街道结构呈“王”字形。

西古堡，又称“寨堡”，位于暖泉镇的西南部。该村堡始建于明代嘉靖年间，清代顺治、康熙时期又有增建。城堡平面呈方形，边长约200米。堡墙黄土夯筑，环绕四周，高约8米，墙外凸出土筑马面，沿城墙内侧有一周“更道”。城堡门南北各一座，并有瓮城。堡内形成一条南北主街，其东西各有小巷三道，还有一眼官井。清顺治、康熙年间，在村堡南北堡门外各增建一座瓮城。瓮城平面呈方形，边长约50米。两瓮城平面形制及大小基本相当，布局对称，各建有高8余米的砖券结构城堡门。

中小堡紧邻西古堡，是暖泉三堡中最小的一个，平面呈长方形，东西约95米，南北约150米。中小堡仅在北面设一门，门外即为古商业街（图5-6）。

总体布局上，三个村堡均建于镇区的边缘，商业集市、水源（暖泉）以及行

西古堡

西古堡瓮城

中小堡

西古堡地藏寺

北官堡堡门

北官堡内街

图5-6　暖泉镇古建筑
（图片来源：由课题组自摄）

政中心则处于村堡围合之中。村堡的防御性非常突出，由于村堡相互邻近，因此形成了彼此之间协同防御的特点。据县志记述：“今之乡者何也？曰：以卢舍比鳞也，形势之犄角也，器械之必具也，耕植作息之无相远也。”可见，这种彼此协同防御的布局在修建之初就已经考虑了。

图5-7 代王城
（图片来源：自绘）

2．代王城镇

代王城位于蔚县城东北偏南10.8公里处，属河川区。地势东南高，西北低。有4803人，耕地9626亩（图5-7）。

代王城是古代国都城所在地，据《史记·赵世家》记载，“赵襄子北登夏屋（今山西代县草垛山）诱代王，使厨入操铜以食代王及从者，行斟阴令宰人各以击代王及从官，遂兴兵平代地（蔚县一带）。封伯鲁（赵襄子兄）子为代成君”。《史记·始皇本纪》记载，“秦王政十年（前228年）赵公子嘉率宗族数百人奔代，自为代王。二十五年（前222年）王贲灭燕，还攻代，虏代嘉”。

现今，在古代王城址上先后兴建了大堡子、小堡子、马寨堡、小水门头堡、南门子堡、北门子堡、城墙碾堡等大小19个村落。整个代王城镇由十字形主街将各村堡连为一体（图5-8）。

3．阳眷镇

阳眷镇位于蔚县城西北23.9公里处，属丘陵区。东、南、北三面靠山，西临

戏楼

观音庙

堡门

图5-8 代王城全景
（图片来源：自摄）

沟。地势东高西低，为黏土质。阳眷镇区有2892人，耕地11428亩。镇内有东堡、西堡、南堡、北堡等。

据传，阳眷明初建村，因地势高，且向阳，村民视太阳落山为归宿，将村自褒为太阳家眷，故取村名阳眷。

由于位于山脚下，整个镇区布局为西北—东南走向，四个堡位于镇区的东部，由一条南北向的干道连接，其中保留较好的是南堡和北堡。南堡平面呈方形，边长约160米，堡内形成“一街四巷”格局，即一条南北主街与四条东西向街道组成的路网格局。主街南为堡门，上有三开间门楼，悬山屋顶，北原有真武庙，现仅剩土台。主街中部建有穿心戏楼，街道穿戏楼底部而过，这是村民民俗活动的主要场地。北堡规模较小，亦呈方形，边长约120米，堡内为“一街三巷”格局。该堡仅有一南门，上有门楼，主街北为真武庙。阳眷镇的集市贸易主要在贯穿东西的主街上（图5-9）。

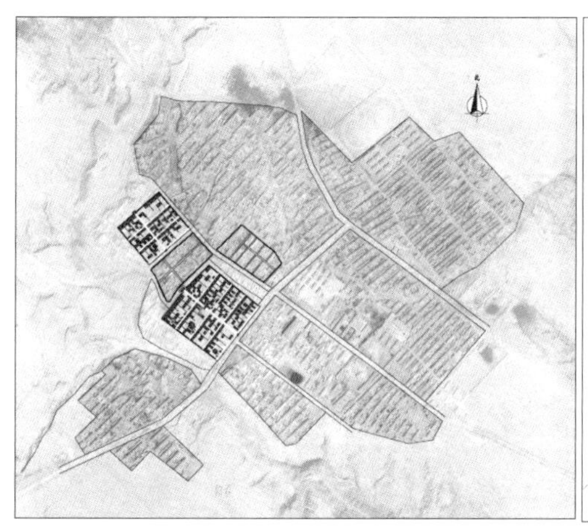

阳眷镇平面（来源：自绘）

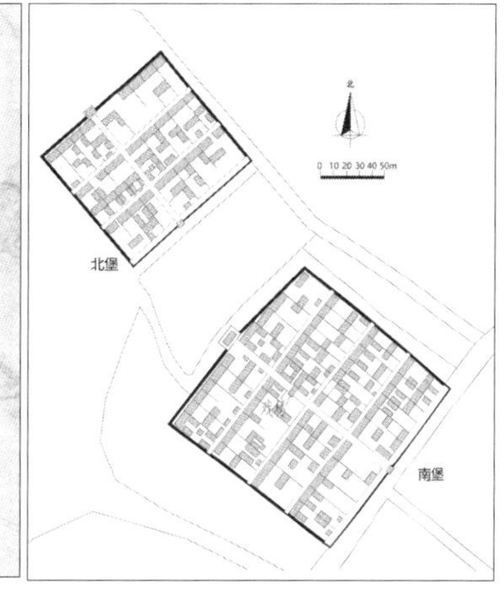

阳眷镇南堡、北堡（来源：自绘）

阳眷镇主街

穿心戏楼

堡门

真武庙旧址

西堡旧址

从南堡望北堡

图5-9　阳眷镇
（图片来源：课题组自摄）

（三）多堡村落

多堡村落是由两个或两个以上村堡构成的村落群。这种村落群中的村堡距离相对较近，多是由一堡逐渐发展而来，但并未形成城镇一级的聚落，也可以说是多堡城镇的初级形态。

1．白后堡村落群

白后堡村落群位于南留庄东偏南，由白后堡、白南场堡、白中堡、白宁堡、白河东、白南堡等六堡组成。六堡依沙河而建，并被下广（下花园—广灵）公路分为南北两部分，北部有白后、白中和白河东三堡，南部有白南场、白宁、白南堡。白后堡和白中堡相邻，两堡北临沟，东靠沙河，依借地势兴建。白河东堡距白中堡约250米，沙河贯穿期间，形成自然分界线。白南场堡北侧紧靠下广公路，东临沙河，与白河东堡隔岸相望。南端的白宁堡紧邻沙河，距白南场堡约400米，与白南堡紧距80余米。白宁堡和白南堡形成相对独立的防御性聚落组团（图5-10～图5-12）。

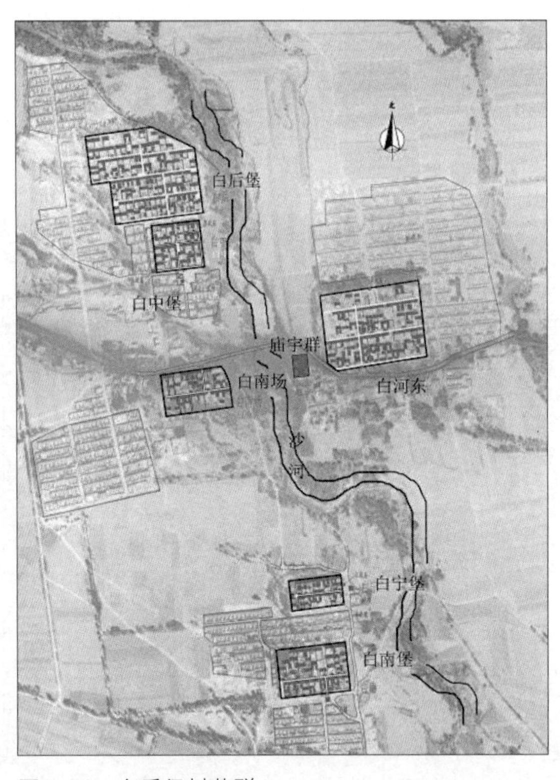

图5-10　白后堡村落群
（图片来源：自绘）

六堡各有庙宇和戏楼，同时，在白后堡村落群中部有共同的庙宇群。

2．埚串堡村落群

埚串堡村落群位于南留庄镇驻地西南偏北约3公里处，属丘陵区。村落群由埚串堡、埚郭堡、涧岔等三个堡组成。三个堡被壶流河冲积而成的两条十多米深的沟壑断开，并呈“品”字形分布，互为犄角。最南端的埚串堡距埚郭堡仅有80米，距涧岔约140米（图5-13）。

三个堡皆借地势而建。埚串堡位于村落群的最南端，平面基本呈方形，边长约180米×160米。堡墙黄土夯筑，北墙临沟，墙角凸筑角楼（现已毁），设东、南二门。堡内形成“十”字形大街，布局对称。埚郭堡位于村落群的中间，平面基本为长方形，北边墙临沟，不规则，堡墙黄土夯筑，边长约190米×140米。堡内东西向主干道紧邻南墙，与南北三条干道垂直相连。涧岔位于村落群的北端，规模较小，堡墙黄土夯筑，边长约90米×60米。堡内设南、北二门，中部一条主街贯穿南北（图5-14）。

白后堡位于南留庄东偏南3公里处，属丘陵地区。北临沟，东靠沙河，地势较平坦。此地始有一村，名白家庄。后建该堡于白家庄村北，遂取村名白家庄后堡。后简为白后堡。堡规模：240米×200米。

白中堡位于南留庄东偏南3.3公里处，属丘陵区。东临沙河，地势较平坦。为黏土质。有309人。耕地963亩。因落址于白家庄后堡与村南场面之间，故取名白家庄中堡，后简为白中堡。堡规模：110米×100米。

白后堡堡门

白中堡全景

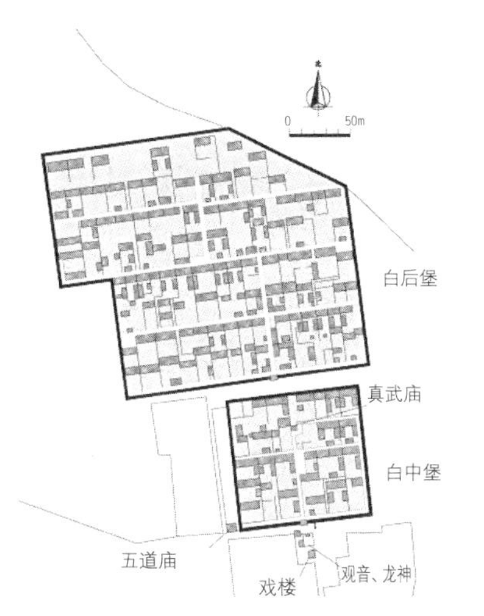

白后堡、白中堡平面

白河东位于南留庄东偏南3.8公里处，属丘陵区。下广（下花园—广灵）公路从村南通过，村东、西均临沙河。地势较平坦。为黏土质。有1043人，均为汉族。耕地4140亩。

金大定年间建村，称白河东村，因村坐落在白家庄沙河以东而得名，后简为白河东。堡规模：225米×170米。

白河东堡门

白河东鸟瞰

白河东堡平面

白南场北紧靠下广（下花园—广灵）公路，东临沙河。地势较平坦。为黏土质。有504人，均为汉族。耕地1569亩。为白南场大队驻地。约元至元年间建村，白后堡几户人迁居于村南的一块场上建村，故取名白家庄南场。后简为白南场。堡规模：155米×92米。

白南场堡门内景

白南场堡门外景

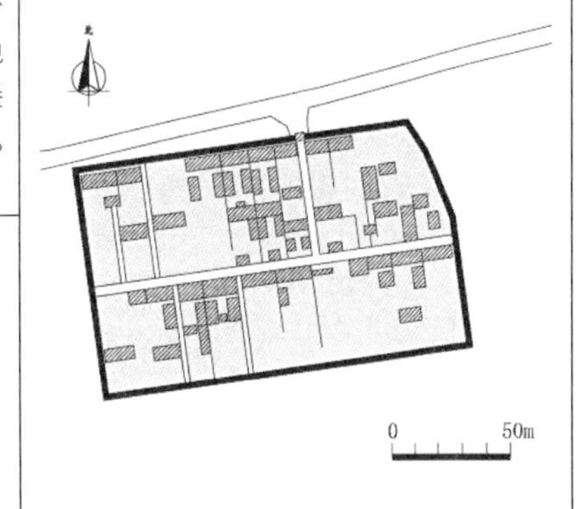

白南场堡平面

图5-11　白后堡村落群各堡平面（来源：自绘）

<table>
<tr><td colspan="2">白宁堡南留庄东偏南3.9公里处，属丘陵区。东临沙河，北靠下广（下花园—广灵）公路。地势较平坦。为黏土质。有314人，均为汉族。耕地1077亩。据传，白家庄一宁姓迁此建村，故取名白家庄宁堡。1945年更名为白宁堡。堡规模：120米×65米。
白南堡位于南留庄东南偏北4公里处，属丘陵区。东临沙河。地势较平坦。为黏土质。有441人，均为汉族。耕地1430亩。明成化年间建村于白家庄村南，故名白家庄正南堡。1949年更名为白南堡。堡规模：160米×110米。</td><td rowspan="2">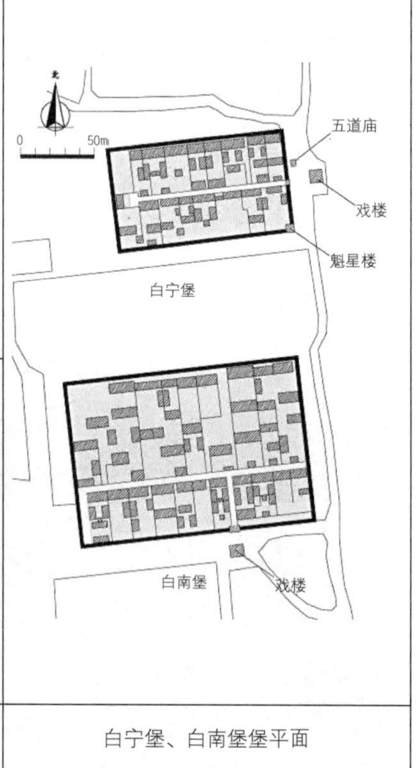</td></tr>
<tr><td colspan="2"></td></tr>
<tr><td>白宁堡堡门</td><td>白南堡堡门</td><td>白宁堡、白南堡堡平面</td></tr>
</table>

图5-12　白后堡村落群各堡平面（来源：自摄自绘）

图5-13　埚串堡村落群
（图片来源：蔚县规划局提供）

3. 周家庄村落群

周家庄村落群位于下宫村镇驻地东北偏南约4公里处。村落群由周家庄北堡、周家庄南堡、富家庄等三个堡组成。三个堡相距大约500米，所处地势较平坦，由一条道路相连。

周家庄北堡位于村落群的最北端，平面基本呈长方形，边长约125米×105米。堡墙黄土夯筑，设东、南二门。堡内形成“王”字形大街，即一街三巷，布局对称。周家庄南堡位于村落群的中部，平面呈方形，规模较小，边长约85米。堡墙夯筑，仅设一东门。堡内两条东西向主街将整个堡划分为大小不等的三部分。富家庄位于村落群的南端，平面为长方形，边长170米×120米。堡墙夯筑，设一北门。堡内南北向主街贯通，东西向有四条街道，形成阶梯状布局（图5-15～图5-17）。

埚串堡村落群位于南留庄镇驻地西南偏北3.1公里处，属丘陵区。村东北临水库，地势较平坦。为黏土质。有642人。耕地2408亩。明成化年间建村。因村西北有个驼峰状土山包（当地称埚），且村里街道与郭堡串通，故取名埚串堡。堡规模：180米×160米。

埚串堡堡门

埚串堡全景

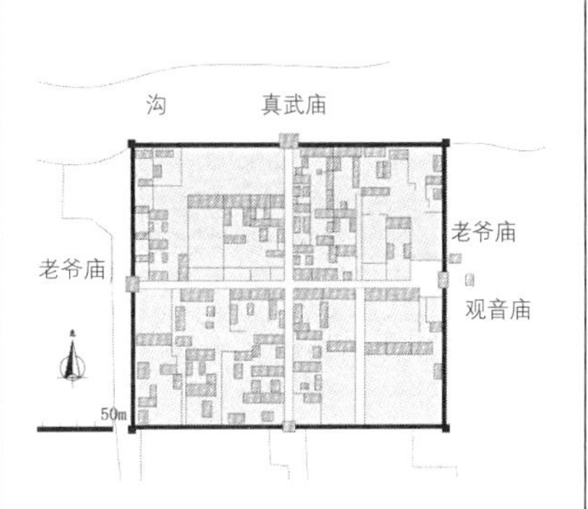

埚串堡平面

埚郭堡位于南留庄镇地西南偏北3.3公里处，属丘陵区。北临沟，地势较平坦。为黏土质。有637人，耕地2811亩。明洪武七年（1374年）建村时，名俗历堡。清朝末年有几户郭姓来此居住，根据此地西北有两个驼峰状土山包，更村名为埚郭堡。堡规模：190米×140米。

埚郭堡堡门

埚郭堡南地势

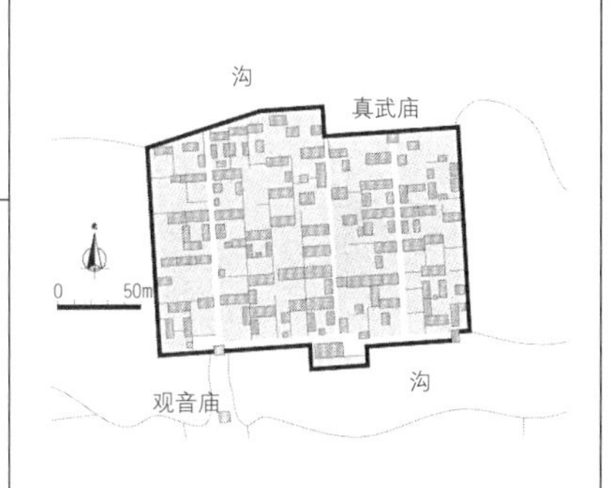

埚郭堡平面

埚郭堡全景

涧岔位于南留庄镇地西南偏北2.8公里处，属丘陵区。村北、村西均靠水库，地势较平坦。为黏土质。有266人，耕地1052亩。明朝末年建村。因村庄座落在沟涧的一个小岔上，故取名涧岔。堡规模：90米×60米。

涧岔北堡门

涧岔南堡门

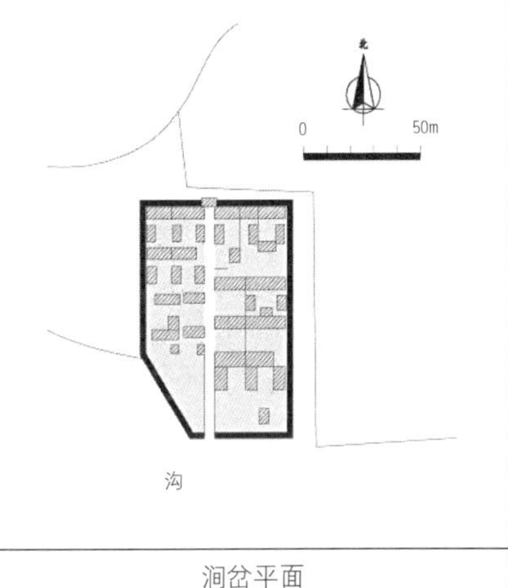

涧岔平面

图5-14　埚串堡村落群各堡平面（来源：自摄自绘）

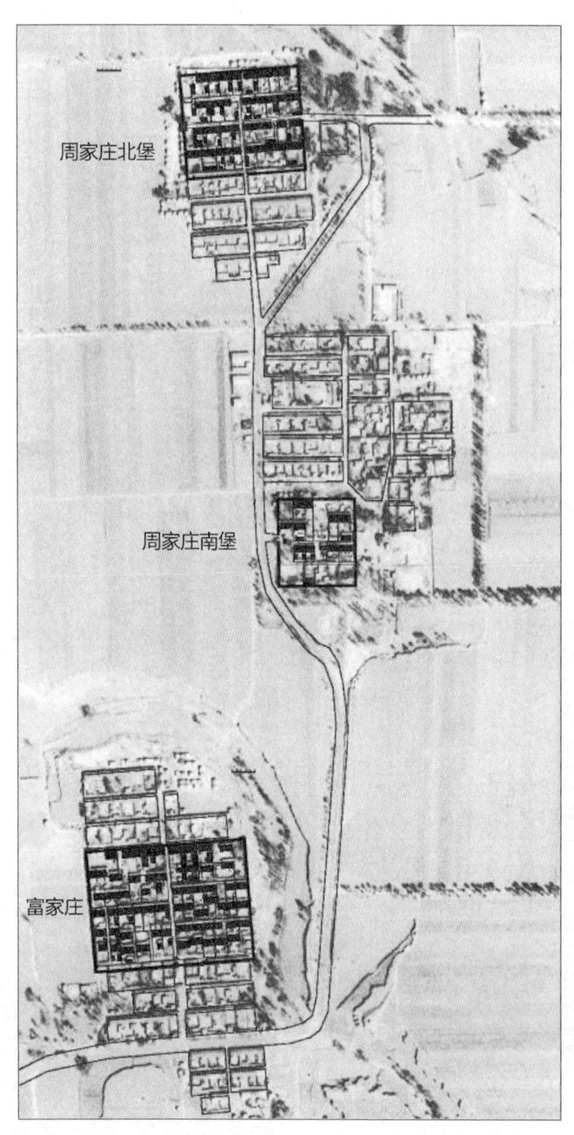

图5-15 周家庄村落群
（图片来源：蔚县规划局提供）

（四）单堡村落

单堡村落是构成其他类型村落的基本单元，其规模有大有小，大的独立成镇，如宋家庄、南留庄等，最小的仅几户人家，如东樊庄南小堡。

1．宋家庄

宋家庄位于蔚县城南偏东4.9公里处，地处平川，地势平坦，为沙土质，有1107人，均为汉族。耕地5000亩。元末明初建村。

宋家庄古堡平面呈方形，边长约140米。堡墙夯筑，保留较好，残高约6米。村堡设南门，堡门上建有三开间砖砌硬山门楼。堡内形成一条约5米宽的主街，东西各有三道约3米宽的小巷，即“王”字形格局。主街北为真武庙，庙已毁，现仅余墩台。真武庙南有一眼古井，至今仍在使用。堡门以北建有一座穿心戏楼，此处路宽约8米。戏楼中心台基为空心，平时是出入堡门的通道，唱戏时木板相盖，仍能驼车过人。堡内各种古建筑鳞次栉比，错落有序，集民居、寺庙、戏楼为一体，形成完整的古文化景致（图5-18、图5-19）。

2．北方城

北方城位于涌泉乡驻地西偏北1.8公里处，属丘陵区。村西临沟。地势较平坦，为壤土质。有605人，耕地2392亩。明万历四年（1576年）建村。

北方城平面为平行四边形，边长为170米×156米。堡墙保留较好，残高约6米。村堡设南门，其上门楼已毁。堡内一条约6.5米宽的主街贯通南北，东西有三道约5米宽的小巷，亦为“王”字形格局。堡门外正对戏楼和龙王庙，西侧为地藏庙。戏楼为三开间，两进深，卷棚屋面。堡内主街往北依次为马王庙、财神庙、观音庙、真武庙等。真武庙下，有三层台地，最上一层台地部分突出于

<table>
<tr><td colspan="2">周家庄北堡位于下宫村镇驻地东北偏南4.1公里处。地势南高北低。为壤土质。有207人，均为汉族。耕地799亩。
相传，明万历年间，一户周姓家族在此建庄定居，名周家庄。1963年分开南北两堡，该村居北，故取名周家庄北堡。堡规模：125米×105米。</td><td rowspan="2">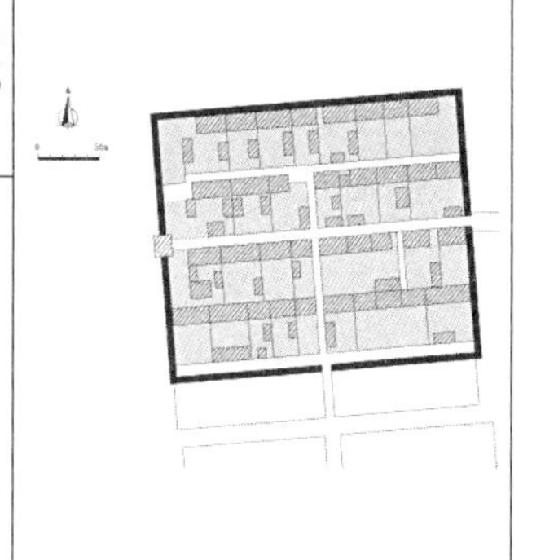</td></tr>
<tr><td></td><td></td></tr>
<tr><td>周家庄北堡堡门</td><td>周家庄北堡戏楼</td><td>周家庄北堡平面</td></tr>
<tr><td colspan="2">周家庄南堡位于下宫村公社驻地东偏北4.2公里处。地势略南高北低。为壤土质。有283人，均为汉族。耕地1184亩。堡规模：85米×85米</td><td rowspan="2">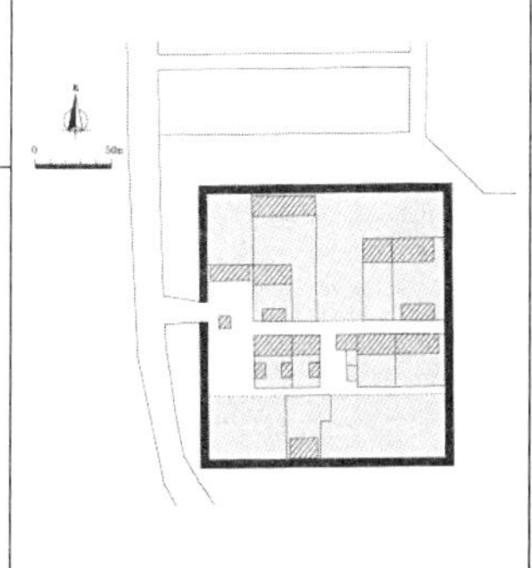</td></tr>
<tr><td></td><td></td></tr>
<tr><td>周家庄南堡堡门</td><td>周家庄南堡主街</td><td>周家庄南堡平面</td></tr>
</table>

图5-16　周家庄村落群各堡平面（来源：自绘）

<table>
<tr><td colspan="2">富家庄位于下宫村镇驻地东偏北3.8公里处。地势西高东低。为壤土质。有530人，均为汉族。耕地1492亩。
明嘉靖二十年（1541年）建村，居王、马、张三姓。人们向往生活富裕，故取村名富家庄。</td><td rowspan="2">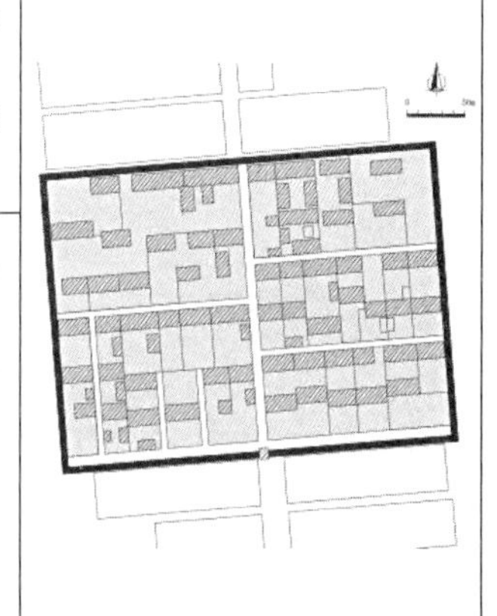</td></tr>
<tr><td></td><td></td></tr>
<tr><td>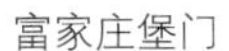富家庄堡门</td><td>富家庄主街</td><td>富家庄平面</td></tr>
</table>

图5-17　周家庄村落群各堡平面（来源：自绘）

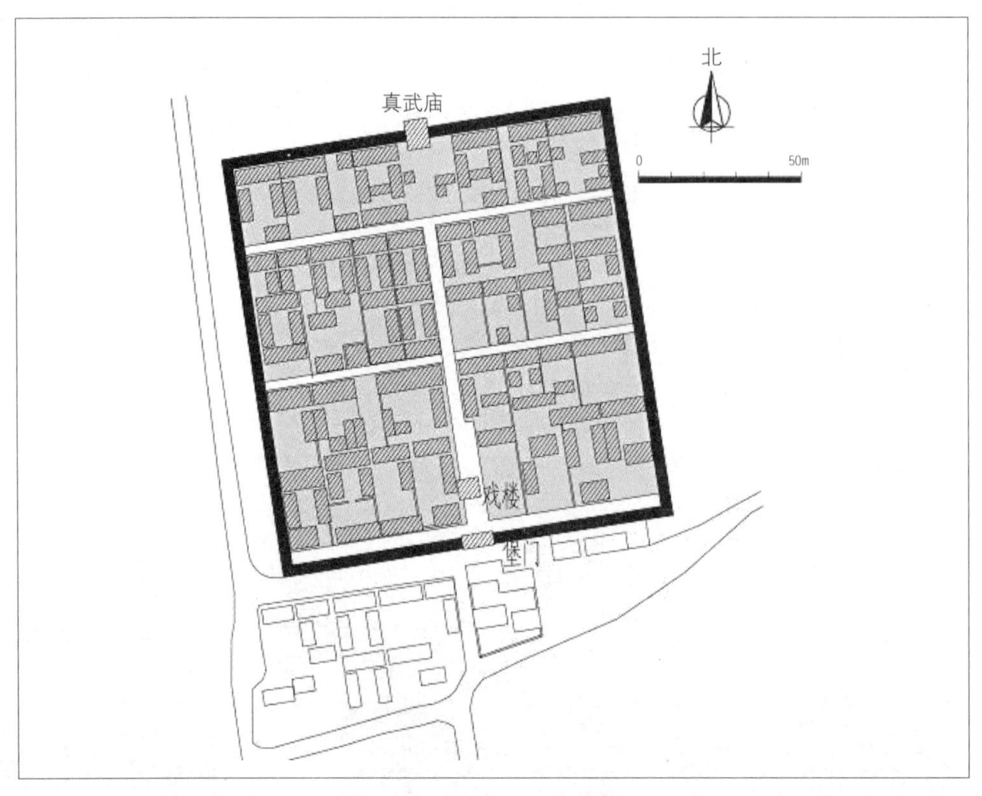

图5-18　宋家庄平面图
（图片来源：自绘）

从戏楼望堡门

南北主街

戏楼构造

门楼

从门楼望戏楼

民居

图5-19　宋家庄
（图片来源：课题组拍摄）

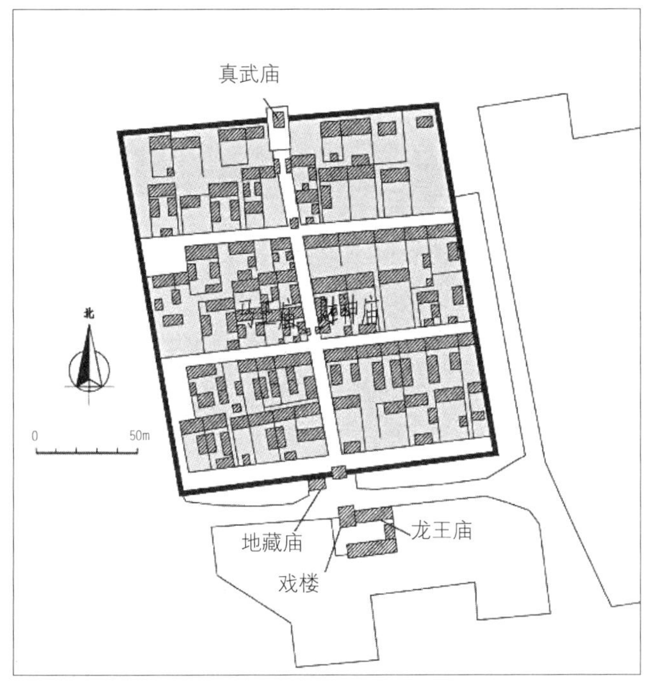

图5-20　北方城平面图
（图片来源：自绘）

北面的堡墙。由正街登上三层台地的台阶，由下至上分别为7步、13步、23步三段。真武庙成为村落空间序列上的高潮地位（图5-20、图5-21）。

3. 小饮马泉

小饮马泉位于南留庄镇驻地东南偏北4.6公里处，属丘陵区。村西、南均有沙河，地势平坦，为黏土质。有918人，均为汉族，耕地3012亩。明嘉靖五年（1526年）建村。因此地有泉水，人们常来饮马，故取名饮马泉。后成两村，遂据村之大小，该村取名为小饮马泉。

小饮马泉平面为方形，边长约100米。堡墙保留较好，残高约7米，四角残留角楼墩台。村堡设南门，其上门楼已毁。堡内南北向主街约4米宽，西向有三

主街

真武庙

戏楼

堡门

马神庙

地藏庙

图5-21　北方城
（图片来源：课题组拍摄）

道约3米宽的小巷，东向有二道约3米宽的小巷。堡门外正对影壁，其后为戏楼，东侧为龙王庙。戏楼为三开间，两进深，卷棚屋面。堡内主街北为真武庙。真武庙坐落于高台之上，并突出北面的堡墙（图5-22、图5-23）。

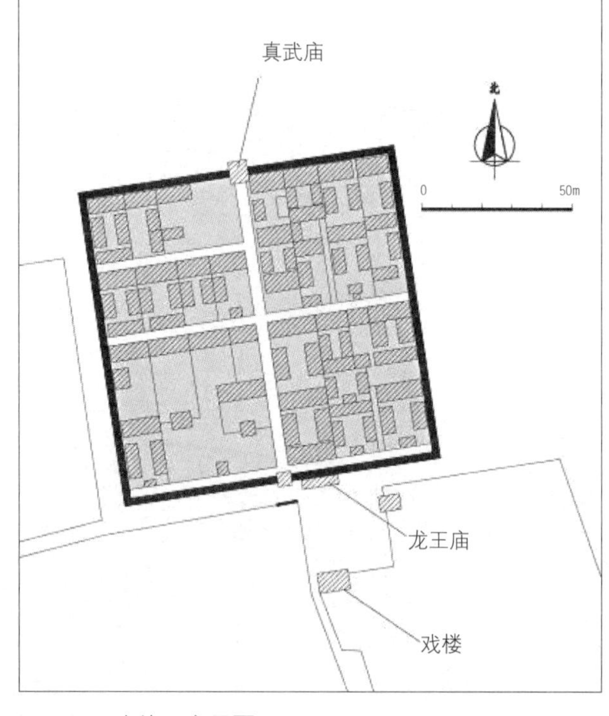

图5-22 小饮马泉平面
（图片来源：自绘）

三、村堡组合布局特征

蔚县古村堡中，堡套堡、堡接堡、堡靠堡、堡连着堡的村落比比皆是，形态各异。从建造年代上看，可以将其分为早期古村堡、中期古村堡和晚期古村堡。

明代之前的村堡平面大多呈不规则形，堡墙上没有马面，四角亦无敌楼，堡墙封顶狭窄，行人不便，也很少有堡门楼，这一时期的村堡可称为早期古村堡。涌泉庄镇的卜北堡是保存较好的早期古村堡之一。卜北堡位于涌泉庄南偏西，平面为不

鸟瞰

堡墙

戏楼

真武庙

主街

龙王庙

图5-23 小饮马泉
（图片来源：课题组拍摄）

规则三角形（图5-24），其北有小涧河，南为大同通往北京的古商道。堡墙及堡门楼为明代所建，仅有一东门，位于堡墙东南角。堡内北有真武庙、武道庙，西有玉皇庙、财神庙，南为灯山楼，主路呈“P”字形。堡门外正对乐楼，其北为井神庙，南是龙王庙。现卜北堡堡墙尚有残存，民居和庙宇还有几处保留较为完好。

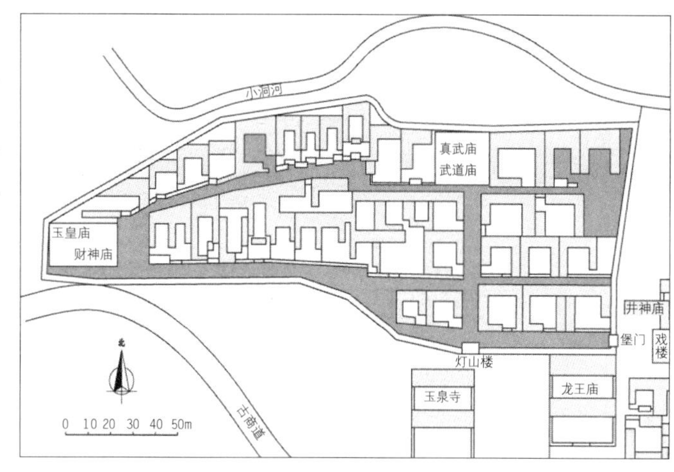

图5-24　卜北堡平面

（图片来源：改绘自卜北堡胡占所画平面）

明洪武到嘉靖年间村堡大量出现，这个时期建造的村堡可称为中期古村堡。晚期古村堡则为明末至清代形成的村堡，这一时期新建村堡较少，但村堡总体规模已经形成。中、晚期的村堡形制趋于规范，用料和建筑技术也有很大的提高。堡墙厚度加宽，马面、角楼、门楼齐全，防卫能力大大加强，而且村堡及其周围大都建有庙宇和乐楼。这一时期，堡与庙宇、乐楼的建造方位，以及堡内街巷布局、民宅基地的划分等均已定型[①]。西古堡、宋家庄、白后堡、北方城等皆是此类村堡的典型。由于年代久远，大部分的村堡城墙、角楼已毁（表5-4）。

蔚县古村堡现存状况调查统计　　表5-4

乡镇	现存堡寨数（个）	保存较好村堡	乡镇	现存堡寨数（个）	保存较好村堡
蔚州镇	3	逢驾岭、南张庄	杨庄窠乡	4	小辛留、沙涧
南留庄镇	18	小饮马泉、白中堡、水东堡、埚串堡、白河东、白宁堡、白后堡、南留庄、水西堡、白南场	涌泉庄乡	11	西陈家涧、阎家寨、北方城、卜北堡、任家涧、辛庄、崔家寨
宋家庄乡	17	吕家庄、陈家庄、宋家庄、上苏庄、大固城、小探口、刑家庄	黄梅乡	8	安定县、黑埚、木井、东吕家庄、下康庄、榆涧
下宫村乡	19	浮图村、苏邵堡、苏宫堡	白乐镇	7	南柳枝水、天照町
暖泉镇	3	西古堡	桃花镇	12	赤崖堡、镇内六村
南岭庄乡	5	李家浅、吴家浅、西方城、南岭庄、北岭庄	北水泉镇	7	北马圈、北水泉、南柏山、北白山、杨庄、东窑子头
白草村乡	4	大酒务头、西户庄	吉家庄镇	4	大蔡庄、后上营、小辛柳、红桥
阳眷镇	2	西堡	北洗冀乡	1	穆家庄

① 张子儒. 蔚县泥河湾历史文化研究会第一次会交流论文《蔚县古城堡觅踪》，2004.

续表

乡镇	现存堡寨数（个）	保存较好村堡	乡镇	现存堡寨数（个）	保存较好村堡
西合营镇	6	横涧村、北留庄、西合营	陈家洼乡	2	白马神
柏树乡	4	庄克村、永宁寨、西高庄	王庄子乡	1	大张庄
祁家皂乡	4	海子洼、小枣堡、	常宁乡	2	范家庄、庄窠堡
代王城镇	7	张中堡、水北村、镇内3堡	南杨庄乡	4	西北江、牛大人庄
白草窑乡	1	白草窑	岔道镇	2	大宁、黑石岭堡

村堡组合的布局形式可以分为以下几类："品"字形布局，"吕"字形布局，"日"字形布局，"回"字形布局。"品"字形、"吕"字形布局是指堡靠堡的情况；"日"字形布局是堡连堡的情况；"回"字形布局是堡中堡的情况。当然还有其他一些类型，如一村多堡、不规则布局等。很多村堡之间的布局开始于一个堡，随着人口增加而建成多堡，随着商贸发展而建集成镇。于是便出现了南堡再建北堡，东堡再建西堡，也有分建前、中、后三堡的。由此出现多堡成镇，形成了桃花堡、吉家庄等八大集镇。

从单体布局上讲，有不规则形和规则形两种。不规则形前已提及，不再赘述。规则形村堡，平面基本为方形或长方形。堡大者，边有二百余米；小者，边仅四五十米。堡大都正南设一堡门，正北为避凶镇邪的"真武庙"或"玉皇阁"；堡门口对面有影壁墙，旁有乐楼，而乐楼也必与庙宇相对。村堡不论规模大小，开设一南门者居多，设有东西两门或南北两门的亦有之。堡内道路规律明显，往往由一条主干道及与之相垂直的次干道组成。故按照路网的不同，蔚县村堡又可细分为"十"字形路网村堡、"王"字形路网村堡、"丰"字形路网村堡、梯形路网村堡。

村堡之分类详见表5-5。

蔚县古村堡分类表　　表5-5

布局形式	分类		实例	备注
群体布局	"品"字形		埚串堡、埚郭堡、岔涧堡	
	"吕"字形		卜南堡、卜北堡	
	"日"字形		千字村	
	"回"字形		横涧堡	
	其他		暖泉镇、桃花镇	多堡成镇
道路结构	不规则形		卜北堡	
	规则形	"十"字形路网	西古堡、司家洼堡	
		"王"字形路网	北方城	
		"丰"字形路网	西辛庄堡	
		梯形路网	南方城	
		其他	北留庄堡（成Y形）	

总之，通过分析可以进一步揭示整体或局部地区的社会变化和治安状况。蔚县地区除保存有大量村堡聚落外，还有丰富的以庙宇、戏楼为依托的壁画艺术、庙会和戏曲文化，所有这些都是中华文化宝库的一部分。防御性聚落的内部结构和构成要素基本反映了当地内部社区的社会组织结构，社区人们的经济状况、生活习俗等诸多社会经济文化信息也蕴含其中。

第三节　村堡的形态特点（一）——多堡城镇与“里坊制”城市

里坊制度承传于西周时期的闾里制度，是中国古代主要的城市和乡村规划的基本单位与居住管理制度的复合体。西周以来的城市内部大都由方格网道路划分。每一方格为一“里”，四周环以墙垣，内部街巷两侧为民宅，同时有一定的编户和管理机构。据贺业矩先生考证，城市改“里”称“坊”始自北魏平城，隋初正式以“坊”代“里”。这时期城中的“市”也是集中封闭的，称为“坊市”。到了北宋中叶，里坊由封闭变成开敞，坊市也被打破。宋以后的许多城市中虽然还保留坊的区划单位，但已失去了原来的管理职能，坊墙亦不存在了。然而，类似的居住形态和管理制度并没有因此而销声匿迹，尤其在一些偏远的小城或乡村聚落还发挥着它的职能，“堡”或许正是这种类似里坊的居住形态的遗存①。

堡是环壕向古代城市演变过程中的过渡形态。堡的发展大体上可分为两种：一是范围的不断扩大，发展为城市；二是堡的自我复制，逐渐演变成现存的堡寨。现存的堡寨是动乱时代的产物，广泛存在于全国各地，尤其是北方地区，如山西、陕西、河北、河南、甘肃等省。堡寨的组成形态多种多样，多堡城镇就是其中的一种。

一、多堡城镇及其特点

河北、山西、河南等地是多堡城镇遗存较多的地区。其中仅河北蔚县就有八镇属此类型，分别是暖泉镇、代王城镇、白乐镇、西合营镇、吉家庄镇、桃花堡镇、北水泉镇、白草窑镇等；山西灵石的静升镇、平遥的段村以及河南的禹州市神垕镇、兰考县堌阳镇、鄢陵县陶城镇、鲁山县下汤镇亦属此种类型。

山西灵石静升镇由九沟、八堡、十八街巷组成，且静升河穿镇而过。八个堡大多由豪族兴建，因此堡的周围多建有祠堂，这与其他集镇不尽相同，但其形制则与一般村堡无太大殊异。静升镇的堡平面呈方形或长方形，大多设一门，内部道路系统规则。另外，现存大大小小的店铺、典当行、估衣店、水井、石板小路、戏台等则反映出了当年静升镇市贸经济的繁荣。

山西的段村位于平遥南10公里处，是由六座堡组成的集镇聚落。这六座堡按修建顺序依次为凤凰堡（旧堡）、石头坡堡、南新堡、和熏堡（八角楼堡）、永庆堡（照壁堡）和北新堡。段村地势南高北低，村西有一条小河，河对面建有河

---

① 张玉坤，宋昆．山西平遥的“堡”与里坊制度的探析．建筑学报，1996，(4).

神庙。村中东西向主街为商业街，原有比邻而建的许多店铺；此外还分布有段家祠堂、张家祠堂、南寺庙宇群等。村堡的平面呈方形或者因地形而变成不规则形，堡设一门或二门；街巷空间多呈“王”或“丰”字形，道路系统规则，并有当年里人组织建设的记载。据学者考证，段村六堡已具有里坊制的特征①（图5-25～图5-27）。

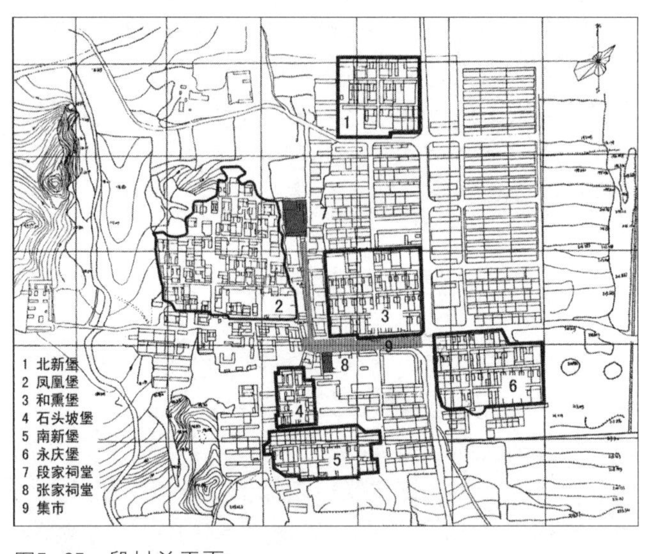

图5-25 段村总平面

（图片来源：宋昆. 平遥古城与民居. 天津大学出版社，2000.）

河南的禹州市神垕镇、兰考县堌阳镇、郏陵县陶城镇、鲁山县下汤镇等也是典型的多堡集镇。

图5-26 段村和熏堡

（图片来源：课题组拍摄）

图5-27 段村凤凰堡

（图片来源：课题组拍摄）

禹州市神垕古镇形成于唐宋时期，以陶瓷业著称。古镇由东、西、南、北四座村堡和红石桥、关帝庙以及古商业街组成。

兰考县堌阳镇由一城一寨以及商业街组成。解放前堌阳镇是兰考县县城旧址，在清朝乾隆四十三年（1778年），原考成县城被黄河水淹没，迁县城于堌阳集，乾隆四十九年（1784年）县城建成。堌阳是鲁西南交通要道上的较大集镇，具有一定的战略地位（图5-28）。

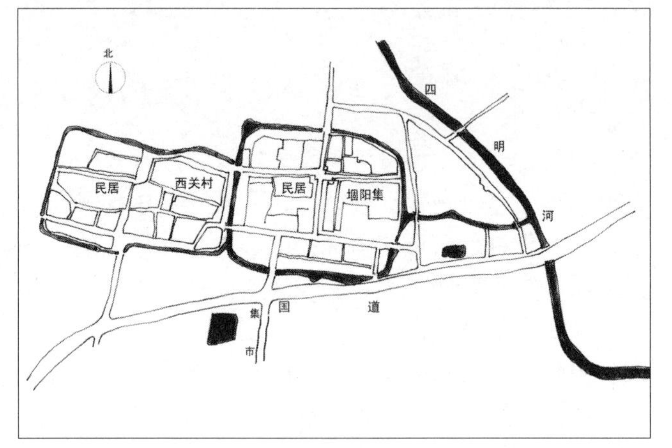

图5-28 堌阳镇

（图片来源：郑东军，张玉坤. 河南地区传统聚落与堡寨建筑. 建筑师，115.）

纵观上述现存堡寨的情况，可以总结出多堡城镇的一些特点：首先，多堡城镇大多形成于交通要道和资源丰富的地方，经济较为发达，“市”已经形成；其次，多堡的汇集使堡由个

① 宋昆. 平遥古城与民居. 天津大学出版社，2000.

体防御转变为协同防御，同时由于“市”的存在，形成了共同利益区，因此，堡开始向共同防御方向发展；第三，堡与堡之间是平等的关系，只有堌阳镇具有了控制与被控制的关系。

二、里坊制城市形成过程分析

从总体上看，多堡城镇的组成形态及历史演进与里坊制城市的型制和形成过程十分相似，为弄清二者的关系，尚需对里坊制城市的形成加以探讨。

环壕聚落向堡寨聚落的演进是随着私有制的产生、原始聚落内部和聚落之间出现等级分化以及筑城技术的进步而出现的。剩余产品和私有观念使聚落内部出现了统治阶级和被统治阶级，聚落之间产生了中心聚落和普通聚落。它们之间的关系是控制与被控制的关系。而后，随着筑城技术的发展，中心聚落逐渐演变为中心城堡，普通聚落则成为一般城堡。当然，在演进过程中中心城堡与一般城堡由于实力的此消彼长也可能发生相互转化。这一时期的社会性质应属于摩尔根所称的“高级野蛮社会”范畴，是父系氏族社会向奴隶制社会过渡的时期。

（一）中心城堡的演进

中心城堡是统治阶层居住的政治中心，也是部落或部落联盟的统治中心。它不是一个自给自足的经济实体，而是具有很强依赖性的实体，在其周围存在着一些普通聚落或一般城堡来支撑它的正常运转，众多的考古发现证实了这一点。西山古城址位于郑州市北郊23公里处的古荥镇孙庄村西。该遗址南北长350余米，东西宽300余米，总面积10余万平方米，其年代距今5450～4970年间，属仰韶文化晚期。据考古学家认定，西山古城为郑州地区仰韶文化秦王类型聚落群的中心要邑。它东距大河村遗址约17公里，西距青苔遗址约12公里，点军台遗址约9公里，秦王寨遗址约17公里，南距后庄王遗址约6公里，陈庄遗址约15公里，还有郑州市区的须水乡白庄、沟赵乡张五寨、杜寨等都距西山城址不远，其时代均属于仰韶文化晚期的秦王寨类型（图5-29）。此外，淮阳平粮台遗址、登封王城岗遗址等也都是中心城堡（图5-30、图5-31）。

随着历史的发展、重要性的增加、人口的不断增长，中心城堡的规模开始扩

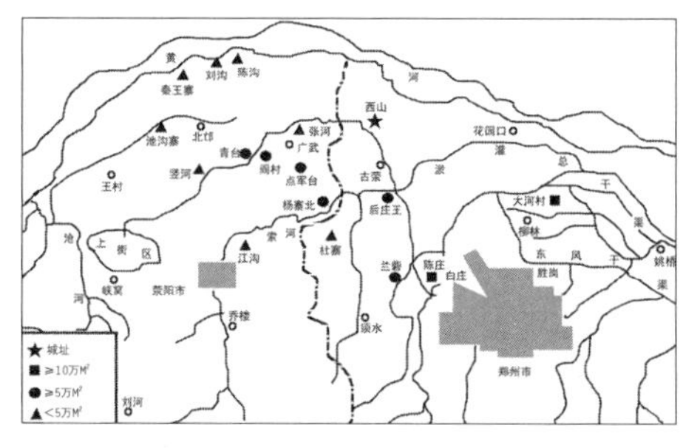

图5-29　郑州西山遗址
（图片来源：马世之. 中国史前古城. 湖北教育出版，2002.）

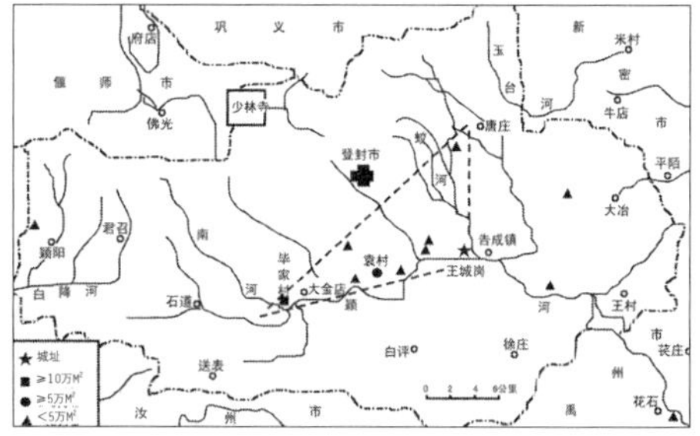

图5-30　登封王城岗遗址
（图片来源：马世之. 中国史前古城. 湖北教育出版，2002.）

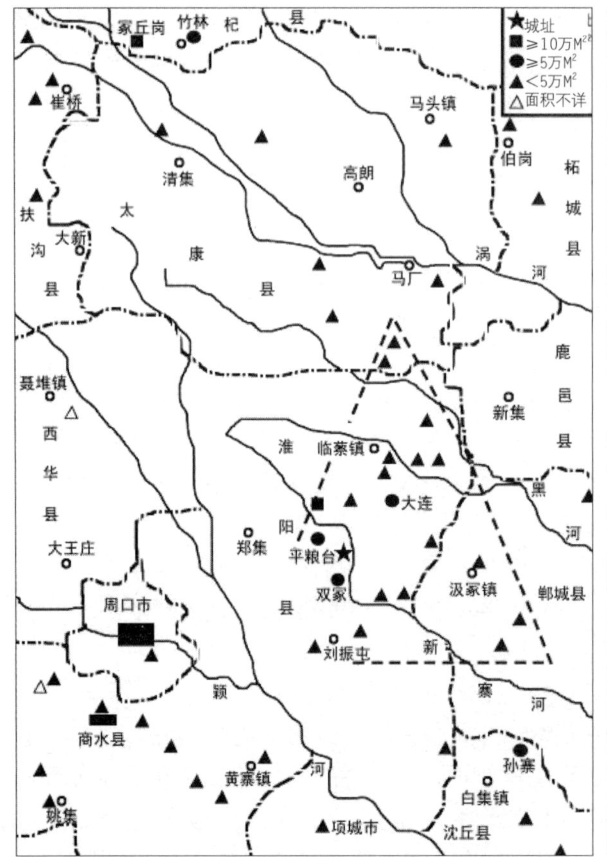

图5-31 淮阳平粮台遗址
（图片来源：马世之. 中国史前古城. 湖北教育出版，2002.）

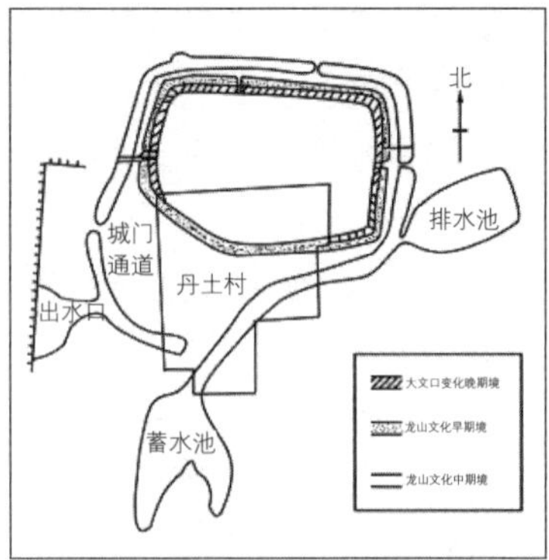

图5-32 五莲丹土村遗址
（图片来源：马世之. 中国史前古城. 湖北教育出版，2002.）

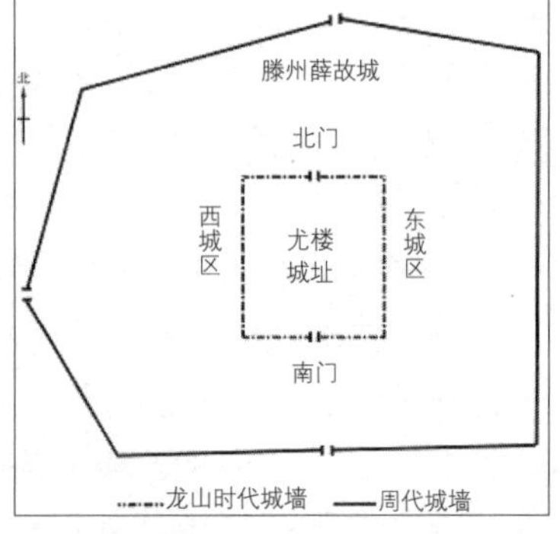

图5-33 滕州尤楼村遗址
（图片来源：马世之. 中国史前古城. 湖北教育出版，2002.）

大，并向两个方向发展：一是规模的直接扩大，如五莲丹土村遗址、腾州尤楼村遗址（图5-32、图5-33），其中有的产生了内外城结构，如连云港藤花落遗址（图5-34）；二是与一般城堡联合集中，如茌平教场铺古城群、阳谷景阳冈古城群。另外，中心城堡与一般城堡的距离明显缩短，如茌平教场铺古城群之间的距离大多在3～6公里内（图5-35）。

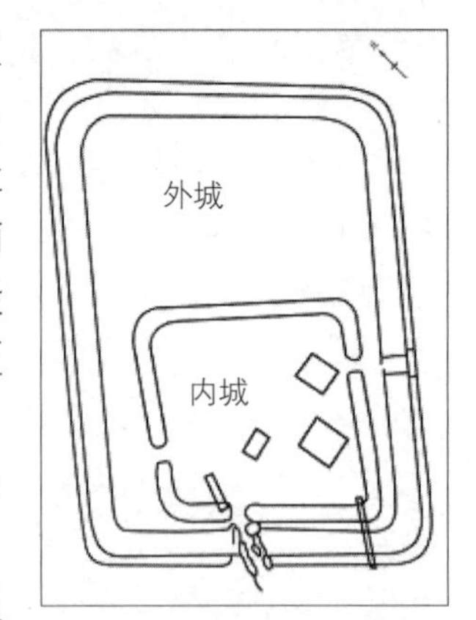

图5-34 连云港藤花落遗址
（图片来源：马世之. 中国史前古城. 湖北教育出版，2002.）

进入奴隶制社会后，部落和部落联盟逐渐演变为大小城邦，亦即称为“国”，一般城堡则依附于“国”，成为它的“鄙邑”。上述中心城堡的演变则反映出各级奴隶主统治据点“国”的发展情况。我国奴隶制国家推行的是宗法分封制，形成了以王城为全国政治中心、诸侯城为次中心、采邑城为基层中心的布局，并最终形成了三级城邦体制，即王城、诸侯城、采邑城。城的等级分化说明了中心城堡的演进是由简单到复杂的发展过程，也反映了内部组织结构的复杂化。

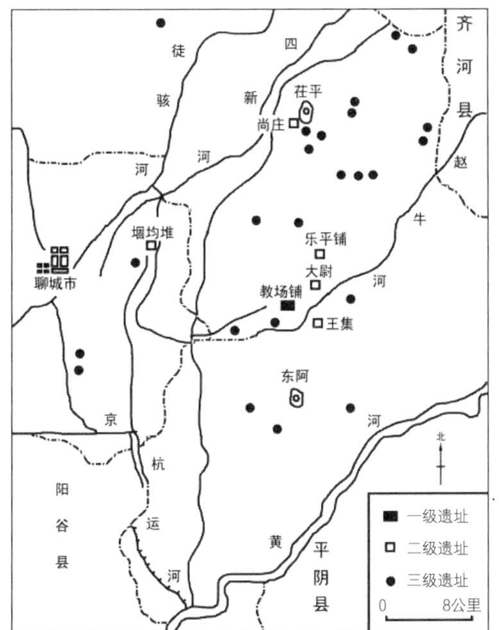

图5-35　茌平教场铺古城群
（图片来源：马世之. 中国史前古城. 湖北教育出版，2002.）

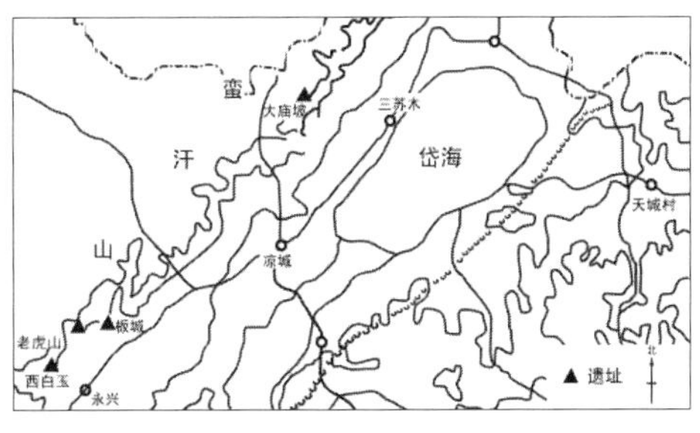

图5-36　内蒙古岱海周围古城群
（图片来源：马世之. 中国史前古城. 湖北教育出版，2002.）

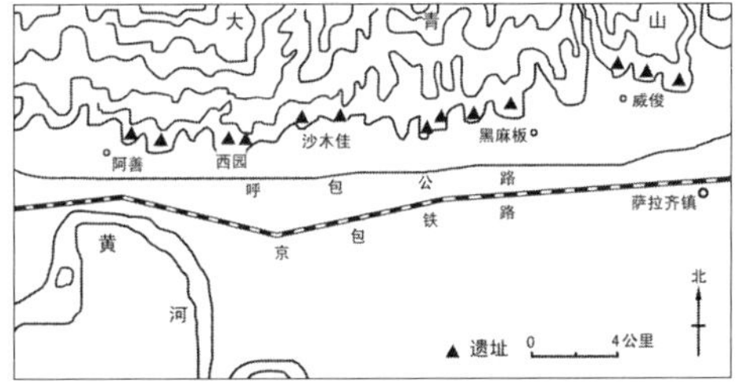

图5-37　包头大青山南麓古城群
（图片来源：马世之，中国史前古城. 湖北教育出版，2002.）

（二）一般城堡的演进

一般城堡的居民大多是以血缘为单位的氏族集团或是以提供专业服务的人群组成。一般城堡中有的邻近中心城堡而成为受其控制的食物、原料、甚至劳动力的供应地，有的远离中心城堡而单独存在。

邻近政治中心的一般城堡在发展过程中由于中心城堡的控制力加强，使其逐渐向中心城堡靠拢，并最终成为中心城堡的组成部分，例如上文所讲的茌平教场铺古城群、阳谷景阳冈古城群等。它与中心城堡之间的被控制与控制的关系是里坊制城市的形态原型。

远离政治中心的一般城堡有两条发展路线：其一是从堡到堡——城堡自身的不断复制，现存的村堡则是这种城堡的再现；其二是一般城堡的聚集。由于人口的不断膨胀、自然资源的共享，一般城堡在不断扩大的过程中体现了一定的聚群性。据考古资料：在岱海周围、包头大青山南麓，以及准格尔与清水河之间南下黄河两岸，形成三大城址群，每隔5公里左右，便有一座古城址。

古城聚落有以个体城址出现的，也有成组出现的。在包头地区有2～3个城址为成组群体；威俊遗址在邻近台地上有3座小城址；阿善遗址和莎木佳遗址在相邻的台地上各有2座小城址。据考古学家分析，每组城址可能是一个有亲缘关系的社会单位，且并无功能主次之分（图5-36、图5-37）。值得一提的是：这类城堡在演进过程中，由于生产资料分配的不均匀性，必然导致某些城堡转变为中心城堡，从而进一步使其他的城堡向其聚集（表5-6）。

一般城堡作为依附于“国”的“邑”，并无政治中心的作用，只是设防的城堡式聚落而已，这种聚落形式进一步演变为“里”，成为聚落组织的基本单位。

史前古城演化分类表　　表5-6

史前古城遗址	时间	尺寸	周围聚落分布情况	性质	备注
郑州西山遗址	仰韶时代晚期	平面近似圆形直径180米	西山古城位于郑州地区仰韶文化秦王聚落群的中部，周围有大河村遗址、青台遗址、点军台遗址、秦王寨遗址、后庄王遗址、陈庄遗址等	中心城堡	图5-29
淮阳平粮台遗址	龙山文化时期	平面呈方形，长宽各185米	附近分布着许多龙山文化遗址，除南面的双家规模稍大外，其余遗址面积均较小，大约在数千至2万平方米之间	中心城堡	图5-31
登封王城岗遗址	龙山文化时期	有东西并列的两座小城组成，两城隔一墙而连属	西侧不远，有一同时代的八方遗址。据考古学家分析王城岗城堡内居住的可能是统治阶层，而城外八方遗址可能是一般民众；此外，王城岗附近还分布有毕家村、袁村等许多龙山文化遗址	中心城堡	图5-30
五莲丹土村遗址	大汶口文化晚期、龙山文化早期、中期	三个时期：①东西长400米，南北宽300米；②450米，300米；③500米，400米	东南至日照两城遗址约4.5公里	中心城堡不断扩大	图5-32
腾州尤楼村遗址	龙山文化时期	东西约170米，南北约150米	位于西周春秋时期的薛故城中部宫城下层	中心城堡不断扩大	图5-33
连云港藤花落遗址	龙山文化时期	内城：南北207～209米，东西190～200米；外城：南北435米，东西325米	连云港藤花落遗址坐落于南、北云台间的冲积平原上	中心城堡不断扩大，出现内外城结构	图5-34
茌平教场铺古城群	龙山文化时期	包括茌平教场铺、大尉、乐平铺、尚庄、东阿王集等五处古城址	教场铺龙山城及其龙山文化城址群，地处冀鲁豫接壤地带；教场铺周围分布若干中小型聚落遗址，表明该城址是一处中心城堡聚落，其余为一般城堡	中心城堡与一般城堡的聚集	图5-35
阳谷景阳冈古城群	龙山文化时期	包括景阳冈、王家庄、皇家家三处古城址	以景阳冈为中心的城址群是南组，它同以教场为中心的北组城址群南北对应，成组出现在古济水西岸，它们具有如下特征：①都有一座较大的中心城址；②中心城址周围有若干小城；③周围龙山文化遗址不多，反映出人口向城邑集中的现象	中心城堡与一般城堡的聚集	
内蒙古岱海周围古城群	距今4500～4300年间	包括老虎山、西白玉、板城、大庙坡四处古城址	岱海是内蒙古高原上最大的淡水湖之一。岱海古城群分布于蛮汗山南麓向阳避风坡地上，面向岱海及与岱海相连的开阔盆地	一般城堡的聚集	图5-36

续表

史前古城遗址	时间	尺寸	周围聚落分布情况	性质	备注
包头大青山南麓古城群	距今4700~4300年间	包括阿善、西园、莎木佳、黑麻板、威俊、纳太等	大青山南麓石城群位于包头市东大青山西段南麓台地上，这一带城址密集，每隔5公里左右就有一处，且往往成组布置	一般城堡的聚集	图5-37
内蒙古南下黄河沿岸古城群	距今约5000~4300年间	包括白草塔、寨子圪旦、寨子塔、寨子上、小沙湾、二里半、后城嘴、马路塔、石摞摞山等	古城群聚落多分布于黄河岸边高台地上，这些城址的年代相差较远：白草塔、寨子圪旦距今约5000年，寨子塔、寨子上、小沙湾、二里半、后城嘴距今约4700年，马路塔、石摞摞山距今约4300年	一般城堡的聚集	

（资料来源：马世之.中国史前古城.湖北教育出版社，2002.）

（三）里坊制城市的形成

伴随着统治阶级机构的逐渐增大，中心城堡对一般城堡的控制力不断加强，与此同时，一般城堡向中心城堡的集中更加明显。重点对外防御性的中心城堡逐渐发展为不仅对外具有防御性作用，而且对内也具有军事、政治中心职能的都城。

在堡逐渐集中，并向城市发展的过程中，井田制形成。井田制是奴隶社会土地所有制的特殊形式。由井田制生成的井田方格网系统规划方法是周代营国制度的基本方法。这种规划方法使堡有组织、有规律地纳入到城市体系中，并最终形成城市的有机部分。井田制为里坊制的形成不仅提供了建筑学层面的基础，而且提供了社会学层面的基础。“地方组织以井为本位，所谓‘八家为井，井一为邻’者，即彼时社会中政治系统之最下层，由井而上，溯之为朋、为里、为邑、为都、为师、为都、为国。”[①]可见，里坊制的政治组织形式源于井田制。这样，“原来的中心城堡转变成城市的内城；隶属于中心城堡的一般城堡变成了城内的里坊；寨门、寨墙就自然地转变为坊门、坊墙；一般城堡的居民转变为里坊内的居民；原来的社会组织逐步地变迁为适应新的聚落形态的社会组织形式”[②]。

另一方面，堡逐渐集中的时期仍处在城、市分离阶段。由于城的功能偏重于政治中心与军事堡垒的作用，因而抑制了具有经济性质的市与城邑的有机结合；另外，农产品供应的主要途径，是通过军事性的掠夺和强制性的征收完成的。因此，城邑之内无须设市。到周代，由于生产力的提高和人口的增多，手工业与商业有了较快的发展。同时，随着统治集团地域的扩大和社会经济的不断发展，统治者为使其生活更为便利和舒适，允许在“城”的城厢设“市”贸易，从而出现了“城”、“市”合一的情况。

① 闻钧天. 中国保甲制度. 上海书店，1935.
② 王鲁民，韦峰. 从中国的聚落形态演进看里坊的产生. 城市规划汇刊，2002，(2).

通过上述分析，我们可以用图5-38来表示堡向里坊制城市演进的过程。

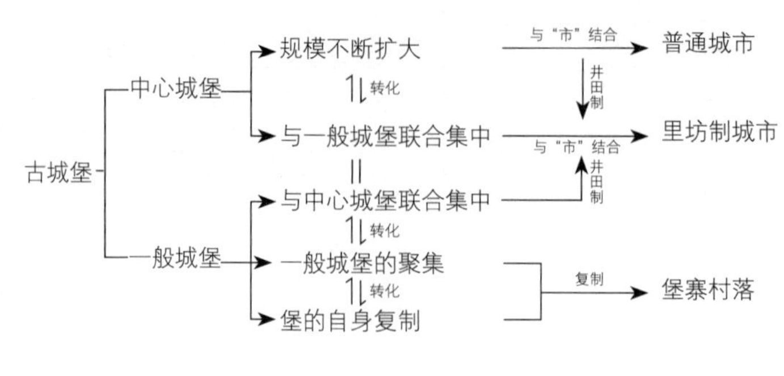

图5-38　防御性聚落演变图

（图片来源：自绘）

三、里坊制城市形成过程中堡的特点

堡在里坊制城市形成过程中起到了重要作用，是形成里坊制城市的基本原型。在演进中，堡体现出以下特征：

1．发展路线的多样性

堡在发展演进过程中，不是从始至终沿一条路线前进的，而是在大体方向一致的情况下，沿多线演进，并且彼此之间可能互相转化。这是由事物发展的多样性和复杂性决定的。

2．堡的防御性

堡最初是指集防御与居住于一体的聚落。随着它的发展演变，其防御性也是在不断变化之中的：由始于一堡的自身防御发展为多堡的协同防御，最终发展为里坊制城市的共同防御。

3．堡的聚群性和再生性

从上文中可以看出：由于社会、经济、文化等方面的影响，无论是一般城堡还是中心城堡，都表现出了一定的聚群性。这种聚群性正是堡的再生性的表现，即堡本身的自我复制。

4．相互关系的隶属性或平等性

所谓隶属性，就是指中心城堡与一般城堡控制与被控制、统治与被统治的关系，它是形成里坊制的社会学层面的关键因素。平等性是指一般城堡之间的相互依存、互无隶属的关系，这种关系体现的是里坊制城市中“坊”与“坊”之间的平等关系。

四、多堡城镇与里坊制城市比较

在分析里坊制城市形成过程的基础上，来比较它与多堡城镇的关系。首先，据张玉坤教授考证：“堡”和“里”实际上是同一种形态的不同表达方式，“里”侧重其组织管理而强调其内部结构，“堡”则侧重其防御功能而强调其外部形态[①]；第二，多堡城镇的防御性处于协同防御向共同防御的过渡状态，这与里坊制城市形成过程中堡的防御性特点极为相似；第三，多堡城镇本身就体现了堡的聚群性和再生性；第四，集镇中堡的相互关系大多是平等的关系，有的具备了高一级的相互关系——隶属关系。

通过上述比较分析，可以清楚地得出以下结论：在相似的历史背景、社会、地理等环境下，由于堡具有再生性，堡向里坊制城市发展的过程是有可能不断复制的；同时，因为历史背景、社会、地理等环境的不完全一致，这一过程也有可能在复制过程中中断。多堡城镇正是这一过程不断复制并由于环境的不同而未进一步发展的一种形态，或者说，多堡城镇正是形成里坊制城市的过渡形态。

第四节　村堡的形态特点（二）——村堡规划的模数制

村堡可以追溯至原始社会氏族聚落中无政治职能的防御型村落。这种村落与带有政治职能的中心城堡同时并存，成为古代城池和村落发展的原型。春秋时期形成的邑及唐宋时期发展出的地主庄园堡坞皆源于此。防御性聚落又与里坊制城市一脉相承。因此，在研究防御性聚落时，堡寨的规划布局是否存在与里坊制城市相似的模数制关系成为研究的重点。

一、相关研究

目前，国内对古代模数制的研究主要集中在建筑单体、建筑群体布局和城市规划三个方面。在这三个方面中，建筑单体的模数制研究最为深入，成果也比较丰富，而建筑群体布局及城市规划方面的模数制研究则相对薄弱。诸多学者对这三方面作了不懈地研究。其中，傅熹年先生利用已掌握的大量资料，于1995年展开工作，对建筑单体设计、建筑群体布局和城市规划三个方面进行了深入的分析，并得出了以下结论：（这三方面）最突出的共同特点是用模数（包括分模数、扩大模数和长度模数、面积模数）控制规划、设计，使其在规模、体量和比例上有明显或隐晦的关系，以利于在表现建筑群组、建筑物的个性的同时，仍能达到统一协调、浑然一体的整体效果。[②]

建筑单体研究的成果丰硕，此处不再详述。这里简要介绍一下傅熹年先生对城市规划、建筑群体模数制方面所作研究的内容。据傅熹年先生对几座都城的分析认为，宫城之面积大都与坊和街区之面积有模数关系，例如隋唐洛阳之大内占4坊之地，宫城、皇城面积之和占16坊之地，在面积上都和坊有联系。除都城外，中国古代的大量地方城市也有一定的模数。以唐代城市为例，唐代按户口数把州、郡、城分为三级，县城分为四级，城之规模以周长计，从20里以上至4里以下。这

① 张玉坤，宋昆．山西平遥的“堡”与里坊制度的探析．建筑学报，1996，(4)．
② 傅熹年著．中国城市建筑群布局及建筑设计方法研究．北京：中国建筑工业出版社，2001．

些城都实行市里制，按坊之尺度折合，大约相当于25坊、16坊、9坊、4坊、1坊之城，故地方城市也以坊为面积模数。较大的城以一或数坊为子城。此外，明代在北方也出现了相当多的方形城市，其布局颇似受唐宋时由4坊组成的城市的平面影响而形成的。如山东聊城在北宋初始建城，明洪武五年（1372年）改为砖城。城平面正方形，周长4500米，约合明初9.5里，规模近于4坊之城，且尚有坊内十字街之痕迹存在。这些都表明坊与城在面积上有一定模数关系。在建筑群体模数制方面，傅熹年先生分析了从陕西岐山凤雏早周甲组建筑基址到北京明清六部平面在内的各时代、各类型的建筑群，发现特大建筑群的全局用最大为方50丈的网格来控制，一般建筑群则以10丈、5丈、3丈、2丈等数种方格网来把握。另外，还发现了建筑群组布局中的通用手法——置主体建筑于建筑群地盘的几何中心（图5–39）。

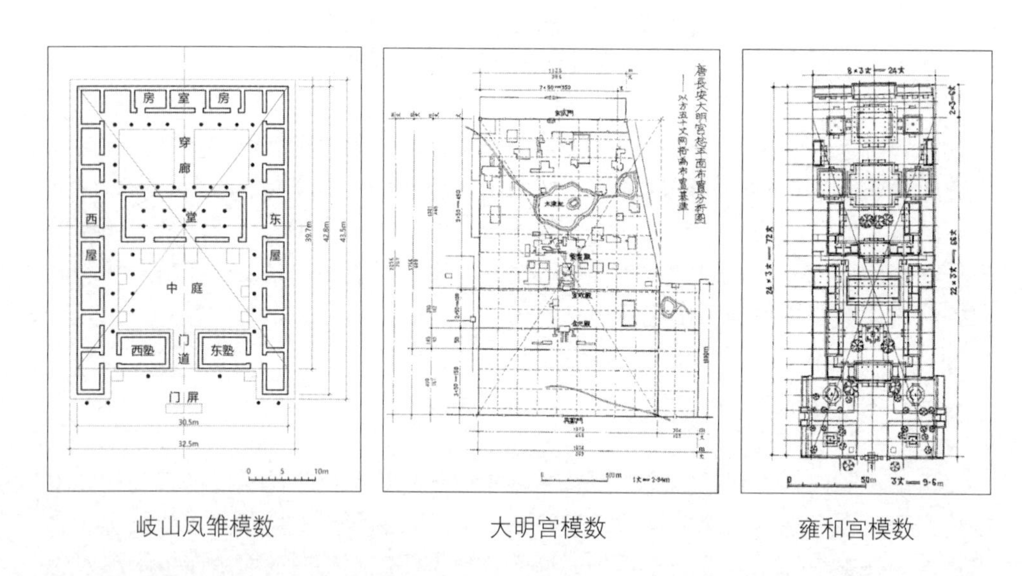

岐山凤雏模数　　大明宫模数　　雍和宫模数

图5–39　傅熹年先生分析规划数制举例

（图片来源：傅熹年著. 中国城市建筑群布局及建筑设计方法研究. 北京：中国建筑工业出版社，2001.）

明清修建的城虽已属开放的街巷制城市，但仍受唐宋时里坊制城市传统和由里坊制向街巷制转化之初所形成的矩形街区和街道网络的影响，其形式主要表现在大的街区划分和面积规模上。同样，大多建于明清的堡寨，规模虽不及城市，但其方整的平面和规则的道路系统应该也具有某种内在的模数关系，这里，笔者借鉴傅熹年先生所用的面积模数网格的研究方法来对这一问题作进一步的研究。

二、村堡规划模数制研究

研究古代堡寨规划的特点和手法，最好的实例是那些按既定规划在生地上创建的规则堡寨。通过对规则堡寨的分析，可以得出一般的堡寨规划方法，从而进一步分析不规则堡寨的形成模式。通过以下几个案例的分析，来了解堡寨内部的模数关系。

（一）基本模数假定

中国古代建筑最突出的特点之一是采取以单层房屋为主、在平面上展开的封闭式院落布置。古代房屋以间为单位，若干间并联组成一栋房屋。把一些次要房屋和门沿地盘周边面向内布置，围主体建筑于内，就形成封闭的院落。如果说由间组成的房屋是中国古代建筑的单体形式，则院落式布置就是中国古代建筑的组合形式。

古代封闭式院落一般是主建筑居中，次要建筑对称布置在两边。院落是中国古代建筑群的基本单元，大型建筑群可由若干个院落组成，或为串联或为并联。因此，在研究村堡的模数关系时，选择最基本的一进封闭院落作为研究单元。

村堡大多为方形或长方形，规模不大，边长从100米到200米不等。堡内道路结构比较规则，由一条主街及与之垂直的数条小巷组成。内部民居的一进院落，或为三间正房、三间厢房和倒座三间，或为五间正房、三间厢房、倒座五间。其面积大约为三分地或五分地。根据测量结果，最小的三分地三开间民居长宽大约为6丈×3丈，五分地五开间民居长宽大约为6丈×5丈。①

在调研中了解到，村堡的修建是由“会首”②规划路网，按出资多寡分先后选地建房，地分为三分地和五分地两种，并以此为基数，出资多者可多分，出资少者可少要。明清时期民间的量地工具大多采用丈杆，因此在量地时以丈为基本单位。故笔者取整数为假定的基本面积模数，即3丈×6丈和5丈×6丈，加以求证分析。

（二）案例分析

1．暖泉北官堡

暖泉镇是蔚县古镇中保存较好的。暖泉镇位于蔚县最西部，壶流河水库西北岸，是大同通往华北平原的军事要地。同时，暖泉又是古代重要的区域交通枢纽和经济中心。该镇是古老的张库商道（张家口到库仑）的必经之地，这使其逐渐形成商道上的贸易集散地。到明正德年间（1520年），暖泉集市已颇具规模，西市、上街、下街与河滩的草市街和米粮市共同形成古镇的露天集市，它们呈西边狭长、东边宽敞的三角形布局。

该镇镇区内有三个堡，即北官堡、西古堡、中小堡。北官堡建造年代最早，位于暖泉东北部，是明代驻军屯兵之处。城堡基本呈方形，边长有260余米。堡门高大坚固，上有歇山顶堡门楼。堡内地形复杂多样，古粮仓、古暗道分布其间。街道结构呈“王”字形（图5-40）。

北官堡三条横向街道间距大约分别为83米、64米，街巷之间的院落则为四进和三进，每一进院落平均约为21米。按明尺计算每一进院落约为6.5丈，而按清

---

① 明代量地尺：1尺＝32.7，1寸＝3.27；营造尺：1尺＝32，1寸＝3.2
清代量地尺：1尺＝34.5，1寸＝3.45；营造尺：1尺＝32，1寸＝3.2

② “会首”一词，并未在明清基层行政官职中找到，说明“会首”并非国家确认的行政管理组织成员。明黄佐《泰泉乡礼·乡社》中记载：“约正人等预行编定，凡入约者，每岁一人轮当会首”，会首主管乡社日常事务；清秦蕙田《五礼通考》云：“里社，凡各处乡村人民每里一百户内立坛一所，祀五土五谷之神，专为祈祷雨时，若五谷丰登，每岁一户轮当会首。”可见，自明代起会首已经出现，为民间自发组织形成的，作用是组织运作乡中事务。

图5-40　北官堡平面
（图片来源：自绘）

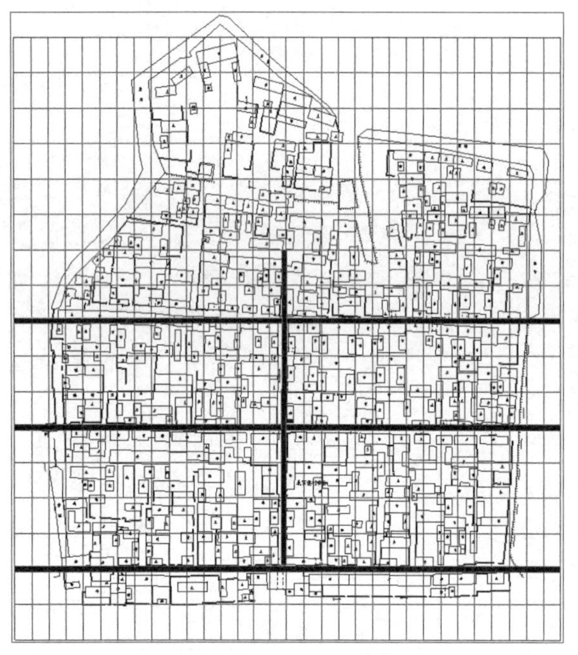

图5-41　北官堡街道平面面积模数分析图
（图片来源：自绘）

尺计算则恰好为6丈。笔者分别用明尺和清尺面积模数3丈×6丈组成的模数网分析堡内主要街道空间布局，发现用明尺面积模数并不能找到其规律，但用清尺面积模数时，堡内的主要街道基本在面积模数范围内（图5-41）。

为分析堡内院落空间布局规律，笔者选用古院落较为集中的一域为研究对象（图5-42）。每进古院落的进深虽不相同，但三进之和皆为18丈；同时，院落的面宽也有殊异，却仍有规律可循，有的院落为6丈，有的两套院落面阔9丈。以此可看出，在研究对象范围内，各户购地规模或为一亩八分地，或两户为二亩七分地，皆为3丈×6丈（三分地）面积模数的倍数；并可推断北官堡的基本格局是在清代形成的。

2．西古堡

西古堡，又称“寨堡”，位于暖泉镇的西南部。该村堡始建于明代嘉靖年间，清代顺治、康熙时期又有增建。城堡平面呈方形，边长约250米。堡墙黄土夯筑，环绕四周，高约8米，墙外凸出土筑马面，沿城墙内侧有一周“更道”。城堡门南北各一座，并有瓮城。堡内形成一条南北主街，其东西各有小巷三道，还有一眼官井。清顺治、康熙年间，在村堡南北堡门外各增建一座瓮城。瓮城平面呈方形，边长约50米。两瓮城平面形制大小基本相当，布局对称，各建有高8余米的砖券结构城堡门（图5-43、图5-44）。

堡内十字大街将堡划分为4个区，南部两区进深120余米，按清尺计算大约为36丈；北部两区进深100余米，按清尺计算大约为30丈。东西宽分别为120余米和100余米，亦为36丈、30丈。

笔者以中心坐标布置面积模数3丈×6丈的网格（图5-45）。从图中可看出西古堡各主要街道皆在模数网格上，几条南北向次道距离中心干道为15丈、24丈，都为3丈的模数。

同样，以保留较好的东南地块为研究对象，改地块内院落面宽分别为16.3米（以清尺换算大约是5丈）、21米（6丈）、21.2米（6丈）、20.4米（6丈）、20.7米（6丈）、15.3米（4丈），如果加上南北主路宽度的一半，即1丈，则除最东侧院落外，其他皆为6丈（图5-46）。

图5-42　北官堡院落平面面积模数分析图
（图片来源：自绘）

图5-43　西古堡鸟瞰
（图片来源：自拍）

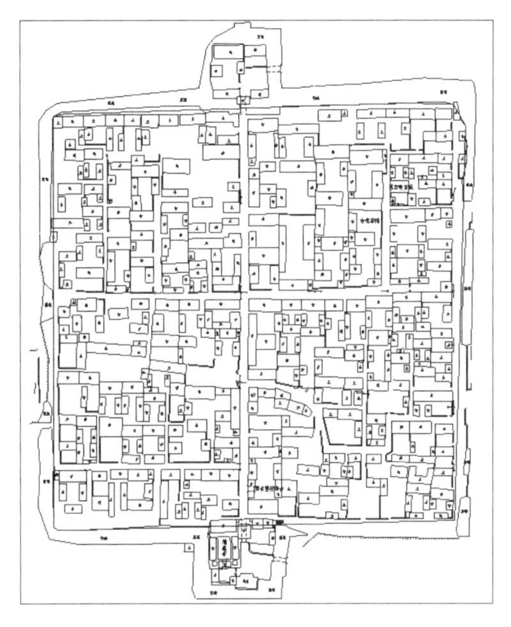

图5-44　西古堡平面
（图片来源：自绘）

3．段村和熏堡

山西的段村位于平遥南10公里处，是由六座堡组成的集镇聚落。这六座堡按修建顺序依次为凤凰堡（旧堡）、石头坡堡、南新堡、和熏堡（八角楼堡）、永庆堡（照壁堡）和北新堡。段村地势南高北低，村西有一条小河，河对面建有河神庙。村中东西向主街为商业街，原有比邻而建的许多店铺；此外还分布有段家祠堂、张家祠堂、南寺庙宇群等。村堡的平面呈方形或者因地形而变成不规则形，堡设一门或二门；街巷空间多呈“王”或“丰”字形，道路系统规则，并有当年里人组织建设的记载。

和熏堡堡墙与宅院虽破损严重，但仍保持着严整的街巷格局。此堡大门在南，南北向堡街的最北端建有三层玉皇庙，庙内石碑中记载了堡的规划设计说明：“大清雍正五年九月初四日起工建立和熏堡。共买地八十三亩，除堡外截出余地以及堡墙根脚并街道、马道占过，净落舍基地四十八亩。将此地切分为八大位，每一大位分地六亩，南北

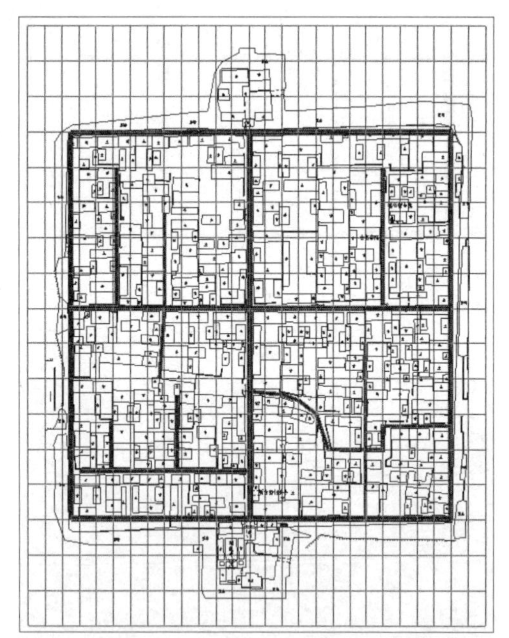

图5-45 西古堡街道平面面积模数分析图
（图片来源：自绘）

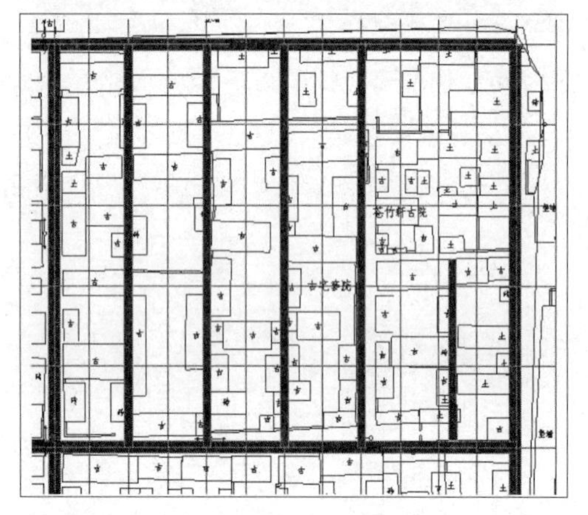

图5-46 西古堡院落平面面积模数分析图
（图片来源：自绘）

长一十二丈六尺，东西宽二十八丈八尺。堡内南北街一道，宽二丈；东西街三道，俱各宽一丈二尺；周围马道宽窄不一，流传后人，不得侵占。每一亩舍基地南北长一十二丈六尺，东西宽四丈八尺。每一亩舍基地承认粮五升八合，永垂石记。道光二十七年冬照旧石重刻。"

碑文中提到每亩舍基地南北长12.6丈，东西宽4.8丈，其中横向街道1.2丈，如南北两家分摊，则每家各6尺，那么南北两端院落进深为12丈，中间院落进深则为11.4丈。和熏堡每户院落皆为两进，平均每一进院落基地的进深为6丈和5.7丈，面宽是4.8丈，所以和熏堡大体符合5丈×6丈面积模数（图5-47）。

4．干坑村西堡

干坑村西堡设一门朝东，内为"L"形小巷。堡总长仅为80米，宽50米，是典型的一姓之家的宅院（图5-48）。

根据现有数据进行测算，西堡建造年代不详，故选用明清两代的量地尺寸进行计算。堡长约80米，明尺为24.5丈，清尺为23.2丈；宽50米，明尺为15.3丈，清尺为14.5丈。堡东西均匀分布5户，每户一进院落，如采用明尺，并考虑测量误差，长宽可近似取25丈、15丈，则每户面宽为5丈，进深若扣除街道宽度约2丈，每户为6.5丈，基本是5分地。用清尺测算，则并不符合一般的用地要求。可见，西堡的整体布局极有可能是在明代形成的。

（三）村堡规划模数制特点

古村堡修建过程中的模数制规划方式，为研究古代城市规划的思想和方法提供了一种新的思路。通过上述分析，对村堡规划的模数可得出以下特点：

1．基本面积模数

村堡之修筑，以能满足最小居住要求的基本面积模数——一进院落为单位作

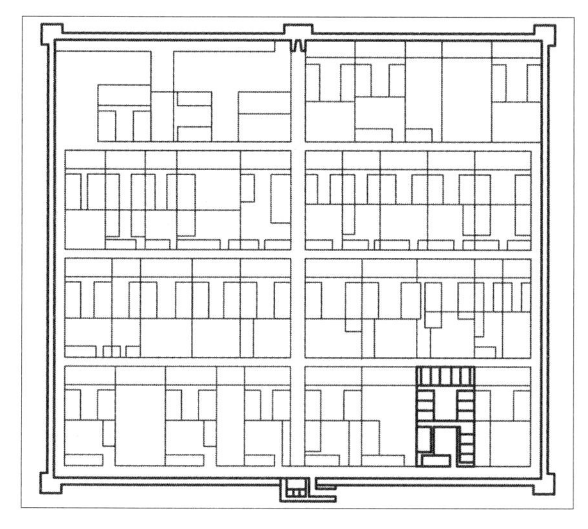

图5-47　和熏堡平面
（图片来源：宋昆．平遥古城与民居．天津大学出版社，2000．）

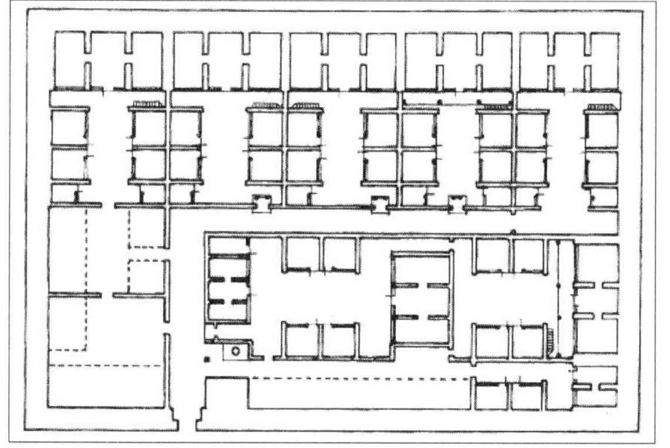

图5-48　西堡平面
（图片来源：宋昆．平遥古城与民居．天津大学出版社，2000．）

为购买单元，按出资多寡购得土地后兴建宅院。根据已有资料总结出，基本面积模数分三分地（3丈×6丈）和五分地（5丈×6丈）两种[①]。

2．面积模数的扩展

基本面积模数是村民购地时的最小单位，在实际的选地建宅过程中，村民往往根据自己的财力多少购得土地，这样就行成了基本面积模数倍数关系。

3．街巷规划方式

村堡的街道布置与其模数网格的对应，或许并非当时兴建之初规划者特意遵循的方法，但由于在用地划分上的模数关系，使街巷的布局与模数网格不谋而合。这为我们研究其他类型堡寨的生成机制提供了可以借鉴的方法。

以上是笔者根据目前所能搜集到的材料对我国古代村堡规划所做的尝试性探索。通过这个初步的探索，我们可以较有把握地说，中国古代在村堡规划方面确已形成建立在运用模数基础上的方法，其中，基本的面积模数是重要的布置原则。

目前，在城市规划、群体布局、建筑单体等模数制研究中，许多学者进行了多方面的探讨，但是在堡寨乃至传统村落方面，至今很少有人关注。一方面是由于相关资料搜集的难度较大；另一方面是由于研究方向主要局限于利用传统的聚落研究方法，注重地域之间的差异而非共性。在堡寨乃至传统村落研究中，运用模数，特别是扩大模数和模数网格，就可使在村落布局有一个较明确的共同的尺度或面积单位。由于地域的差异，这种模数和模数网格又有不同。当不同规模的建筑群或单体建筑使用不同的模数时，就会产生丰富的街巷肌理，从而形成多样化的村落布局。

① 根据现有资料总结出的基本面积模数，由于受搜集到资料的地域限制，并不能反映其他各地村堡基本面积模数的确切数值，因此这一工作将在后续研究中完成．

第五节 村堡的形态特点（三）——村堡的修建方式

村堡之修建，首先选村中一有威望之人为会首，负责找人占卜相地，所选地块须向朝廷购买；而后，夯土筑墙，并留有出入小口，筑墙之资由各家按亩收取；再次，由会首规划路网、协调关系，按出资多寡分先后选地建房，地分为三分地和五分地两种，并以此为模数，出资多者可多分，出资少者可少要，堡中空地亦可卖与他村之人；最后，待有钱之时修建门楼、角楼、庙宇等建筑。建堡后，白天耕作，仍居堡外，晚上入堡，以避匪祸。

对上文可从以下角度加以分析。

一、整体规划

蔚县村堡大多为方形或长方形，边长从100米到200米不等。堡内道路结构非常规则，由一道主街及与之垂直的数条小巷组成，当地人称之为一街几巷。这种布局方式非常类似于山西平遥段村的永庆堡、和熏堡。正如上节所述，在和熏堡玉皇庙碑文中清晰记载了堡的规划设计说明。碑文中的“买地”和路网的规划与上文所述不谋而合，而且碑文中所描述的街道尺寸与蔚县许多村堡的街道尺寸相同。可见，蔚县村堡的规划方式并非孤例。

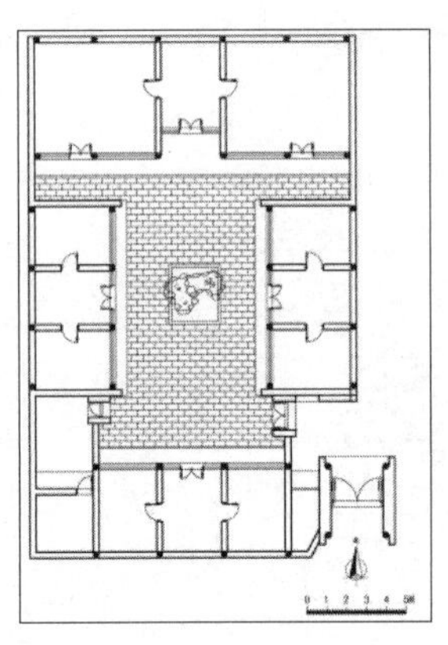

图5-49 牛大人庄周家西院
（图片来源：自绘）

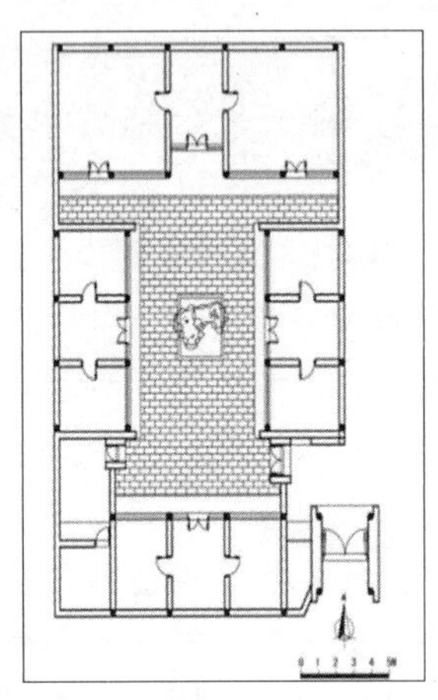

图5-50 牛大人庄145号
（图片来源：自绘）

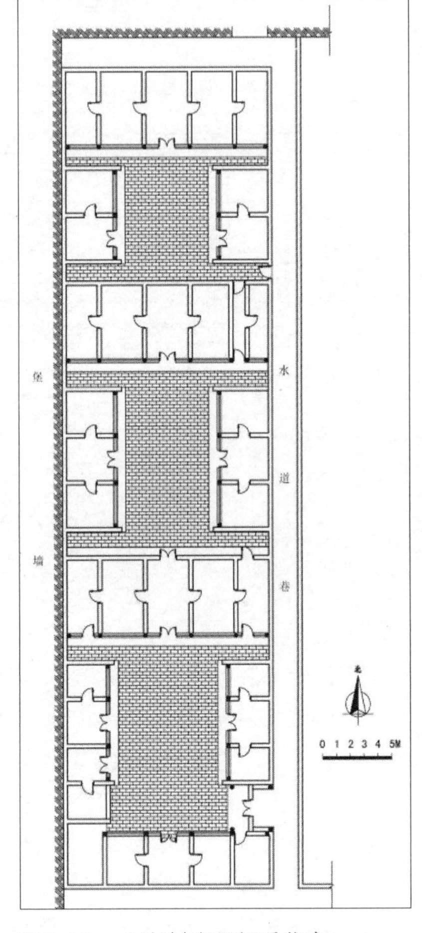

图5-51 上宫村中堡郭氏住宅
（图片来源：自绘）

另外，村堡民居的一进院落，或为三间正房、三间厢房和倒座三间，或为五间正房、三间厢房、倒座五间。其面积正如前文所述，大约为三分地或五分地，如图5-49、图5-50。其他大的宅院基本以三分地、五分地为模数衍生而成，如图5-51。其中规划的成分显而易见。

二、专人管理，多渠道集资

蔚县村堡大多为杂姓聚落，是由大部分无亲缘关系的多姓家族结成的村落，村落中有较少家族势力的宗派性。这样的村落有两个特点，一是相对开放，即对外来人口的接纳程度相对血缘宗族聚落要大得多；二是村民通过推举方式产生村务首长，多为乡绅充任，村中无宗祠而以社或庙宇为聚落中心。村落的开放决定了接受外村迁入人口的可能性，也就是说“堡中空地亦可卖与他村之人”是有可能的。村民推举出的行政首脑作为国家行政管理的基层组织成员，各朝代的称谓皆有不同。上文中所提到的“会首”一词，并未在明清基层行政官职中找到，这说明“会首”并非国家确认的行政管理组织成员。明黄佐《泰泉乡礼·乡社》中记载：“约正人等预行编定，凡入约者，每岁一人轮当会首”[①]，会首主管乡社日常事务；清秦蕙田《五礼通考》云：“里社，凡各处乡村人民每里一百户内立坛一所，祀五土五谷之神，专为祈祷雨时，若五谷丰登，每岁一户轮当会首。”[②]可见，自明代起会首已经出现，为民间自发组织形成的，作用是组织运作乡中事务。

另外，在筹措筑堡所需的大量经费方面，乡绅的作用非常重要。其财力多者可独营一堡，财力寡者可与乡民合资，民众无资者也可按亩派工。这样就形成了三种筹资形式：一是乡绅捐资，二是民众合资，三是按亩派工。[③]据杨国安先生考证，清代湖北乡村中堡寨的建设资金也是采用上述形式筹集的。蔚县大多数村堡兴建的资金来源应属于民众合资和按亩派工。雷高老人所讲述的资费按亩收取应该就是民众合资和按亩派工的一种结合形式。即有钱者按地多寡收费，少钱或无钱者则不需出资，只是将各种材料费用折算成工值然后按亩派工。

蔚县白后堡真武庙碑记记载，“嘉庆十年置苏爱元土房一所，买价大钱四万二千文……。嘉庆十四年创修香火房，……光绪十六年十月吉立，会首经领。嘉庆十五年苏云程施后涧苇地一块。道光元年苏朝忠施北涧高家湾圪塔一块……。道光三年置苏湛场院一所，买价大钱三万七千五百文，以收本村余钱二万二千六百五十四文，出锭堡门钱三千文，收树钱一十一万五千文，收布施钱三万三千一百五十文，收玄帝宫钱二万三千文，共收费一十七万零九百九十七文。又兴北庙钱一万七千文，以下余钱二千三百，去四十文挑壕所用。”从碑记中可以看出：第一，会首之称确实存在，其作用如前所述；第二，公建所需资费主要通过村民集资和征收杂费两种方式获取；第三，给出工者一定费用，说明建堡时按亩派工是有可能的。

---

① 四库全书（网路版）.
② 四库全书（网路版）.
③ 杨国安. 社会动荡与清代湖北乡村中的寨堡. 武汉大学学报（第五期），2001.

三、分期建设、逐步完善

建堡所需费用非常多，因此只有采取分期建设、逐步完善的方法才能解决这一问题。从白后堡真武庙碑记中可以证明这点：真武庙从嘉庆年间开始兴建，道光年间修建完毕，这说明真武庙为分步建设；白后堡建于明代之前，真武庙建于清代，说明堡墙与庙宇也为不同步建设。

通过以上分析可以看出，蔚县古村堡修建的过程正如雷高老人所述。村堡兴建是经过周密规划的，并设人管理。兴建之资为多渠道集资，且以村民合资为主。建堡采用分期建设的方法，同时村堡还具有一定的开放性，接纳外村人出资进堡建房。

第六节　村堡的微观表现

村堡的微观表现是当时社会、经济发展背景下形成的聚落形态具体体现。下文将着重分析村堡重要的组成部分——堡门、公共建筑群和居住建筑等。

一、堡门

为利于防守，堡寨的堡门数量一般较少。除蔚州城，由于面积较大，且性质为官城，设东、西、南三个城门外，其他民间自修的村堡多设一门或两门。

对于堡门的防御，村堡不同于军堡。军堡堡门外往往设置关城和瓮城，从而增加城池的防御层次。而村堡由于经济实力和当时筑城制度的影响，堡门外没有关城，少数堡寨有瓮城，但瓮城的规模也不及军堡。村堡多半在正对堡门之外修有庙宇或戏台，使得堡门外空间变得曲折。例如，蔚县水东堡坐北朝南，设一南堡门。堡门正对观音庙和龙王庙，相距约10米。堡门西20米处有一戏楼，坐西朝东，面朝堡门。堡门东10米左右是三神庙（财神庙、关帝庙、马王庙）。戏楼与庙宇共同围合成一个半开敞的狭长空间，行人在看见观音庙、龙王庙后，仍须绕到观音庙的前方才能看见堡门，堡外东西大街在此形成转折点（图5-52）。

堡门的修建既必须重视坚固性，又要造型美观、形象突出。蔚县村堡的堡墙大多为黄土夯筑，很少砖包，唯有堡门多为砖包夯土墙筑成。一般的村堡堡门规模较小，如白后堡，堡门高8.5米，底宽约7.8米，上宽约7.4米，其上建三开间门楼，门洞宽约3米，高约3.4米。值得一提的是堡门中间设夹层，人可钻进，战时作为辅助进攻的窗口（图5-53）。

村堡大门由两扇门板组成，每一扇宽约1.5m，高3余米，由大约10块长条木板拼成。堡门洞的地面中间通常安放一块石头，谓之“将军石”，起“把门”作用。另外，现存的城堡大门还表明，门板原先都外包铁皮，如水涧子东堡和上苏庄的堡门门板，外侧表面满布钉眼，就是铁皮脱落后留下的痕迹。[①]

① 罗德胤. 蔚县城堡村落群考察. 建筑史（第22辑）.

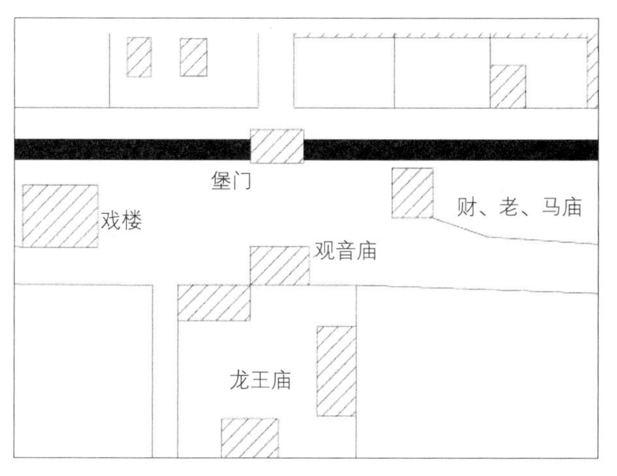

图5-52　水东堡堡门位置图
（图片来源：自绘）

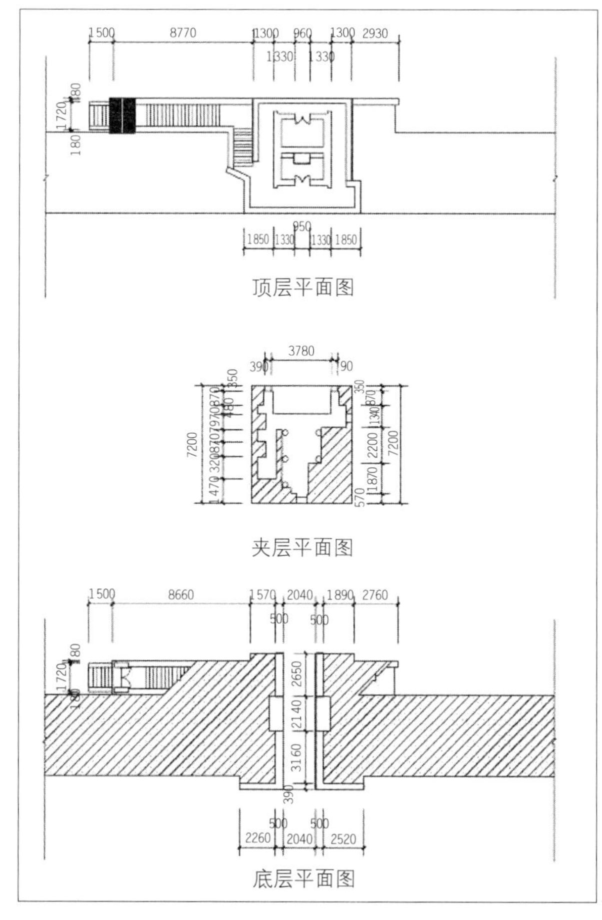

图5-53　白后堡堡门平面图
（图片来源：课题组成员绘制）

二、公共建筑群

蔚县的宗教寺庙文化非常浓厚，现存寺庙近50座，有遗迹可考的寺庙近百座。其建筑时代有元朝的建筑，完整的明、清建筑比比皆是。诸如涌泉庄乡陡涧子唐贞观遗迹、辽代南庵寺古砖塔、元代释迎寺主殿、明代玉皇阁、涌泉庄乡卜北堡玉泉寺、王振旧宅等，其建筑风格、佛雕像造、艺术壁画、木刻石雕等极其丰富。

除了佛教外，道教文化的痕迹也随处可见。基本上每个村都有真武庙、关帝庙（俗称老爷庙）、五道庙、福神庙、龙王庙等，目前存在的这些小寺庙2000余座。可见蔚县历史上佛、道教文化的发展是比较发达的。

村堡中，佛教建筑保存较好的如卜北堡的玉泉寺。卜北堡位于蔚县城西北，为明、清以来民间自修的城堡，传为明代宦官王振故里。堡门外有戏台。堡内有玉泉寺，现存正殿一座，为明前期木构，单檐庑殿前出卷棚抱厦。殿内梁架上保留有完整的明代彩画，东山墙内壁保存有大面积精美的明代壁画（图5-54、图5-55）。

真武庙是蔚县村堡中最主要的庙宇之一，其位置也相当重要，大多居于村堡中轴线的北侧。蔚县真武庙的形制较为统一，一般建于城墙或高台之上，是整个村堡的制高点。如北方城的真武庙下有三层台地，最上一层台地部分突出于北面的堡墙（图5-56）。

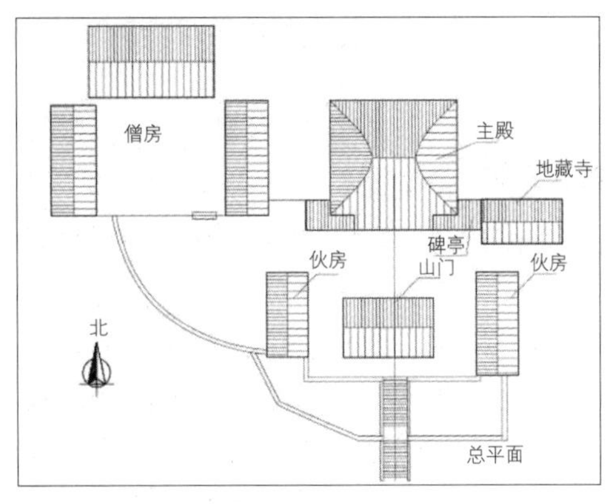

卜北堡玉泉寺

山门正立面

庑殿及山门纵剖面

卜北堡玉泉寺立、剖面

图5-54 卜北堡玉泉寺
（图片来源：课题组成员绘制）

堡门

玉泉寺正殿

正殿梁架

图5-55 卜北堡
（图片来源：由丁垚提供）

蔚县村堡的公共建筑群往往与戏楼紧密结合。戏楼是娱人与娱神的场所，它在村堡中的位置可分为五种：一是在瓮城内，如西古堡；二是在堡内主街上，如宋家庄；三是在堡门外与堡门正对，此类最为典型，如北方城；四是在堡门外，但偏于堡门，如水东堡；五是处于两道堡墙之间，如水东堡（图5-57、图5-58）。戏楼位置的不同，导致戏楼、庙宇等公共建筑不同的组合，即使组合相同又会因村民喜好与地势差异而在布局和规划上有所差别。

文庙建于元至元中期。明天顺、万历、崇祯，清顺治、康熙都进行过大规模的修葺。文庙有崇圣祠、大成殿。大成殿供奉至圣先师孔子，侍肋有先肾孟子、曾子、子思等16位。两庑分别供奉历朝先贤133位，先儒61位。文庙有各种祭祀器物849件，学宫书籍诸如《前明颁为善阳骘》1部、《五行大全》1部等经典21部，清顺治九年（1653年）定入学分大学、中学、小学。其中大学生40名，中学生30名，小学生20名。以后累朝有增。清康熙四十年（1702年）蔚州州县生童2000余人就近应试极为便利。可见文庙在当时是一所规范化的大州名校。

暖泉书院系元代工部尚书王敏所建。书院占地约2亩，院中央有一凉亭，亭前悬挂“五六月间无暑气，二三更里有书声”楹联一副。亭后有一方形水池，池水穿亭而过流入亭前八角井内，四时流畅不竭，有“水过凉亭八角井”之誉。书

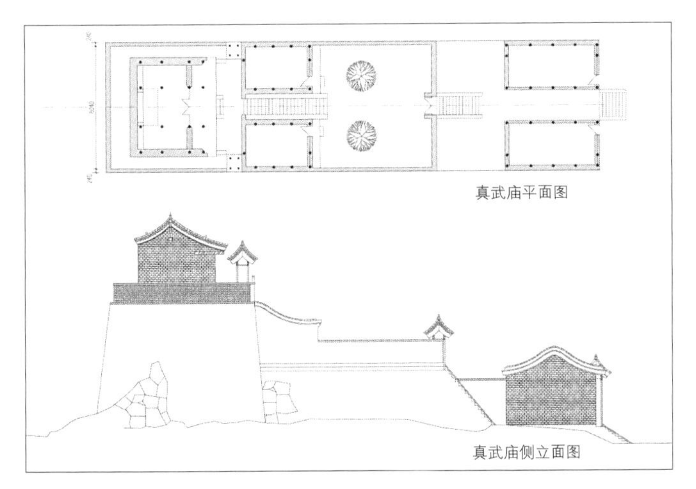

图5-56　北方城真武庙
（图片来源：课题组成员绘制）

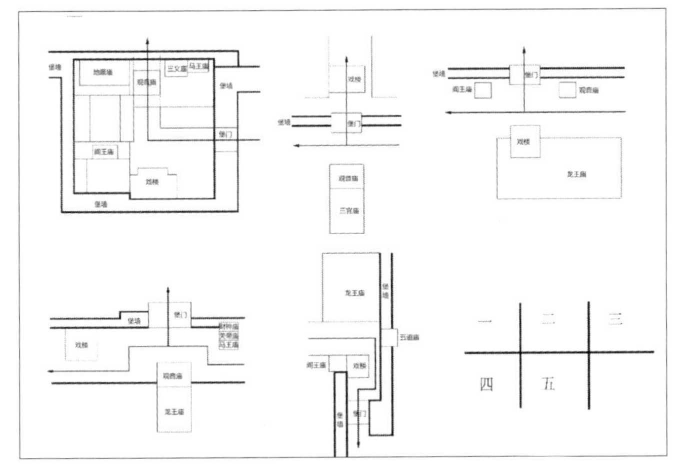

图5-57　戏楼与庙宇分布图
（图片来源：课题组成员绘制）

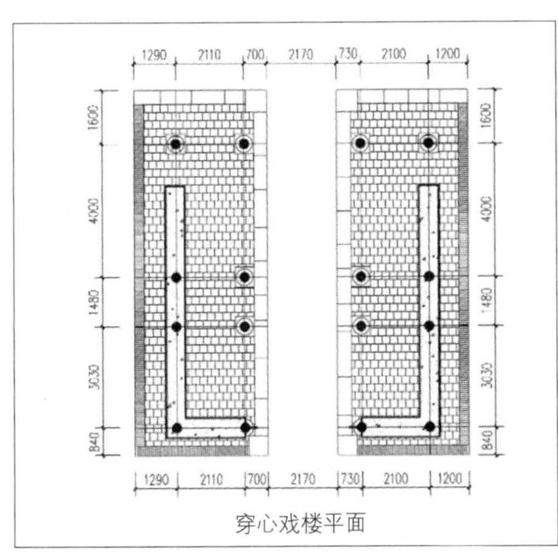

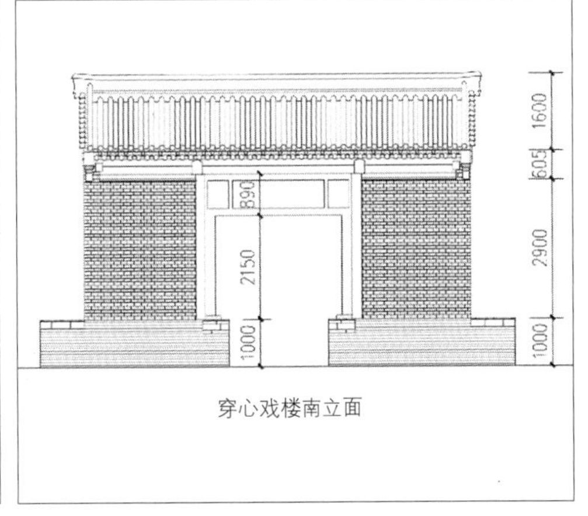

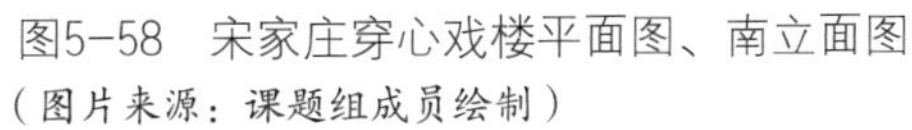

图5-58　宋家庄穿心戏楼平面图、南立面图
（图片来源：课题组成员绘制）

院东北角建有魁星楼一座，寓“御笔点元”之意。书院面对南山“岚翠欲滴，云覆霞态”，庭外“林禾森然，清气郁葱”，其治学方法沿其元代，自古就是自学吟咏的名胜书院。

蔚萝书院为清顺治八年（1651年）地方绅士与知名人士筹集资金所建、亦是一所设备齐全，讲习有方的州级学院。

文蔚书院为知州靳荣藩乾隆四十年（1775年）筹集资金创办。占地15亩，建有九处四合院、房舍100余间，有专供神童学习、住宿的“六斋”，即率性斋、修道斋、诚心斋、正义斋、崇志斋和广业斋。书院学制不定，学习方法以自学为主，教习讲学为辅。每月有月考，年终有岁考。学院存在了126年之久，“士之歌朴颂菁莪者，每出其中”。对蔚县的文化教育有重大贡献，在蔚县文化教育史上影响巨大。

另外还有明崇祯十三年（1640年）魏象枢、周之秀等人创办的玉泉书屋，清乾隆年赵家湾的武学堂，全文义塾、读书林、乡义学、暖泉社义学等。这些书院、学堂，义学在历史上培养出了无数仁人志士，为蔚县的民俗文化底蕴垫铺了浑厚的基石。

三、居住建筑

蔚县现存民宅，最早可追溯到明代，其格局为典型的四合院布局，有的则为四进套院、九连环院等，如在暖泉西古堡、宋家庄、南留庄等村堡中均出现了此类院落。

暖泉镇西古堡的民居是蔚县清代极盛时期的典范。西古堡南北堡门相距227米，形成一条主要大街，主街东西各有三条小街巷，明清时期的古民宅就坐落在这些街巷两侧。现存古式民居院落180所，其中较大的连环套院5所（亦称九连环院）、小巧规整的古四合院49所、有观赏研究价值的古民房246间。民居窗户都开向本院，对于巷不开窗。

目前居住在西古堡内的居民有243户，719人。堡内建筑规格较高的古民宅主要分布在东北、东南和西南三部分。东北部分以楼房院为主，包括张家大院、董家祠堂、苍竹轩等。其特点是布局严谨、选材考究、砖雕木刻精致，文化气氛较浓。近20所院落100多间房屋均有不同的砖镟门或平木门相连相通。东南部是九连环院，九个院落规模较大，有三处主院，还有碾房院、长工院、车马院等。西南部也有一处九连环院落，当地人称“西大院”。这处大院的特点是不但院院相通，屋屋相连，而通街通巷的大门就有7座，只是平时根据需要只开一两处而已（图5-59）。

目前，河北地区的村堡聚落大量集中在北部地区，尤其是蔚县，仍留有150多座堡寨，这是我们研究的基础所在。

总体上看，历史上河北地区防御性聚落的分布情况有以下特点；第一，以“堡”命名的村落主要分布于张家口、邯郸地区。张家口是多民族征战、融合的战略要地。邯郸是赵国故都，四省交界之地，地理位置特殊；第二，以“寨”命名的村落主要分布于河北省南部，以邯郸、邢台地区最多；第三，以“屯”命名的村落分布表现出两个特点，一是战略位置突出的地方分布广，二是古运河沿岸地区分布广泛；第四，以“营”命名的村落在河北省北部分布最多，这是明代边疆卫所防御体系的表现；第五，总体布局：河北省南部、北部地区分布最广，中西部地区次之，沿海分布较少。另外，沿运河两岸，以“屯”命名的村落分布广泛。

村堡根据规模和性质的不同，可划分为单堡村落、多堡村落、多堡城镇以及规模更大的州城。它们所表现出来的形态特点各不相同，其中最为重要的有以下两点。

第一，在相似的历史背景、社会、地理等环境下，由于堡具有再生性，堡向里坊制城市发展的过程是有可能不断复制的；同时，因为历史背景、社会、地理等环境的不完全一致，这一过程也有可能在复制过程中中断。多堡城镇正是这一过程不断复制并由于环境的不同而未进一步发展的一种形态，或者说，多堡城镇正是形成里坊制城市的过渡形态。

第二，中国古代在村堡规划方面已形成建立在运用模数基础上的方法，其中，基本面积模数是重要的布置原则。

九连环院鸟瞰

砖饰一

院落入口

砖饰二

砖饰三

九连环院剖面

图5-59　西古堡九连环院
（图片来源：课题组成员拍摄、绘制）

结　语

防御性聚落研究的建筑史学意义，在于其中国古代城市“里坊制度”的重要原型，现存中国北方地区的防御性聚落则是原型所承传延续的“乡村版本”和“活化石”。然而，在当今经济发展和社会变革的进程中，散落中国北方各地的防御性聚落遗存正处于极度衰落的状态，其所携带的丰富的历史文化信息随之逐渐消逝。由于种种原因，蕴含着丰富历史信息的防御性聚落遗存却未得到建筑史学研究的充分关注和重视，也远未进行有效合理的保护利用。

防御性聚落是复杂的系统，它的表现是防御性聚落系统运行的结果。防御性聚落是建立在物质环境基础之上的社会环境和经济环境。防御性聚落系统由影响因素和表现模式组成，其中影响因素由社会因素和自然因素组成，表现模式由宏观模式和微观模式组成。防御性聚落的影响因素决定表现模式，表现模式又反作用于影响因素。防御性聚落的发展是由影响因素的变迁造成的，随着社会由低级向高级的发展，对防御性聚落产生重要作用的影响因素会越来越多，因此，堡寨的表现模式也趋向复杂。

本书选择河北地区分布的防御性聚落作为研究对象，以实地调查为基础，结合文献考证，针对河北地区的防御性聚落的分布规律、类型分析、历史价值评估以及保护利用策略等诸方面展开探讨，对防御性聚落研究的拓展和深入，无疑具有重要的意义和价值。

一、河北防御性聚落的分布研究

聚落的发展研究是一个纷繁复杂的巨大的社会系统工程，需要大量的人力和物力，更需要协作、配合才能完成。所以，本书从整体环境到案例研究的多层次、多角度出发，就河北防御性聚落分类、分布及背景等几个方面进行讨论。文章阐述了河北地区军堡和村堡的分布，因为这两种类型的堡寨是主要存在形态。

军堡和村堡的设置及选址体现了不同的特征。军堡有以下特点：

（1）重点设防，集中与分散布置相结合。

（2）据险设堡、结合水源、控制要害。

（3）拱卫京师，层层设防。

另一方面，村堡由于现存较少，本书为了解其分布特点，对河北各市以“堡、寨、卫、所、营、屯”命名的村落进行统计。通过统计总结出以下村落布局特点：

（1）以“堡”命名的村落主要分布于张家口、邯郸地区等河北北部和南部地区。

（2）以“寨”命名的村落主要分布于河北省南部，以邯郸、邢台地区最多，这反映了这些地区地理位置的重要。

（3）以“屯”命名的村落分布表现出两个特点：一是战略位置突出的地方分

布广；二是古运河沿岸地区分布广泛。

（4）以“营”命名的村落在河北省北部分布最多，这是明代边疆卫所防御体系的表现。

（5）总体布局：河北省南部、北部地区分布最广，中西部地区次之，沿海分布较少。另外，沿运河两岸，以“屯”命名的村落分布广泛。

总之，防御性聚落的分布是古代社会政府与民间设防布局的体现，它反映了明、清以来各军事要地的驻防情况，是研究堡寨深层次文化内涵的基础。

二、防御性聚落模数制研究的意义

将模数制研究纳入到防御性聚落的研究中是本书的创新点之一。模数在我国古代建筑中很早就已采用。宋代《营造法式》就明确规定了建筑以材为基本单位的模数关系；清代则将斗口作为基本模数。在建筑群布局和城市规划中，傅熹年先生研究得出了以下结论：古代社会用模数（包括分模数、扩大模数和长度模数、面积模数）控制规划、设计，使其在规模、体量和比例上有明显或隐晦的关系，以利于在表现建筑群组、建筑物的个性的同时，仍能达到统一协调、浑然一体的整体效果。

本书利用面积模数的方法，以单一院落为基本研究单位分析了传统防御性聚落的布局，指出古村堡修建过程中的模数制规划方式，为研究古代城市规划的思想和方法提供了一种新的思路。文章认为堡寨规划模数有以下特点：

（1）基本面积模数

堡寨以基本面积模数——一进院落为单位，按出资多寡购得土地后兴建宅院，并列举了两种基本面积模数分，即三分地（3丈×6丈）和五分地（5丈×6丈）。

（2）面积模数的扩展

在基本面积模数的基础上，堡寨内宅基地可按基本面积模数倍数进行购置。

（3）街巷规划方式

堡寨的街道布置与其模数网格相对应，这反映了面积模数在街巷规划中的规律性。

目前，很少有人关注堡寨及传统村落布局模数制的研究。造成这种状况的原因一方面是相关资料搜集的难度较大，另一方面是研究方向主要局限于利用传统的聚落研究方法，注重地域之间的差异而非共性。

研究堡寨布局的模数关系的重要意义在于它可以作为断代的工具。我国历朝历代有各自的度量衡制度，因此，面积模数上是按照历代有所不同。我们可以利用这种不同的尺度判断防御性聚落的修建年代，为探讨堡寨的历史提供有效地理论依据。另外，在堡寨及传统村落模数研究中，我们注意到，由于地域的差异，这种模数和模数网格又有所不同。当不同规模的建筑群或单体建筑使用不同的模数时，就会产生丰富的街巷肌理，从而形成多样化的村落布局。这一关系为研究不规则堡寨和村落的布局规律提供了理论基础。

三、多堡城镇的历史定位

防御性聚落的演进是古代社会历史变化的表现，其内部结构和构成要素基本反映了当时社会内部的组织结构，社区中人们的经济状况、思想信仰、生活习俗等。

堡是环壕向古代城市演变过程中的一种形态。堡的发展大体上可分为两种：一是范围的不断扩大，发展为城市；二是堡的自我复制，逐渐演变成现存的堡寨。学术界对堡向城市过渡的研究较多，但也存在一些盲区，例如关于多堡城镇的历史定位问题就很少触及，大多只有是介绍性的。本书第六章中重点讨论了多堡城镇的生成演进过程，并阐述了其在“里坊制”城市形成中的地位问题。文章指出在演进过程中堡具有以下特征：

（1）发展路线的多样性；

（2）堡的防御性；

（3）堡的聚群性和再生性；

（4）相互关系的隶属性或平等性。

同时，文章比较了“里坊制”城市与多堡城镇的关系。第一，“堡”和“里”实际上是同一种形态的不同表达方式；第二，多堡城镇的防御性处于协同防御向共同防御的过渡状态；第三，多堡城镇本身就体现了堡的聚群性和再生性；第四，集镇中堡的相互关系大多是平等的关系，有的具备了高一级的相互关系——隶属关系。

最后，得出以下结论：由于堡具有再生性，堡向里坊制城市发展的过程有可能不断复制；另外，因为历史背景、社会、地理等环境的不完全一致，这一进程也有可能复制中断。多堡城镇正是这一过程不断复制并由于环境的不同而未进一步发展的一种形态，或者说，多堡城镇正是形成里坊制城市的过渡形态。

从论述中我们可以清楚地看到：多堡城镇有着深刻的文化内涵，它的历史定位对堡寨和城市发展研究是一种重要的补充。本书的这一推断起到抛砖引玉的作用，敬希学术界有关学者批评指正。

附 录

附录一 蔚县古寺庙

1．省保单位简介

·南安寺塔

南安寺塔位于蔚县城南门内西侧，始建于北魏，现存为辽代重建物。

塔形为平面八角，实心十三级密檐塔，高28米。

此塔由四部分组成：即塔基、塔座、塔身、塔刹。塔基由石条叠砌，高3.6米；塔座为八角形，砖仿木结构，基部砖叠涩七层。八角每面出兽头，东西南北四面浮雕兽头，并雕有篆字“福禄”，顶仿木结构出檐，顶上施仰莲，高3.4米，每面宽3米；塔身第一层较高，各隅有塔柱，塔横额置斗栱，四面置券形假隔扇门，另四面开小窗，顶部雕盘龙，斗栱之上出飞檐。二层之后，层与层之间紧相连，有砖檐隔开，各层之隅均悬挂铁铎；塔刹由一仰复莲花承托，由覆钵、相轮、圆光、宝珠组成刹身。

·玉泉阁

玉皇阁位于县城内北城垣上，始建于明洪武十年（1337年），历代均有重修。

玉皇阁坐北朝南，总面积为2022.3平方米，分前后两院，依次为天王殿、玉皇阁正殿，在同一条中轴线上。前院天王殿面宽三间，进深二间，东西正禅房各三间，东西下禅房各三间。天王殿两侧分别有角门，通过十八步石砌台阶进后院山门，直通正殿。正殿分上中下三层阁楼（面观三层实际两层），均面宽三间，进深二间，三重檐歇山琉璃瓦顶。正脊为琉璃花脊，两端砌琉璃盘龙，脊上有泥塑彩色八仙人，边脊砌大吻跑兽，四角脊梢下装有兽头，悬挂铁铎。中层阁楼有四面游廊，下阁楼有前出廊。整个建筑木架油饰，彩绘为“和玺”、“苏式”图样。殿内东西北三壁绘封神榜神像画，东西壁画各长7.4米，高2.5米；北壁画长12.8米，高2.5米。梁上钉有长方形木匾三块，分别为：康熙二十二年、乾隆二十九年、光绪二十三年重修匾。阁楼前出廊内立有石碑八通，其中重修碑七通，分别为：万历四十二年、康熙五十八年、乾隆四十六年、光绪二十二年、光绪二十三年（两块）、道光二十五年重修碑记。另有明嘉靖二十二年山西右参议苏志皋题《天仙子》词碑一通。楼前月台东南角建有钟楼，西南角建有鼓楼，均为重檐歇山布瓦顶，木架油饰“苏式”、“和玺”彩绘。

此外，上阁楼挂有1983年张苏题写的“玉皇阁”横匾。下阁楼挂有1983年班开明书写的“靖边楼”横匾。

2. 县保单位简介

· 释迦寺

释迦寺位于县城南关，现存为元、明建筑。

该寺由天王殿、中殿、卧佛殿、东西配殿及禅房组成，总占地面积4950平方米。三大殿在同一条由南向北的中轴线上。原有的照壁、山门、钟鼓楼、牌坊、碑厅均已毁坏。

寺中殿面阔三间，进深三间，为单檐歇山布瓦顶，正脊两端有蟠龙吻，中间为砖塑走兽，殿屋顶平缓，檐头和四个翼角都翘起，呈现出微缓的弧线。斗栱为单昂四铺作，柱头卷刹，是元代建筑的显著特征。尤为重要的是，该殿的藻井无论从建筑工艺，还是从建筑形式和建筑风格上讲，在元代建筑中是少见的。这座古建筑给我们在建筑学的研究上提供了实物和资料依据。

现存天王殿和卧佛殿是明代建筑。天王殿为单檐硬山布瓦顶，有后出廊；卧佛殿也为单檐硬山布瓦顶，有前出廊，配殿及禅房均为明代建筑。

· 弥勒寺

弥勒寺位于涌泉庄乡弥勒院村，建于清代。

该寺占地面积7581平方米，现存建筑由山门、观音殿、释迦殿组成。

山门为单檐硬山布瓦顶，砖木结构，五架梁，面宽三间，进深二间。观音殿为单檐硬山布瓦顶，有前出廊，面宽五间，进深二间，梁枋均油饰，殿内中栓正中绘有“八卦”，两侧绘有“龙凤”图案。该殿的明间和次间是用隔扇分开的，两侧各六扇。隔扇上部有长1.25米、宽0.5米的木刻浮雕人物图案，均为唐朝历史故事。西侧为《安禄山造反》，东侧为《李太白醉酒》。

· 华严寺

华严寺位于暖泉镇东市街北，始建于明洪武三十二年，历代有重修。现暖泉粮库占用。

该寺占地面积3400平方米，整个建筑均属砖木结构，现存建筑由正殿、过殿和禅房组成。

过殿为单檐硬山布瓦顶，面宽三间，进深二间。正脊为砖雕花脊，有牡丹、向日葵、花草图案。斗栱为单昂四辅作，梁枋等木架均油饰或彩绘，殿内天花基本完好。中部为盘龙图案，东西部为凤凰图案，四角为白鹭图案。正殿也为单檐歇山布瓦顶，面宽五间，进深三间。正脊为砖雕花脊，雕有牡丹、向日葵、花草图案等。斗栱为重昂五辅作，转角斗栱为重昂六辅作。殿内梁架均彩绘。

华严寺还建有东西配殿各五间，东西禅房各三间。

· 灵严寺

灵严寺位于县城内鼓楼西街，建于明景泰四年。现县副食品公司占用。

该寺占地面积2982.48平方米，现存建筑由地藏殿、大雄宝殿、东西配殿和禅房组成，整个建筑均属砖木结构。地藏殿为单檐歇山布瓦顶，面宽三间，进深三间，斗栱为单昂四辅作，梁架均油饰；大雄宝殿为单檐庑殿布瓦顶，面宽五间，进深四间，斗栱为重昂五辅作，梁架均油饰、彩绘，殿内有斗四藻井和盘龙图案。天花为轮、螺、伞、盖、花、罐、鱼、肠八宝天花图案。

地藏殿东西各有配殿三间，为单檐悬山布瓦顶。禅房六间，为单檐硬山布瓦顶。

· 真武庙

真武庙位于县城内西北，建于明代。现县城粮库占用。

该庙现存建筑由过殿、正殿、钟楼、配殿和禅房组成。占地面积2944平方米，均属砖木结构。

过殿为单檐硬山布瓦顶，面宽三间，进深二间；正殿为歇山琉璃瓦顶，琉璃花脊上有牡丹、向日葵、花草图案，面宽三间，进深二间，卷棚琉璃瓦顶抱厦同正殿连为一体。斗栱为重昂五辅作，梁架均为油饰、彩绘；正殿前东侧有一钟楼（两侧鼓楼已毁），单檐歇山布瓦顶。斗栱为重昂六辅作，木架油饰、彩绘。该庙还有东西配殿各三间，东西禅房各八间，东西正禅房各二间，南禅房东西各二间，均为单檐一面坡布瓦顶。

· 重泰寺

重泰寺位于涌泉庄乡阎家寨村北，始建于辽代，历代均有重修。

该寺坐北面南，分布于中轴线上，由南向北依次为山门、弥勒殿、千佛殿、观音殿、水罗殿、释迦殿、三教殿、正禅房。分前、中、后三个大院。中轴线东西两侧从南向北依次有钟鼓楼各一座、藏经楼二座，还有配殿、碑亭、禅房等，后部有东西跨院，全部房舍共40余间。建筑形式均属单檐硬山布瓦顶，砖木结构，占地面积6580平方米。

· 玉泉寺

玉泉寺位于县城西南21.8公里处的山脚下，浮图村南。始建于元代，迄今700余年，其间多次修复，最后修于民国18年（1929年）。

该寺坐西面东，从东到西依次为过殿、正殿（已毁）。过殿为单檐硬山布瓦顶，面宽三间，进深二间；南北配殿也为单檐硬山布瓦顶，面宽三间，进深一间。北院建有玉皇阁，坐北面南，是玉泉寺的主要建筑，为单檐卷棚布瓦顶，面宽三间，进深二间。玉皇阁西正禅房四间，西禅房二间。整个建筑均属砖木结构。占地面积651平方米。

· 天齐庙

天齐庙位于城关镇东关外，现植保公司院内。坐北面南，现存供亭和正殿两座，占地559平方米，为明代晚期建筑。

供亭为单檐卷棚歇山布瓦顶，面宽三间，进深二间；正殿是该庙的主要建筑，面宽五间，进深四间，为单檐庑殿黄琉璃瓦顶，琉璃花脊。中间有琉璃龙、牡丹图案。边脊有花纹、额、枋，拱间壁均有“和玺”彩绘。整个建筑均属砖木结构。

· 单堠村石旗杆

石旗杆位于南留庄镇单堠村关帝庙内，东西两根，建于清代。

石旗杆下部为石雕长方形基座，高1.5米，顶部雕刻莲花瓣纹；旗杆呈圆柱形，高约10余米，旗杆上雕盘龙、狮子头、猴子，做工精细，造型美观。每根旗杆上有石刻方斗两个，上为小方斗，下为大方斗，方斗四壁刻字，小方斗四角悬挂铁铎，石刻狮子头嘴叼石刻对联。

3．其他古寺庙一览表

名称	坐落地址	建筑年代	建筑面积（m^2）	房屋间数	结构形式	完损程度	占用单位
城隍庙	县城内七街	明代	2312.61	24	单檐硬山布瓦顶	较好	皮毛厂
太平寺	西陈家涧	清代	1262.4	19	单檐硬山布瓦顶	较好	
真武庙	小饮马泉	明代	112.1	3	单檐硬山布瓦顶	较好	
建筑群（寺庙）	水东堡	明代	6000	20	单檐硬山布瓦顶	较好	
金河寺	西金河口	辽代	2580			已毁坏	
蜂山寺	郑家庄村	明代	582	5	单檐硬山布瓦顶	较好	
池沿寺	白中堡	明代	824.6	15	单檐硬山布瓦顶	较好	学校占用
关帝庙	县城南关	元代	1620	9	悬山布瓦顶	较好	县城一中占用
泰山庙	南留庄	明嘉靖二十三年	442.2	12	单檐硬山布瓦顶	一般	
大觉寺	北留庄	明代	4000	9	单檐硬山布瓦顶	木架均完好	
双阳寺	桃花八村	明代	4410	20	单檐硬山布瓦顶	木架均完好	地毯厂、学校
北庙	苏邵堡	明代	369	15	单檐硬山布瓦顶	木架均完好	
真武庙	北方城	明代	182.4	5	单檐硬山布瓦顶	木架均完好	
泰山庙	钟楼村	明代	277.1	7	单檐硬山布瓦顶	木架均完好	
真武庙	白草村	清代	410.4	9	单檐硬山布瓦顶	较好	学校占用
财神庙	县城西街	明代	901	32	单檐硬山布瓦顶	较好	烟麻公司
观音殿	上陈庄	明代	2511	15	单檐硬山布瓦顶	较好	学校占用
极乐寺	北杨庄	明代	1740	31	单檐硬山布瓦顶	较好	地毯厂
宏庆寺	君子町	明代	4150	15	单檐硬山布瓦顶	较好	
关帝庙	南留庄	明代	264	6	单檐硬山布瓦顶	较好	
太清寺	吉家庄西太平村	清代	1710	18	单檐硬山布瓦顶	较好	学校占用
水月寺	北水泉镇铺路村	清代	1650	21	单檐硬山布瓦顶	较好	
玉皇阁	西人烟寨	明代	432	3	单檐庑殿黄琉璃瓦顶	一般	
崇庆寺	北柏山	明代	4335	10	单檐硬山布瓦顶	较好	
龙王庙	孟家堡	明代	875	18	单檐硬山布瓦顶	较好	村委会库房
安乐寺	东陈家涧	明代	1600	3	单檐硬山布瓦顶	较好	村地毯厂
关帝庙	西人烟寨	明代	355.02	11	单檐硬山布瓦顶	较好	学校
真武庙	曹町	明代	245.18	5	单檐硬山布瓦顶	较好	
关帝庙	小饮马泉	明代	292.5	15	单檐硬山布瓦顶	较好	村库房
善果寺	北岭庄	明代末	2090	15	单檐硬山布瓦顶	较好	乡综合加工厂车间
青元寺	阳眷村	明代	208.55	15	单檐硬山布瓦顶	木架完好	

附录二 蔚县古城址

·代王城古城址

代王城位于县城东北20里处，为战国代郡代县的故城。1982年公布为河北省重点文物保护单位。

城郭筑于周期，后历代又增建。古城呈椭圆形，四周城垣大部保存完好，南北长约3000米，东西宽约2000米。清嘉庆重修的《清一统志》记："城周匝而不方，周四十七里，开九门"，《蔚州志》云："周四十里"，《两镇三关志》记："周二十五里"。但经步测其城墙周长约8000米。墙多是土筑成，夯层清晰可见。每层厚约25厘米，个别处墙上遗有成排圆孔，疑是筑墙时夹棍的痕迹。现存城墙南部好于北部，最高处可达10米，墙基宽10～20米不等。据记载城原有城门9个，经实地调查，现城墙共有豁口19个，但目前未见和城门有关的遗迹。

现城内中部有一小城，方形，边长约40米，城高11米。传说小城为当年代王居住的城堡，但城墙内多夹有辽代瓷片，表明小城为辽代以后修筑的。

在代王城外，已查明有汉代墓群，有八个大的坟冢，为当年居住在城中的王室贵族墓地。

·蔚县城城垣

蔚县城城址位于县城周围，1982年公布为县重点文物保护单位。

据蔚州志记载："州城后周大象二年建明洪武五年德庆侯廖允中辟土为之，十年卫指挥周房因旧趾重筑梵石雄壮甲于诸边，号曰铁城周七里十三步，下阔四丈，上阔二丈五尺，高三丈五尺，堞阔六尺，门楼三座，角楼四座，俱五间三级敌楼二十四座，俱三间三级，更铺间楼一座，垛口一千一百有奇。东门曰安定，楼曰景阳；南门曰景仙，楼曰万山；西门曰清远，楼曰广运。北建玉皇阁，与三楼并峙。门建月城，各有楼，俱一间二级"。现护城河东南部已填平建房，西北部保存较好，城垣仅剩西北角一段，东、南部已毁。建筑存有玉皇阁及南门。

·赵长城遗址

赵长城遗址位于蔚县城镇南偏西10.5公里处。东起山涧口（属涿鹿），向西经蔚县金河口、松枝口、九宫口、北口至西庄头，长约150余里。西端入山西省广灵县宜兴一带。1982年公布为县重点文物保护单位。

蔚县境内的赵长城建筑方式，全是石头垒成。因自然力的破坏，现有部分残存，个别地段保存较好，残高1.5米，一般高1米。其烽火台一般高1～2米，间距大，数量少，并大部坍塌为一圆石堆。

附录三 蔚县古祠堂、书院

·大蔡庄李家祠堂

李家祠堂位于吉家庄镇大蔡庄村东长36米、宽44米、高8米的土围子里，清代建筑，占地1584平方米。

李家祠堂为清代雍正年礼部尚书李周望家的祠堂，坐北面南，四合院，条砖铺地，硬山布瓦顶，砖券月亮门。门楼高3.5米，宽2.4米，深1.75米。祠堂正房面宽三间，进深二间，高5米，单檐硬山布瓦顶，有前出廊，房顶吻兽已毁，木架油饰和玺彩绘。隔扇存在，隔心为方格形。

院内有东西厢房各3间，东厢房面宽7.2米，进深4.7米；西厢房面宽9.2米，进深3.6米。均为单檐的一面坡布瓦顶。

现整个祠堂基本完整，部分勾头滴水残坏。

· 魏家祠堂

魏家祠堂位于县城一街路北，清代建筑，占地935.12平方米。

魏家祠堂为清代顺治、康熙年间刑部尚书魏象枢家的祠堂。祠堂坐北面南，分前后院，大门楼已毁。

前院过庭，面宽三间10.4米，进深一间12米，单檐硬山布瓦顶，木架油饰，门窗已改装；西厢房6间，东厢房3间（已拆除3间）。

后院正房面宽三间10.4米，进深一间11米，单檐硬山布瓦顶，木架油饰，门窗后改装，有东西厢房各3间。

距祠堂东50米处，建有魏象枢读书楼一座，单檐卷棚布瓦顶，面宽三间，进深一间，楼高4米，基高3米，13步台阶。

现魏家祠堂基本上保持了原貌，但吻兽已毁。

· 暖泉书院

书院位于暖泉镇内，始建于元代，现存为明代建筑。1984年镇政府投资修缮，1982年蔚县人民政府公布为县级重点文物保护单位。

书院是元代工部尚书王敏读书的地方，占地面积625平方米。原有大门楼、八角井、凉亭、东西厢房已被毁坏。现存建筑有：正阁亭，面宽五间，进深二间，单檐硬山布瓦顶，砖木结构，吻兽齐全（后配），木架油饰。东侧有魁星楼一座，为砖石台基，重檐歇山布瓦顶，分上、中、下三层。下层为砖仿木结构，四面砖券拱门，砖雕陵花；上中层为砖木结构，均有四面游廊，隔扇齐全，木架油饰，檩下雕龙凤，上中层阁楼四角脊梢悬挂铁铎。

· 马家住宅

马家住宅为明都督马芳住宅，坐落在县城古楼后四街，占地1386平方米。主要布局分东西两大院，为明代建筑。

西园为主要建筑，原有木楼等房舍，已毁。现存正房五间，面宽18.8米，进深11.2米，高7.5米，两边山墙均有花纹砖雕。现县医药公司占用。

东院有正房五间，面宽18.5米，进深二间11.2米，高7.5米。有前出廊，廊柱6根，木架、万字隔扇、门窗完好。雀替有浮雕花纹，脊残破。房前有砖砌月台，长11米，宽11米，高0.8米，为方形，四面均有三步台阶。东西厢房各三间，进深二间五架梁，每间后通柱1根，前出廊有廊柱各4根，隔扇门窗已拆除。西厢房正脊已毁，东厢房正脊有砖雕向日葵花纹。紧挨东西厢房南有小厢房各三间，进深二间，木架均完好，正脊已毁。还有南厅11间（其中过厅一间），木架完好，正脊残破，现被宋家庄乡供销社库房占用。

· 县城北仓

北仓，原名常平仓，位于县城鼓楼西（现为直属库占用），坐北面南，为蔚州历史上粮仓之一。据蔚州志记载：常平仓旧名丰豫仓，廒十一座，共五十五间，清道光年重修。额设仓谷三万五千石，实存谷四千五百五十四石九斗五勺，咸丰年中实存谷一万四千四百五十三石一升九合二勺。

北仓现存粮仓四座，正北坐北面南两座，单檐硬山布瓦顶，砖木结构，面宽各五间，进深各二间，高7.5米，有前出廊。两仓中间建有仓神庙一座，庙前连接戏楼，坐落在同一砖砌台基上，成为一体。

东面，坐东面西一座，面宽五间，进深二间，高7.5米，硬山布瓦顶，砖木结构，无前出廊。西南，坐南面北一座，面宽五间，进深二间，高7.5米，硬山布瓦顶，砖木结构，无前出廊。

北仓现有为粮仓，保存完好。

附录四　蔚县古戏楼

1. 有独特风格的古戏楼简介

· 宋家庄乡宋家庄村穿心戏楼，紧挨村堡南门，属明代建筑。建筑形式已为单檐八檩卷棚硬山勾连塔顶，面宽三间，进深二间，高6.2米，面积76.5平方米，砖木结构。戏楼坐南面北，面对真武庙。舞台中间有通道，将舞台隔开，演出时又用台板连在一起，板下仍为通道。

· 柏树乡庄窠村穿心戏楼，位于庄克村南街，坐南面北，面对观音庙。该戏楼属明代建筑，建筑形式为单檐六檩卷棚布瓦顶，砖木结构，面宽三间，进深二间，面积99平方米，六架梁，金柱2根，檐柱4根，椽、檩、柱、望板均油饰，枋有“和玺”彩画。

· 代王城镇三面戏楼，位于代王城镇二村村委会东仙，属明代建筑。建筑形式为单檐卷棚歇山布瓦顶，砖木结构，檐檩有“和玺”彩绘，面宽三间，进深二间。高5.5米，面积49.6平方米，只有两面是砖砌墙。此戏楼名谓“三面戏楼”，因戏楼东、西、北三个方向都建有寺庙，中间为“十”字路口。

· 县城南关戏楼，位于一中校内关帝庙南，属三面戏楼，坐南面北，面对关帝庙，明代建筑。建筑形式是单檐六檀布瓦顶勾连达式，砖木结构，面宽三间，进深二间，高6米，面积73.62平方米，六架梁，金柱2根，檐柱8根，椽、檩、柱、望板均油饰，枋有“和玺”彩绘。

· 宋家庄乡小探口村穿心戏楼，位于城堡内，紧挨堡门，面对财神庙，属清代建筑。进出堡必穿过此戏楼，开戏后仍能畅通无阻。戏楼内壁有人物山水条屏。戏楼正中挂有木匾一块，上书“商宫奏雅”四个字，落款“雍正岁次癸丑秒宋仁喜书”。戏楼的建筑形式是单檐六檩卷棚布瓦顶，砖木结构，面宽三间，进深二间，面积52.5平方米，高6米，六架梁，金柱2根，檐柱4根，椽、檩、柱、望板均油饰，枋有“和玺”彩绘。

· 北洗冀乡穆家庄村双面戏楼，位于村内南部，戏台从中间隔开，台口为南北两面，属清代建筑，所对庙宇为泰山庙。建筑形式是单檐六檩卷棚布瓦顶，砖木结构，面宽三间，进深二间，面积63平方米，高7米，六架梁，金柱2根，檐柱4根，椽、檩、柱、望板均油饰，枋有“和玺”彩绘。

·阳卷镇丰富村双面戏楼，位于本村中部，南北座向，戏台从中间隔开，台口为南北两面，属清代建筑，北口面对观音庙。戏楼的建筑形式为单檐六檩卷棚布瓦顶，砖木结构，面宽三间，进深二间，高5.2米，面积70平方米，六架梁，金柱2根，檐柱4根，椽、檩、柱、望板均油饰，枋有“和玺”彩画。

2．一般戏楼一览表

所在村	所对庙宇	建筑年代	舞台方位	面积（平方米）	进深（间）	高度（米）	完损程度
沙涧村	三官庙	明代	坐南面北	68.6	2	7	较好
上寺村	龙王庙	明代	坐南面北	61.6	2	5.5	较好
任家涧	龙王庙	明代	坐南面北	80	2	7	较好
马寨	关帝庙	明代	坐南面北		2	8	较好
张中堡	龙王庙	明代	坐南面北	63	2	7	较好
西柳林南堡	真武庙	明代	坐南面北	50.5	2	6	基本完好
郑家庄	关帝庙	清代	坐南面北	66.5	2	6	完整
牛大人庄	关帝庙	清代	坐南面北	100.8	2	6	较好
八里庄	龙王庙	清代	坐南面北	67.5	2	7	较好
东贤孝	关帝庙	清代	坐南面北	66.5	2	5.7	完整
钟楼	泰山庙	雍正二年	坐南面北	90.9	2	6.7	较好
康庄	关帝庙	清代	坐南面北	66.5	2	6.5	较好
西陈家涧	真武庙	清代	坐南面北	80	2	7	较好
大探口	真武庙	清代	坐南面北	93.5	2	6	完整
西金河口	龙神庙	清代	坐南面北	48	2	5.6	较好
上苏庄	关帝庙	清代	坐南面北	74	2	6	完整
鹿骨村	龙王庙	清代	坐南面北	70	2	6	完整
西黎元庄	龙王庙	嘉靖二十三年	坐南面北	56	2	5.5	基本完整
长巷太平村	关帝庙	清末	坐南面北	48	2	5.8	完整
西大云町	关帝庙	清代	坐南面北	55.38	2	6.3	完整
邢家庄	泰山庙	清代	坐南面北	63	2	6	较好
北水头	龙王庙	清代	坐南面北	77.94	2	6.3	较好
北绫罗	三官庙	咸丰十五年	坐南面北	76	2	6	较好

续表

所在村	所对庙宇	建筑年代	舞台方位	面积（平方米）	进深（间）	高度（米）	完损程度
西上碾头	关帝庙	清代	坐南面北	80	2	6	较好
李家楼	龙王庙	清代	坐南面北	76.63	2	6	较好
山门庄	龙王庙	光绪二十六年	坐南面北	75	2	7	较好
小辛柳	龙神庙	清代	坐南面北	51.46	2	6	较好
千宇村	观音庙	清代	坐南面北	90	2	7	较好
黄家庄	真武庙	清代	坐南面北	51.6	2	5.7	较好
西方城	观音庙	清代	坐南面北	80	2	7	较好
王良庄	真武庙	清代	坐南面北	63.75	2	6	完整
黄土良	龙神庙	清代	坐南面北	56	2	6	完整
辛落塔	财神庙	清代	坐南面北	64	2	6	完整
（桃花）东营	泰山庙	清代初	坐南面北	49.6	2	7.5	完整
张南堡	龙王庙	清顺治元年	坐南面北	81	2	6	完整
郑家天	真武庙	清代	坐南面北	57.6	2	5.5	完整
大张庄	真武庙	清代	坐南面北	88.2	2	6.5	完整
松枝口	泰山庙	清代	坐南面北	53.6	2	6	完整
西高庄	关帝庙	清代	坐南面北	35.99	2	5.5	较好
白草村	真武庙	清代	坐南面北	42	2	5	完整
史家堡	马王庙	清代	坐南面北	56	2	5.4	完整
北柏山	龙王庙	清代	坐南面北	81	2	5.5	完整
草沟堡		清代	坐南面北	49	2	6	完整
许家营	龙神庙	清代	坐南面北	56	2	5.9	完整
单堠村	关帝庙	清代	坐南面北	56	2	6.5	较好
曹庄子	龙王庙	清代	坐南面北	59.5	2	5.2	较好
卜北堡	观音庙	清代	坐南面北	77.19	2	6.8	较好
瓦房村	龙王庙	清代	坐南面北	56	2	5	木架完好，屋顶有残损
南井头	泰山庙	同治九年	坐南面北	88	2	5.8	较好
大固城	关帝庙	明代	坐南面北	67.5	2	6	较好
涌泉庄	龙王庙	明代	坐南面北	72	2	7	较好
曹町	真武庙	明代	坐南面北	56	2	5.4	较好
水东堡	关帝庙	明代	坐南面北	56	2	5.4	完整

续表

所在村	所对庙宇	建筑年代	舞台方位	面积（平方米）	进深（间）	高度（米）	完损程度
永宁寨	真武庙	明代	坐南面北	50.5	2	5.5	完整
范家堡	龙王庙	明代	坐南面北	73.96	2	5.5	前檐残损，脊缺吻
白南堡	关帝庙	明代	坐南面北	56	2	6	木架完好屋顶有残迹
逢驾岭	二层堡门	明代	坐南面北	56	2	6	较好
西古堡	阎罗殿	明代	坐南面北	52.5	2	5.5	完整
沙子坡	老君庙	明代	坐南面北	56	2	6.4	完整
白宁堡	关帝庙	明代	坐南面北	56	2	5.5	完整
东樊庄	关帝庙	明代	坐南面北	45	2	5	木架较好屋顶残破
独树		明代	坐南面北	89.61	2	6	较好
吕家庄	财神庙	明代	坐南面北	72.25	2	6	较好
任家堡		明代	坐南面北	57.4	2	5.2	完整
太平庄	龙王庙	明代	坐南面北	54.62	2	6	较好
朱家庄	真武庙	明代	坐南面北	60	2	5.5	较好
崔家寨	关帝庙	明代	坐南面北	80	2	5.5	木架完好顶有残迹
南留庄	泰山庙	明代	坐南面北	72	2	6.8	较好
弥勒院	弥勒寺	明代	坐南面北	54.5	2	7	较好
宅里	龙王庙	明代	坐南面北	80	2	6	较好
白河东	泰山庙	明代	坐南面北	63	2	6.5	完整
柏树	泰山庙	明代	坐南面北	80	2	7	较好
下平油	观音庙	明代	坐南面北	73.15	2	7	较好
东深涧	泰山庙	明代	坐南面北	80	2	6.5	较好
庄窠	关帝庙	明代	坐南面北	80	2	6.5	较好
水西堡	观音庙	明代	坐南面北	90	2	6.7	完整
邀渠	关帝庙	明代	坐南面北	63.9	2	6.5	完整
小饮马泉	真武庙	明代	坐南面北	63	2	6.7	完整
王家庄	关帝庙	明代	坐南面北	67.5	2	6	较好
李堡子	六神庙	明代	坐南面北	81.16	2	6.4	较好
埚串堡	关帝庙	明代	坐南面北	70	2	6.5	完整

附录五　蔚县其他村堡

北水泉

北马圈位于北水泉驻地北偏西4.7公里处，属丘陵区。西靠宣涞（宣化—涞源）公路，坐落于土坡上。多为壤土质。有1221人，均为汉族。耕地3962亩。

据传，元朝至元年间（1264～1294年）杨姓在这里修有马圈，后人建村于马圈连贯，故取村名北马圈。

北马圈堡门

北马圈内景

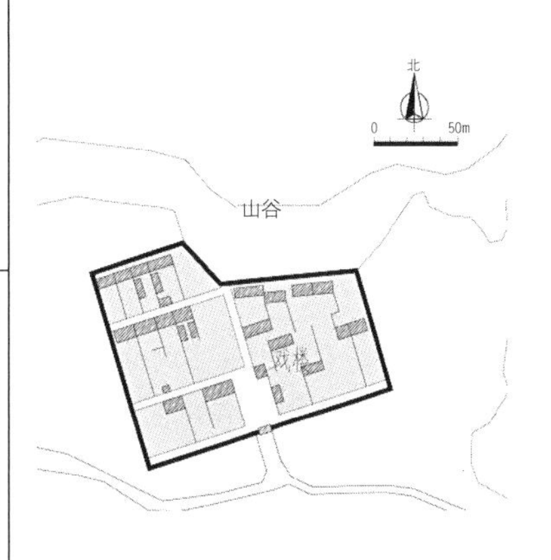

北马圈平面

北柏山位于北水泉驻地东北偏南4.4公里处，属丘陵区，处一土梁。地势东高西低。为壤土质。有615人，均为汉族。耕地3330亩。

明成化年间（1465～1487年）建村于宝龙山柏树林之北，故取村名北柏山。

北柏山堡门

北柏山院落

北柏山平面

南柏山位于北水泉驻地东北偏南4.6公里处，属丘陵区。四周环沟，东靠北柏山水库，地势较平坦。为壤土质。有439人，均为汉族。耕地24676亩。

据该村堡门石匾考证：明洪武年间（1368～1398年）建址于宝龙山柏树林之南，起名柏南山，后更为南柏山。

南柏山堡内景

南柏山堡观音庙

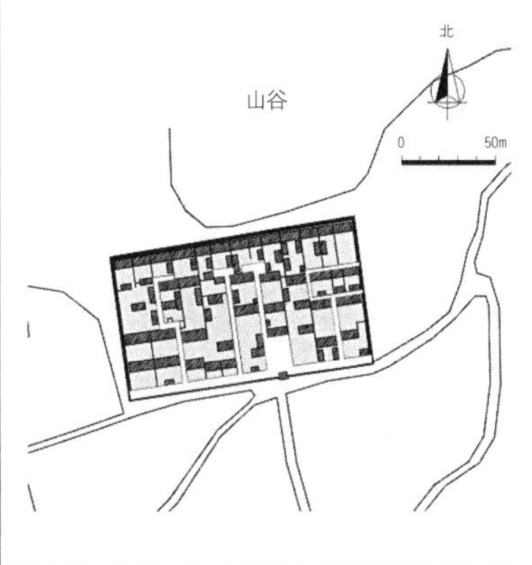

南柏山堡平面

陈家窊

白马神位于陈家窳驻地北偏西2.5公里处，属丘陵区。分北、中、南三堡，北堡与中、南堡之间有沟相隔。为壤土质。有708人，均为汉族。耕地4420亩。

八百年前建村（1160～1181年）。据传，本县莲花池村的海子里有一匹白马，经常在夜间跑到这里糟践庄稼。人们无力对付，于是集资修建“白马神庙”，故此得村名“白马神”。

白马神堡堡墙

白马神堡白马神庙

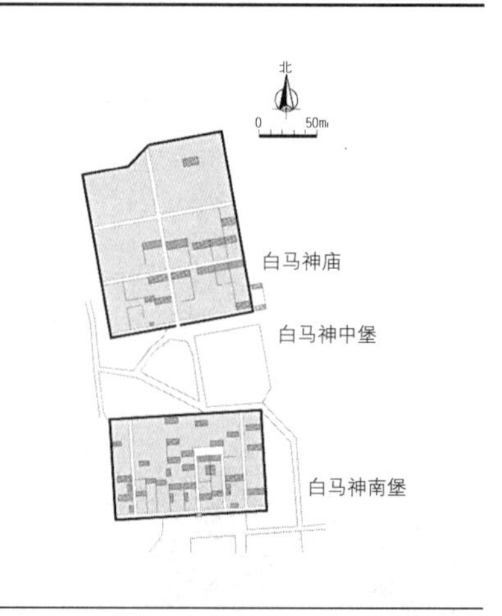

白马神堡平面

黄梅乡

下康庄位于黄梅驻地西北偏南2.4公里处，宣涞（宣化—涞源）公路从村西经过，属河川区。地势较平坦。为黏土质。有672人，均为汉族。耕地2700亩。

据传，明初康姓建庄，名为北康庄下堡。因居坡下，后改为下康庄。

下康庄戏楼

下康庄内景

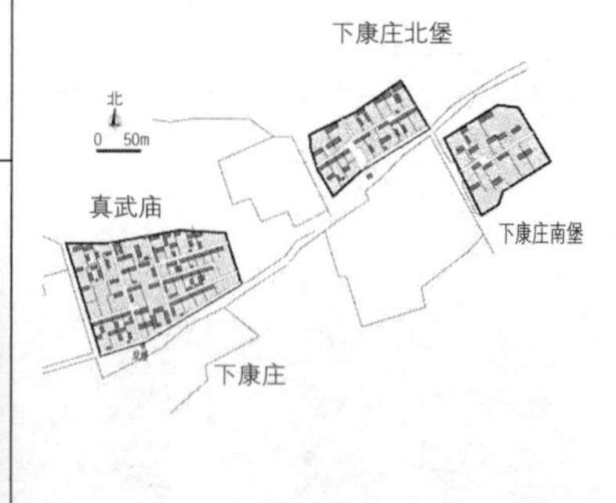

下康庄平面

黑埚位于黄梅驻地东北偏南3公里处，属丘陵区。东、西、南三面临沟，地势北半村较平坦，南半村北高南低。为壤土质。有493人。均为汉族。耕地2202亩。

相传，明末清初建村，名为黄羊堡。后因附近有一地名叫狼窝嘴，村人认为不吉利，故改村名为黑埚，取坚硬之意。

黑埚堡堡门

黑埚堡内景

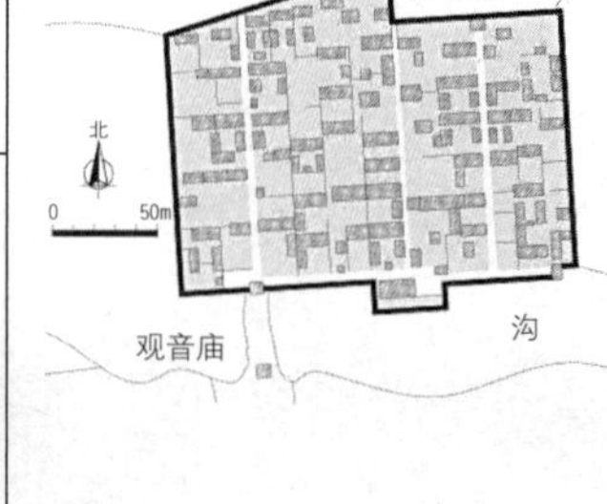

黑埚堡平面

黄梅乡

东吕家庄位于黄梅驻地东偏北2.2公里处，属丘陵区。西临水库，南有沟壑，地势较平坦。为壤土质。有738人，均为汉族。耕地3347亩。

明洪武元年（1368年）建村于蔚州城东，据吕姓多而取村名乐吕家庄。

东吕家庄堡门

东吕家庄内景

东吕家庄平面

定安县位于黄梅驻地东南偏北4.2公里处，属河川区。村东北临沟坡，南靠定安河，地势平坦。为黏土质。有660人，均为汉族。耕地2957亩。金皇统进士、太原府尹牛德昌生于此村。

据《蔚州志》记载，辽、金、元时为定安县、定安州治。明洪武年间县、州废后，村名仍用定安县。

定安堡内景一

定安堡内景二

北
0
50m
登山楼
观音
龙王庙
戏楼
阎王殿

堡平面

王庄子

大张庄位于王庄子驻地西南偏南1.9公里处，属丘陵区。西临沟，地势较平坦。为黏土质。有549人，均为汉族。耕地3656亩。

明洪武七年（1374年）张姓在此居住，取名张家庄。后张家迁走，武、曹二姓迁来，认为村名好，含张弓放箭之说，并加"大"字，更名为大张庄。

大张庄真武庙

大张庄内景

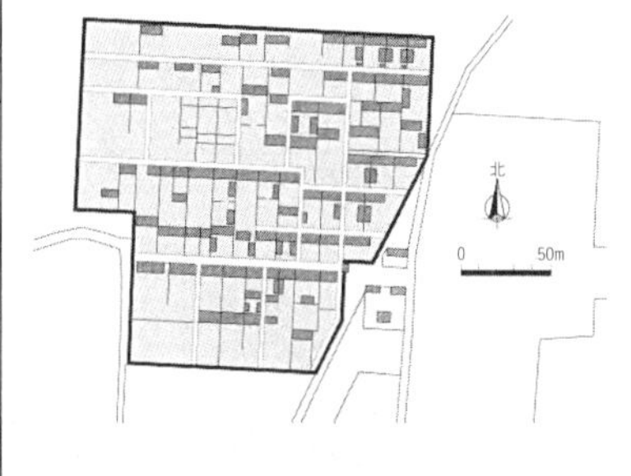

大张庄平面

桃花镇

七百户位于桃花驻地西北偏北2.3公里处，属丘陵区。村西临沟，地势大部较平坦。为黏土质。有497人，均为汉族。耕地2275亩。

该村由张、赵、郝、阎、范、任、苏七姓建庄，始名七家庄。明中期（1451～1478年），因该村兼征收岔涧、榆林沟、枪杆岭等村七百来户人家之税赋，故更名为七百户。

七百户堡门

七百户内景

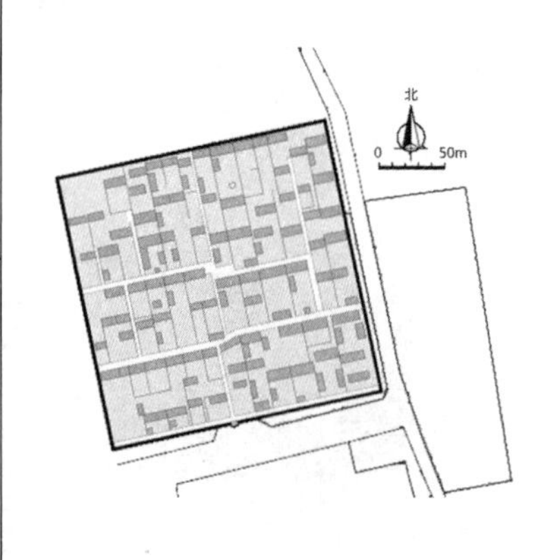

七百户平面

桃花位于蔚县城东北偏南44公里处，下广（下花园—广灵）、京西（北京—西合营）公路（复线）从村南通过。属丘陵区，地势起伏不平。为黏土质。有7125人，除回族1人外，余为汉族。耕地28025亩。

桃花堡原民堡土筑者。据传，一年筑东门毕，值桃树花开，景色迷人，取名桃花职字堡，并记于堡门之横匾上。明代称桃花堡，后演变为桃花。

桃花堡内景一

桃花堡内景二

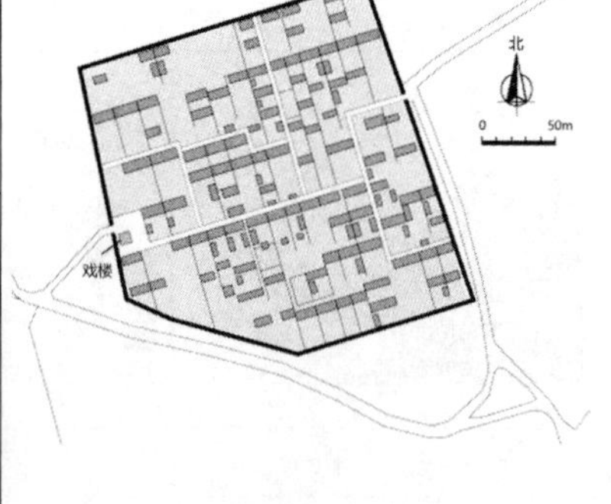

桃花堡七村平面

鸦涧位于桃花驻地西南偏北2.9公里处，下广（下花园—广灵）、京西（北京—西合营）公路（复线）从村南通过，属丘陵区。地势北高南低。为黏土质。有897人，均为汉族。耕地4723亩。

明朝末期（1623～1640年）建址时，名曰卧牛堡，因地形像牛卧状而得名。据传，一年起蝗虫，五谷遭践，百姓惶恐之时，却有群鸦飞来逐蝗虫于沟涧中啄灭。村民视之为神鸦，故更村名为鸦涧。

雅涧外景

雅涧内景

雅涧平面

桃花镇

太宁寺位于桃花驻地西偏南3.6公里处，属丘陵区。地势较平坦。为黏土质。有621人，均为汉族。耕地3077亩。

据清嘉庆二十年（1815年）重修该村堡门之横匾记载，清朝初期先建太守寺，后建村，故村名亦随寺曰太宁寺。

太宁寺堡门

太宁寺戏楼

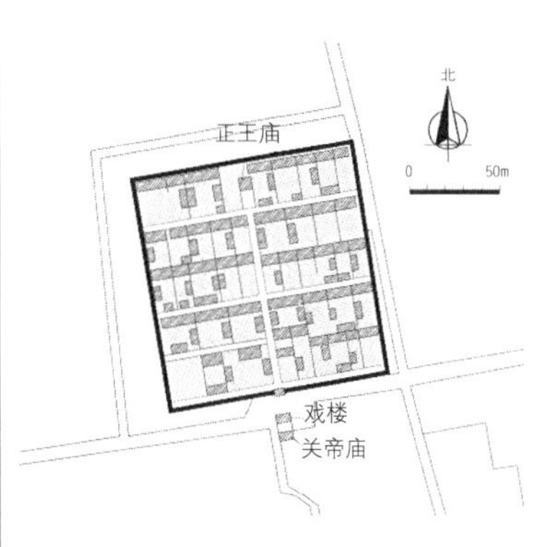

太宁寺平面

南董庄位于桃花驻地西偏南5.3公里处，属丘陵区。村东临沟，地势较平坦。为黏土质。有543人，均为汉族。耕地3087亩。

明成化十八年（1482年），董家寨村被水冲毁，部分搬到原村南建庄，故取村名南董庄。

南董庄内景

南董庄戏楼

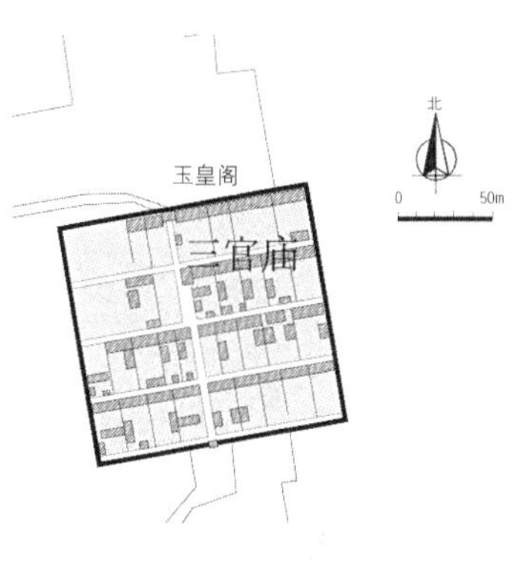

南董庄平面

柏树

永宁寨位于柏树驻地西偏南2.8公里处，属丘陵区。东靠绵羊峪沙河，西靠马峪。地势东南高西北低。为沙土质。有1465人，均为汉族。耕地5492亩。

元朝末年（1367年）建村。因金、宋兵打仗时常在此安营扎寨，后村民为求安宁，故取名为永宁寨。

永宁堡堡门

永宁堡院落

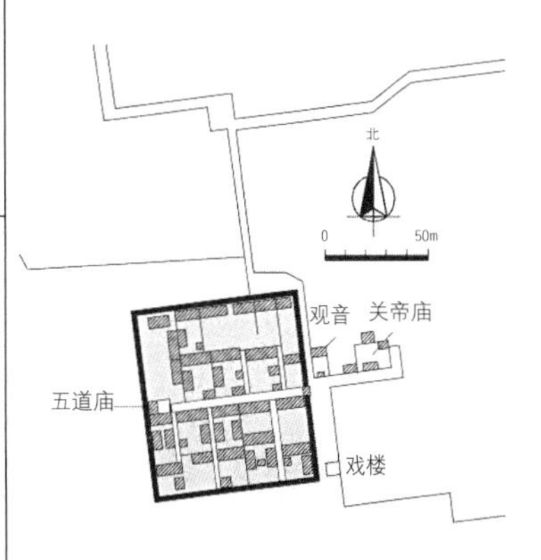

永宁堡平面

常宁

庄窠堡位于常宁驻地北偏西3公里处，属丘陵区。东西临沟，地势北高南低。为黏土质。有1002人，均为汉族。耕地3858亩。该村蕴有相当早商文化遗址。

明成化年间（1465~1487年），该村由大河堡、小河堡、金家堡三个自然村合并。因地势中间低，四周高，取名庄窠堡，后简称庄窠。1982年5月，根据国务院《关于地名命名、更名的暂行规定》第八条精神，蔚县人民政府颁文（蔚政[82]第82号），复称庄窠堡。

庄窠堡堡门

庄窠堡戏楼

庄窠堡平面

范家堡位于常宁驻地西北偏北3.4公里处，属丘陵区。东临沟，西有坑塘，南靠沙河，地势北高南低。为黏土质。有659人，均为汉族。耕地2829亩。

明隆庆年间（1567~1572年）建堡。因范姓主居，故取名范家堡。

范家庄堡门

范家庄内景

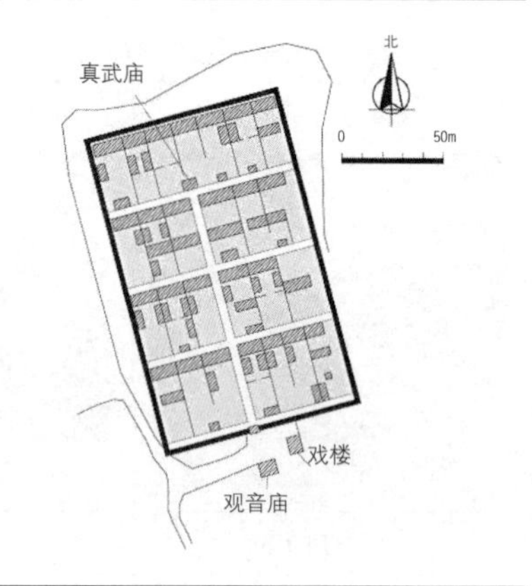

范家庄平面

吉家庄

红桥位于吉家庄驻地东偏南3.8公里处，属丘陵区。地势起伏。为黏土质。有998人，均为汉族。耕地3501亩。

明成化年间（1465~1487年）建村。因村东有一座红石头砌成的桥，故借以做村名红桥。

红桥堡门

红桥内景

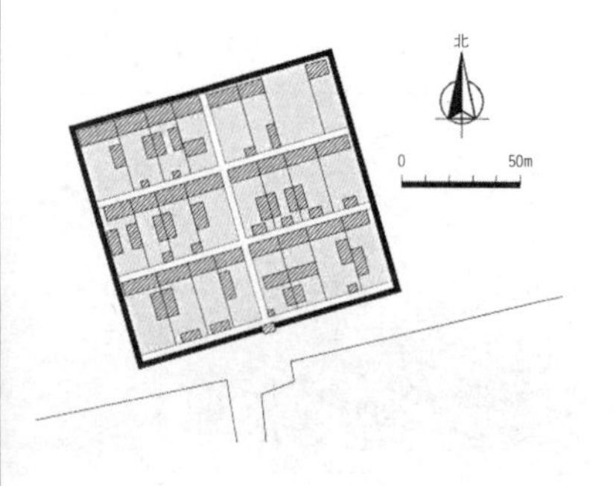

红桥平面

吉家庄

大蔡庄位于吉家庄驻地北偏西3.8公里处，属丘陵区。东临沟。地势较平坦。为黏土质。有825人，除蒙古族1人外，其余为汉族。耕地4322亩。清康熙进士、吏部尚书李周望生于此村。

据传，唐朝末年蔡姓建庄，即取名蔡家庄。1912年改为大蔡庄。

大蔡庄堡门

大蔡庄戏楼

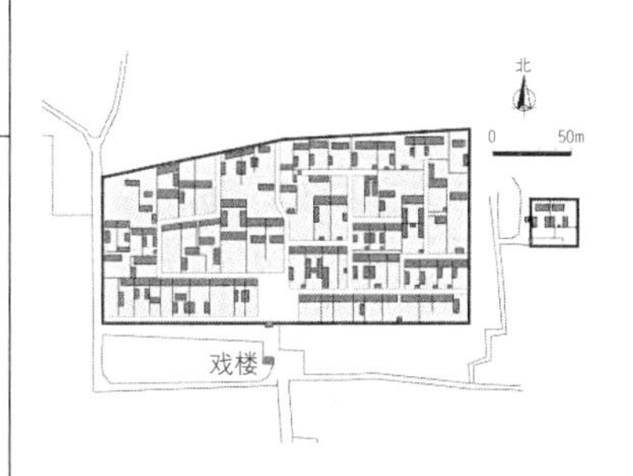

大蔡庄平面

小辛柳位于吉家庄驻地东北偏北4.5公里处，属丘陵区。地势较平坦。为黏土质。有558人，均为汉族。耕地3623亩。

明洪武二十五年五月（1392年），一家姓王的从大辛柳迁此建村。因人少村小，故取名小辛柳。

小辛柳堡门

小辛柳戏楼

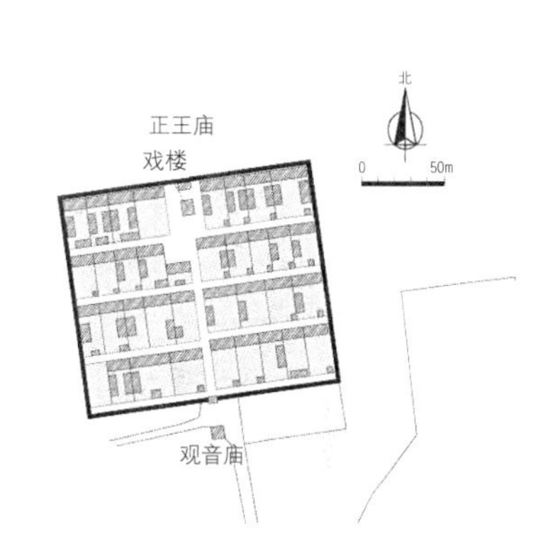

小辛柳平面

前上营位于吉家庄驻地东北偏北0.6公里处，属丘陵区。地势较平坦。为黏土质。有364人，均为汉族。耕地1611亩。

明洪武年间（1368～1398年），官方曾于村北坡上建立兵营，名为前营。建村后故据此取村名前上营。

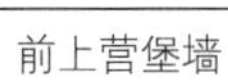

前上营堡墙

前上营内景

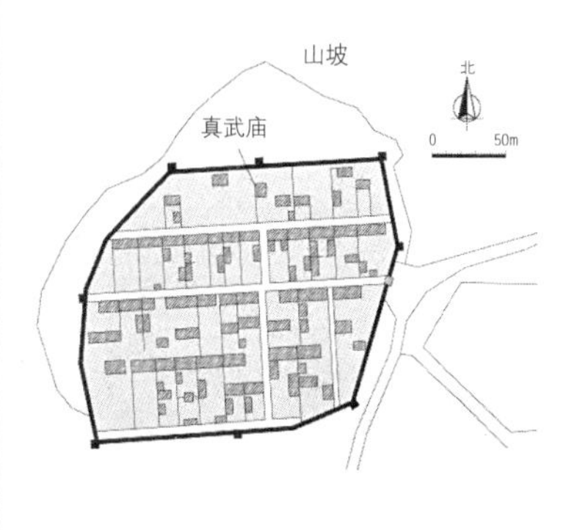

前上营平面

白乐镇

前堡位于白乐驻地东北偏北2.3公里处，属丘陵区。地势较平坦。为黏土质，呈盐碱性。有1006人，均为汉族。耕地3725亩。

明洪武三年（1370年）建堡。据传，该村曾驻防一龙虎将军，骁勇无敌，屡战屡捷，被人颂为千胜将军，村名亦随曰千胜疃。后分南、北两村，该村居北，遂冠前曰“前千胜疃”。1948年更名为前堡。

前堡街道一

前堡街道二

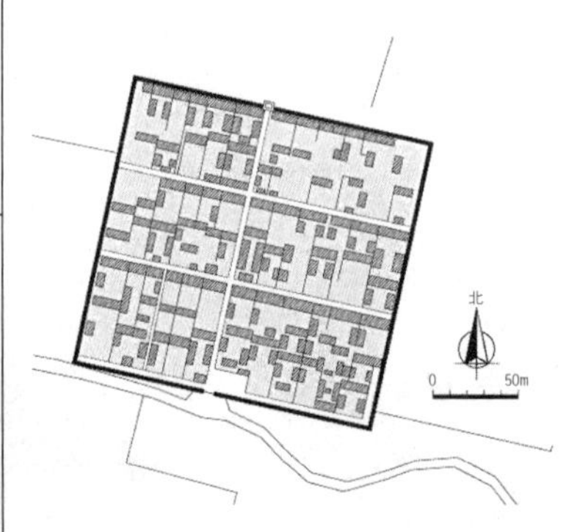

前堡平面

后堡位于白乐驻地东北偏北3公里处，属丘陵区。地势较平坦。为沙土质。有720人，均为汉族。耕地2681亩。

明万历年间（1573~1619年）建村。因村址位于前千胜疃之后，故取名后千胜疃。1948年更名为后堡。

后堡城墙

后堡内景

后堡平面

天照疃位于白乐驻地西偏南5.6公里处，属丘陵区。地势较平坦。为沙土质。有1525人，均为汉族。耕地5937亩。

明成化十八年（1482年）建村时，为祈苍天照应，黎民乐业，故取村名天照疃。

天照疃堡门

天照疃戏楼

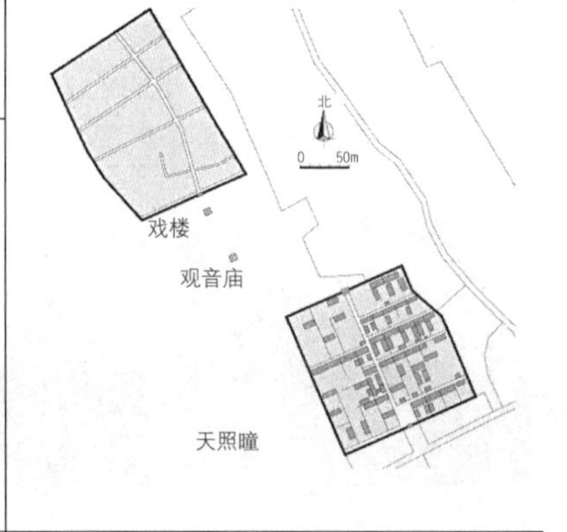

天照疃平面

白乐镇

尹家皂位于白乐驻地西偏北2.6公里处，属丘陵区。地势较平坦。为壤土质。有250人，均为汉族。耕地920亩。

明嘉靖十三年（1534年）建堡。因尹姓人主居。且曾屯驻官府兵马，故取村名尹家皂。

尹家皂堡门

尹家皂内景

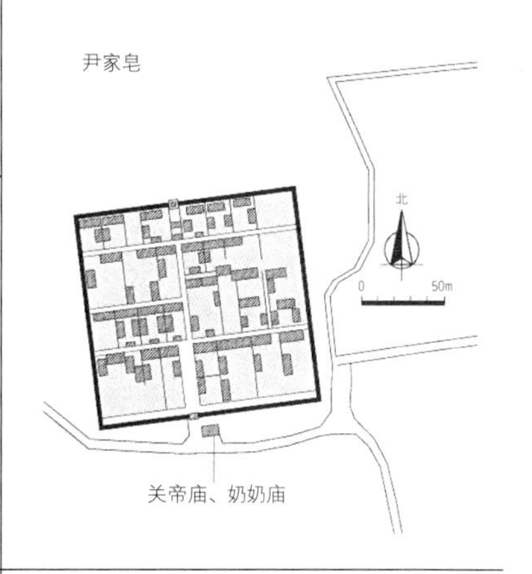

尹家皂平面

东樊庄位于白乐驻地西偏南4.1公里处，属丘陵区。地势较平坦。为少土质，略呈盐碱性。有1188人，均为汉族。耕地4775亩。

明末建村。因樊姓居多，取名樊庄。后为区别于本县南、北樊庄，更名为东樊庄。

东樊庄堡门

东樊庄内景

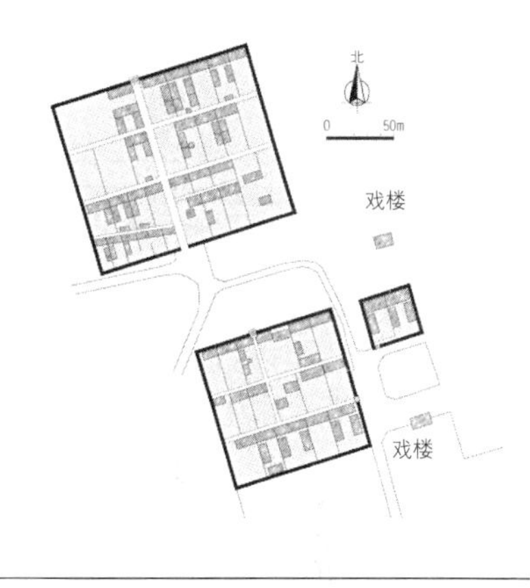

东樊庄平面

祁家皂

海子窊位于祁家皂驻地东偏北3.5公里处，属丘陵区。地势较平坦。为黏土质，略呈盐碱性。有703人，均为汉族。耕地3535亩。

元朝末（1341～1367年）建村，名凤鸣村。清代魏象枢从这里游过，观村西有一蓄水草滩，风水好，遂更村名为海子窊。

海子窊堡门

海子窊全景

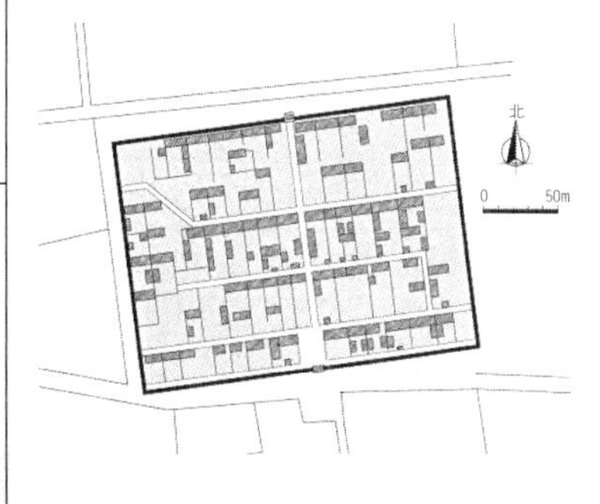

海子窊平面

祁家皂

羊圈堡位于祁家皂驻地东北偏北4.6公里处，下广（下花园—广灵）、京西（北京—西合营）公路（复线）从村南通过，属丘陵区。东、西、南间以沟为界分新旧两村，新村地势较平坦，旧村西高东低，中间有沟。为黏土质。有737人，均为汉族。耕地3763亩。

明代前（1341～1367年）建村，呈一庄一堡，统称永安堡。据传，清代朝宫魏象枢为谏皇帝不在此建陵，故将村名更为羊圈堡。后庄堡分村，引村即为羊圈堡。

羊圈堡教堂

羊圈堡教堂

羊圈堡平面

西合营

司家窊位于西合营公社驻地西南偏北4.2公里处。地处河谷，四周高，中间低，村东临沟。为轻壤土质，较瘠薄。有1135人，均为汉族。耕地4103亩。

明万历十年（1582年），司姓人家建村于地势低洼处，故取名司家窊。

司家窊内景

司家窊内景

司家窊平面

北留庄位于西合营驻地东偏北1.3公里处，属河川区。三关河经村东北向西注入清水河。地势平坦。为中壤土质，有879人，均为汉族。耕地1466亩。约在明朝中期，山西洪洞县蓝、苗、高三姓，流落途中在此留居建村，取村名留庄。后为区别于本县南留庄，即改名北留庄。

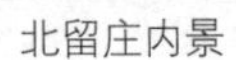

北留庄内景

北留庄内景

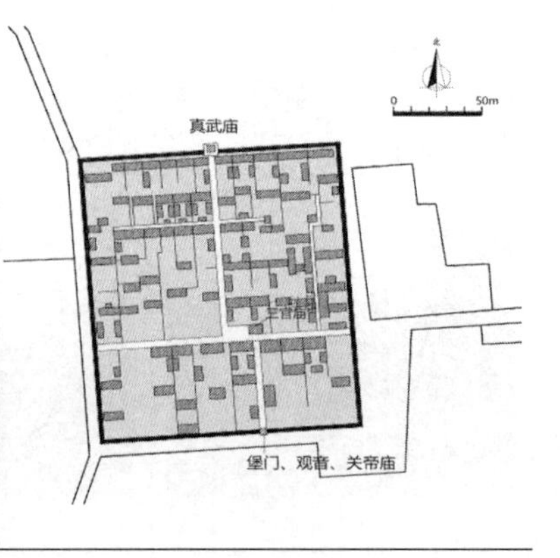

北留庄平面

西合营

西辛庄位于西合营驻地西南偏北5.7公里处，坐落于壶流河南岸，属河川区。地势平坦。为中壤土质。有438人，均为汉族。耕地1809亩。

明朝嘉靖年间（1522～1566年），从山西洪洞县迁来王姓哥俩，分别在横涧沟东、西两侧辛勤建庄。沟西者，取村名西辛庄。

西辛庄堡门

西辛庄全景

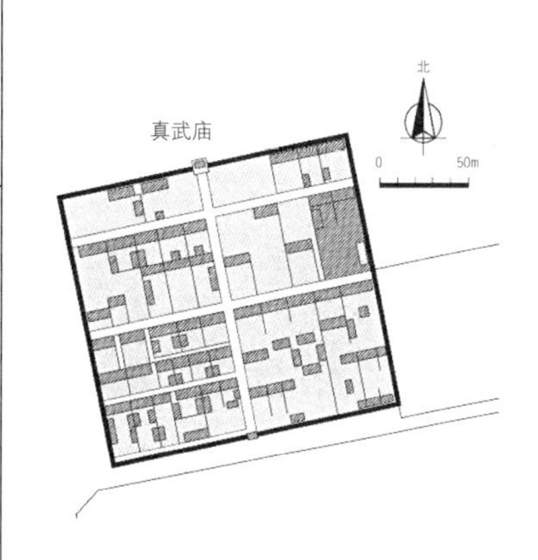

西辛庄平面

横涧位于西合营驻地西南偏南4.1公里处，属河川区。东北邻横涧水库，地势平坦。村居于一涧沟东西，呈两堡。属轻壤土质。有1354人，均为汉族。耕地5749亩。

明洪武二年（1369年）建村。因村中间横隔涧沟，故取名为横涧。

横涧鸟瞰一

横涧鸟瞰二

横涧平面

柏树

西高庄位于柏树驻地西北偏南6.2公里处，属丘陵区。地势南高北低。为沙土质。有959人，均为汉族。耕地4412亩。

明隆庆年间（1567～1572年），建村于低洼处。因村东、西两沟常泛水灾，为取吉利，故命名为西高庄。

西高庄戏楼

西高庄堡墙

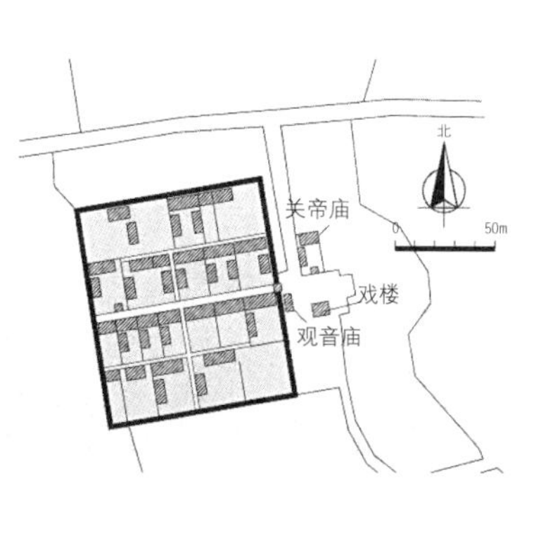

西高庄平面

南岭庄

北岭庄位于南岭庄驻地西北偏南4公里处，属丘陵区。北临沟，地势平坦，为黏土质。有1058人，均为汉族。耕地4260亩。

辽应历年间（951～968年），李氏于南北两地同时相邻建村，统称李邻庄，后分为两村，北为北岭庄。

北岭庄堡门

北岭庄内景

北岭庄平面

李家浅位于南岭庄驻地西南偏北2.5公里处，属丘陵区。北临沟。地势平坦。为黏土质。有418人，均为汉族。耕地2024亩。

清康熙十一年（1672年）建村。据该村泰山庙石碑记载，原叫下浅涧。堡门石匾为浅涧堡。后因李姓居多，更名为李家浅。

李家浅堡门

李家浅戏楼

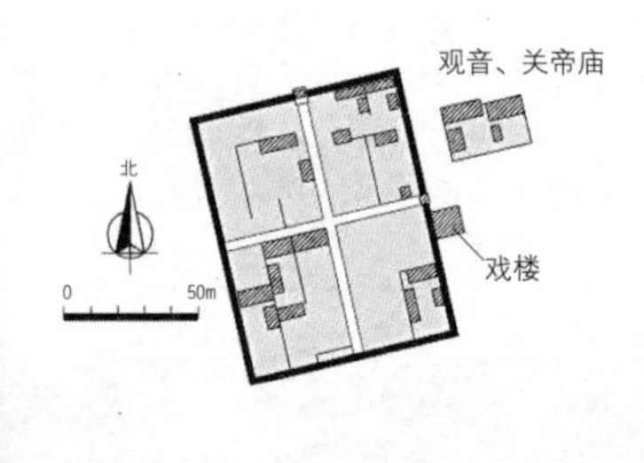

李家浅平面

白草窑

白草窑位于蔚县城北偏西17.4公里处，原为蔚县“八大镇”之一，现已消失。属丘陵区。北靠黄土坡，东南临沙河，地势西高东低。为沙土质。有887人，均为汉族。耕地3577亩。明嘉靖进士、河涧府尹尹耕生于该村北尹家沟村。

元朝至元二十年（1283年），有几户人家在这里开煤窑，挖到十八丈深时，挖出了白草，建村时遂据此取名白草窑。

白草窑堡门

白草窑戏楼

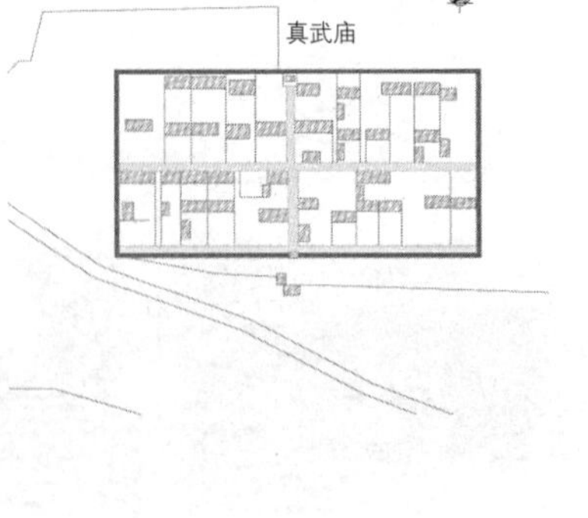

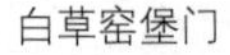

白草窑平面

杨庄窠

小辛留位于杨庄窠驻地南偏东2.3公里处，属丘陵区。西南靠沟，地势西北高东南低。为黏土质。有495人，均为汉族。耕地2374亩。

明嘉靖年间（1522～1566年）建村。后来许多人嫌此地土质瘠薄，生活贫穷，先后迁徙他乡。仅有耿染二姓坚持辛勤耕作，长期居留下来，故取村名小辛留。

小辛留堡门

小辛留全景

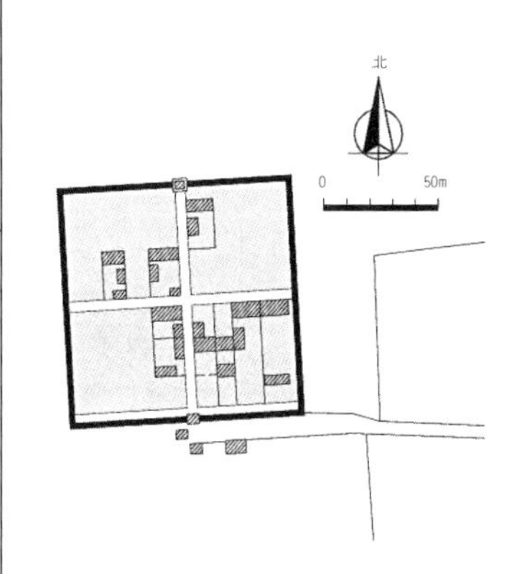

小辛留平面

沙涧位于杨庄窠驻地西北偏北2.3公里处，属丘陵区。东北临沙河，地势西北高东南低。大部为黏土质。有732人，均为汉族。耕地4061亩。

清乾隆二年（1737年）建村于一条沙河旁，取名沙涧堡。后更名为沙涧。

沙涧堡门

沙涧戏楼

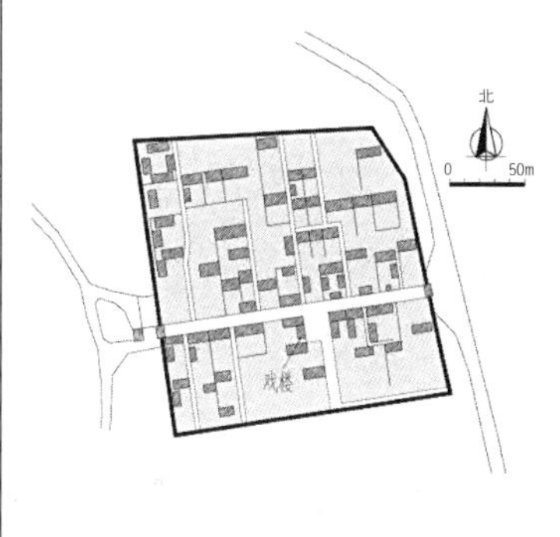

沙涧平面

代王城

代王城位于蔚县城东北偏南10.8公里处，是蔚县“八大镇”之一，属河川区。地势东南高，西北低。大部为黏土质。有4803人，均为汉族。耕地9626亩。

约建村于周朝时期（前11世纪～前256年）。到春秋时，为代国的国都。战国时期属赵国，为代郡的郡治。因代王曾居于此，故得村名代王城。

代王城堡门

代王城戏楼

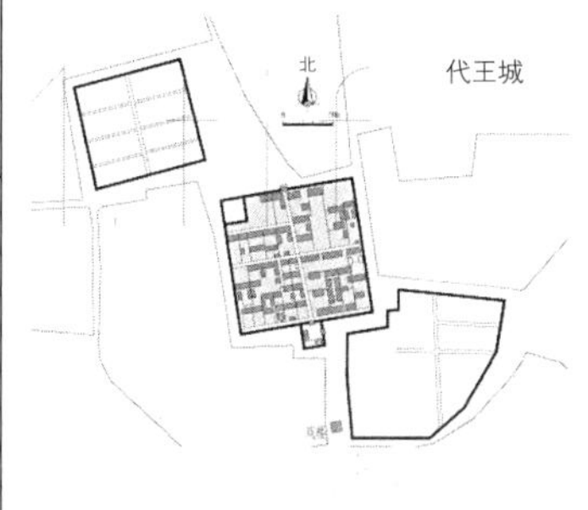

代王城平面

代王城

石家庄位于代王城驻地西南偏南6.4公里处，属河川区。地势略南高北低。为沙土质。有577人，均为汉族。耕地2764亩。

明成化年间（1465~1487年）史姓建村，取名史家庄。后讹传为石家庄。

石家庄堡门

石家庄全景

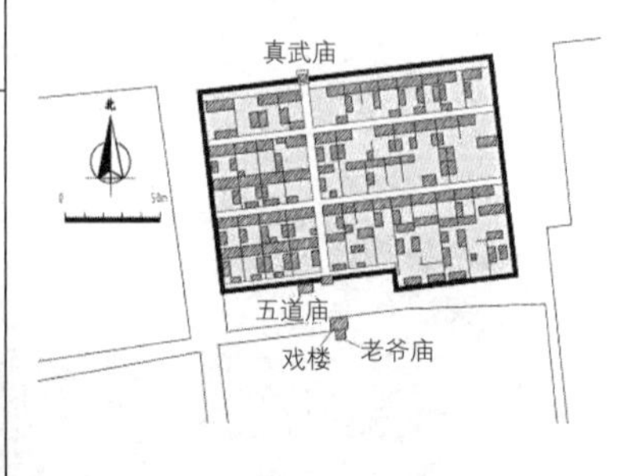

石家庄平面

张中堡位于代王城驻地西南偏南4公里处，属河川区。地势平坦。为黏土质。有1393人，均为汉族。耕地3921亩。

明嘉靖九年（1530年）张姓建堡，称张家庄。后分北、中、南三堡，该村居中，故名张家中堡。1939年更为张中堡。

张中堡堡门

张中堡观音庙

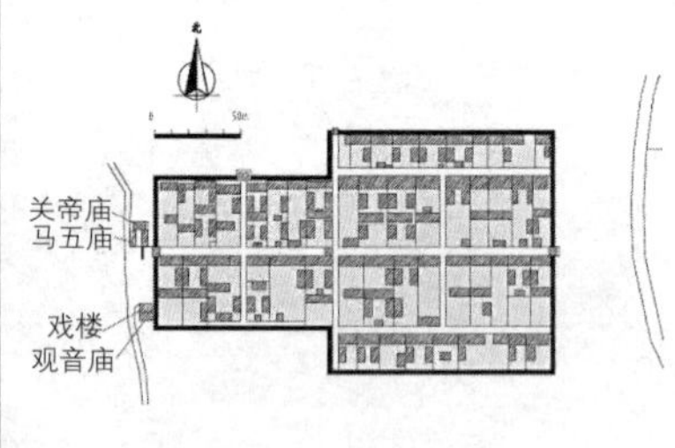

张中堡平面

马家寨位于代王城驻地西偏南1.3公里处，属河川区。地势东北高，西南低。为黏土质。有648人，均为汉族。耕地1292亩。

据该村堡门楼考证，为明代马姓建村，取名马家寨。

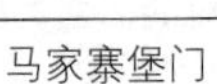

马家寨堡门

马家寨三教庙

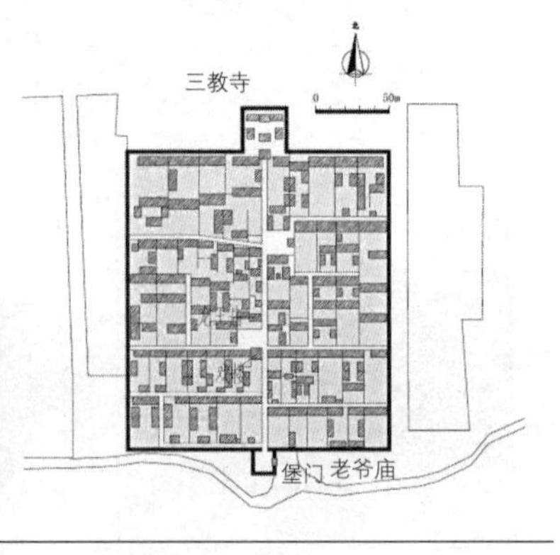

马家寨

代王城

水北位于代王城驻地东北偏北1.8公里处，村南有东西向暖溪，属河川区。地势东南高，西北低。为沙、黏土质。有2034人，均为汉族。耕地6288亩。

明成化十八年（1482年）建村时，因村南多有河溪，故取村名水北。

水北堡堡门

水北堡戏楼

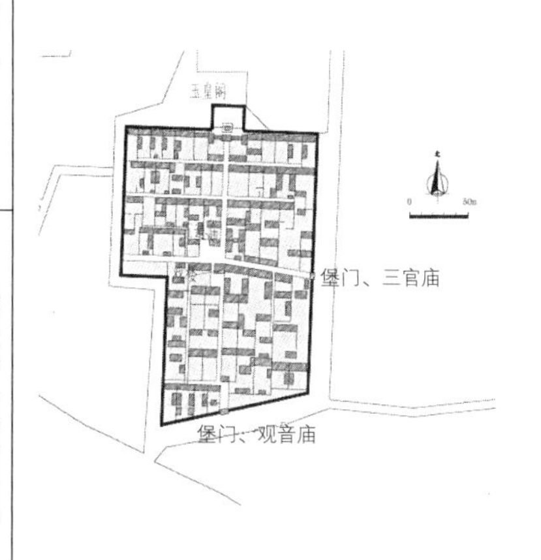

水北堡

涌泉庄

上陈庄位于涌泉庄驻地北偏东2.7公里处，属丘陵区。地势较平坦。大部为壤土质。有1056人，均为汉族。耕地3758亩。

清乾隆年间（1736~1795年）陈姓建堡。据地势较高，取名上陈堡。约百年（1880年）前改为上陈庄。

上陈庄堡门

上陈庄鸟瞰

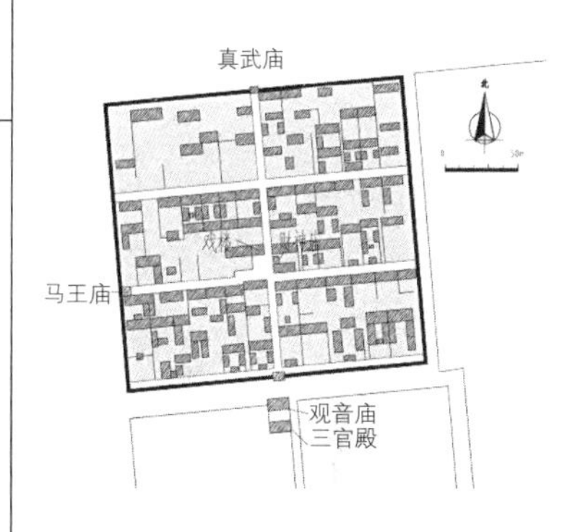

上陈庄平面

崔家寨位于涌泉庄驻地西北偏南4.6公里处，属丘陵区。村西有重泰寺遗址，村北有小水库。地势西北高东南低。大部壤土质。有473人，均为汉族。耕地2248亩。

据传，崔姓于明嘉靖二十二年（1543年）建寨，故取名崔家寨。

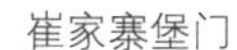

崔家寨堡门

崔家寨关帝庙

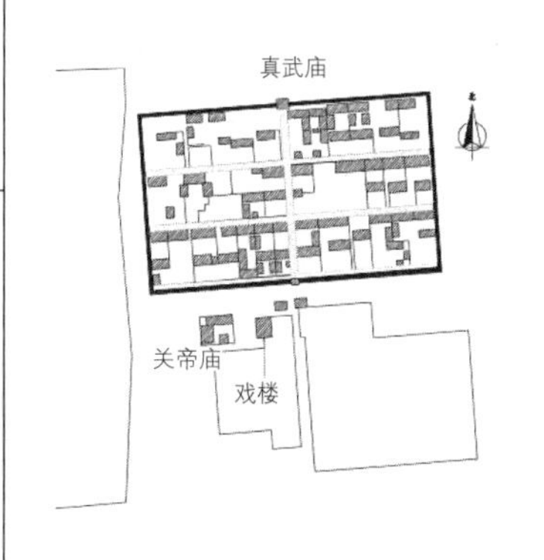

崔家寨

涌泉庄

黄家庄位于涌泉庄驻地东南偏北4.2公里处，属河川区。村江南临壶流河，地势较平坦。为壤土和黏土质。有438人，均为汉族。耕地1266亩。

清乾隆四十八年（1783年）前，这里曾为本县北深涧黄家的种土庄子。建村后故取名黄家庄。

黄家庄堡门

黄家庄戏楼

黄家庄

辛庄位于涌泉庄驻地南偏西4.5公里处，属丘陵区。村东靠下广（下花园—广灵）公路，与蔚县砖瓦厂为邻。地势北高南低。大部为壤土质。有784人，均为汉族。耕地1976亩。

清康熙四年（1665年），陈家涧人为种地方便，在此新建小庄，取名新庄，后传误为辛庄。

辛庄堡门

辛庄戏楼

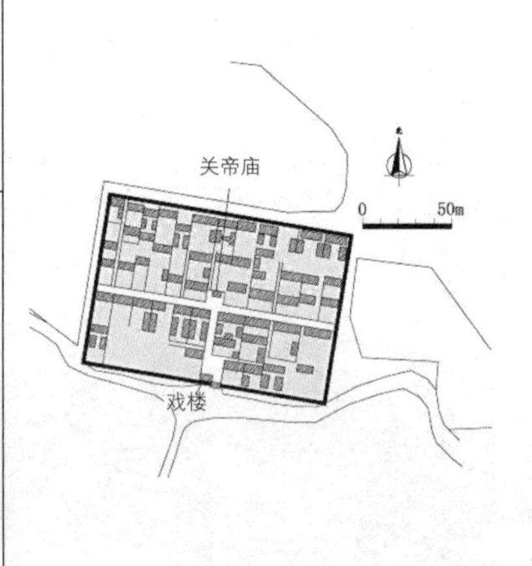

辛庄平面

西陈家涧位于涌泉庄驻地南偏东3.7公里处，属丘陵区。下广（下花园—广灵）公路从村东南通过，村西临沟。地势北高南低。大部为壤土质。有727人，均为汉族。耕地2933亩。

明嘉靖二十一年（1542年），陈氏弟史建村于沟涧旁，取名陈家涧。后因居涧西，又称西陈家涧。

西陈家涧堡门

西陈家涧真武庙

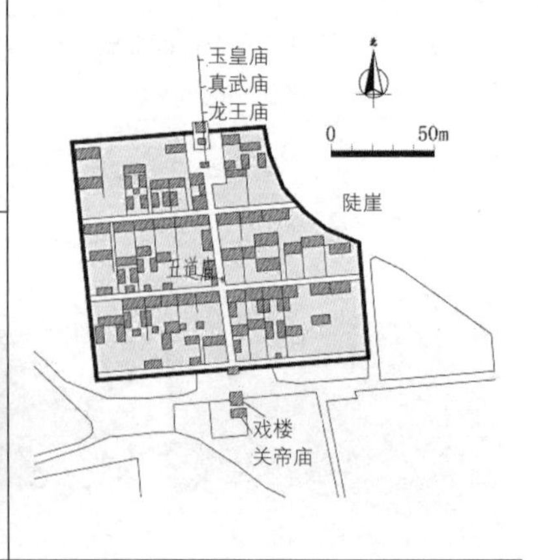

西陈家涧

蔚县城

逢驾岭位于城关驻地西南偏南3公里处，属平川区。地势西南略高。多为沙土质。有731人，均为汉族。耕地2390亩。

该村建址于土岭旁。据传，北魏孝文帝于太和年间（477～499年）出巡查访，曾途经此岭，村民视为吉兆，遂取村名逢驾岭。

逢驾岭堡门

逢驾岭真武庙

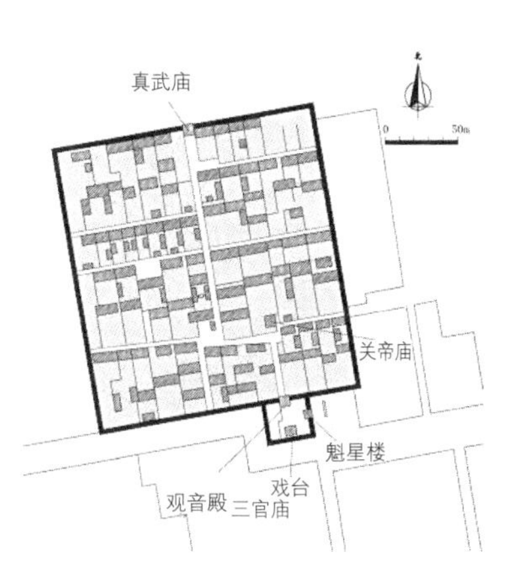

逢驾岭

南张庄位于城关驻地南偏西2.4公里处，属平川区。省属317厂专用沥青公路从村东经过。地势平坦。为沙土质。有498人，均为汉族。耕地1709亩。民间剪纸艺人王老赏出生该村。

明初（1368年）建村于蔚州城之南。因张姓占多数，故取名南张庄。

南张庄堡门

南张庄观音庙

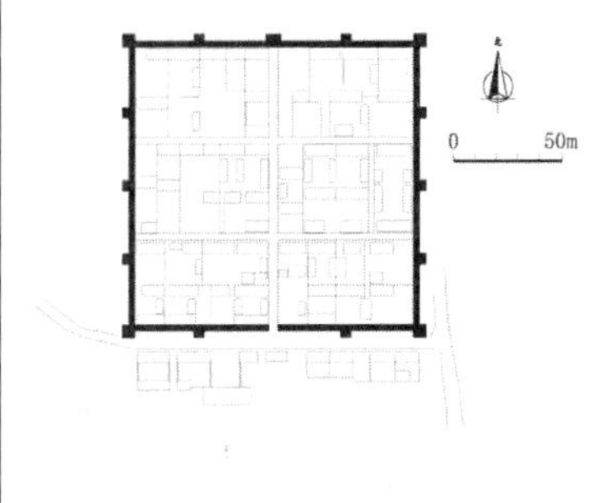

南张庄

宋家庄

南方城位于宋家庄驻地西北偏南3.7公里处，地处平川。地势西高东低。为壤土质。有414人，均为汉族。耕地1142亩。

据传，明宣德年间（1426～1435年）建村。因村形成方，又位于蔚州城地，故取名南方城。

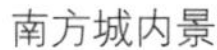

南方城内景

南方城内景

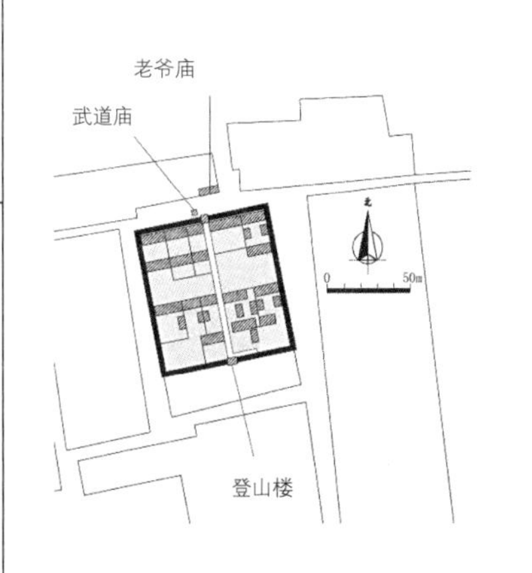

南方城平面

宋家庄

崔家庄位于宋家庄驻地西偏北4公里处，属河川区。地势呈东西高、中间低洼形。为黏土质。有857人，均为汉族。耕地3000亩。

明末（1628~1643年）建村，居住申、赵、崔三大姓，各姓均立有庄堡，申姓叫申家庄，赵姓叫赵家庄小堡，崔姓叫崔家庄大堡，后合并统称崔家庄。

崔家庄内景

崔家庄戏楼

崔家庄平面

西大云疃位于宋家庄驻地东北偏南8.4公里处，属丘陵区。处露峪口东南，地势呈南高北低坡形。为沙土质。有1089人，均为汉族。耕地4887亩。1948年春，沉痛的“西大云蝉惨案”发生于村南薛家沟。

据传建于元末（1341~1364年）。因村南五里处有山峰高耸入云，故名大云疃。1926年分成两村，据方位，更名为西大云疃。

西大云疃堡门

西大云疃内景

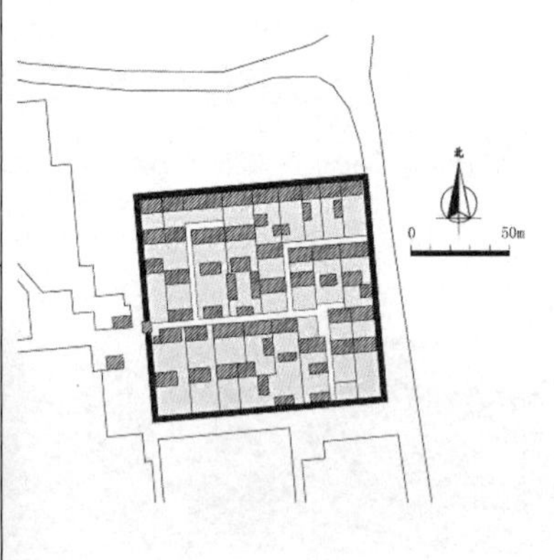

西大云疃平面

东大云疃位于宋家庄驻地东北偏南8.4公里处，属丘陵区。处露峪口东南，地势呈南高北低坡形。为沙土质。

据传建于元末（1341~1364年）。因村南五里处有山峰高耸入云，故名大云疃。1926年分成两村，据方位，更名为东大云疃。

东大云疃堡门

东大云疃戏楼

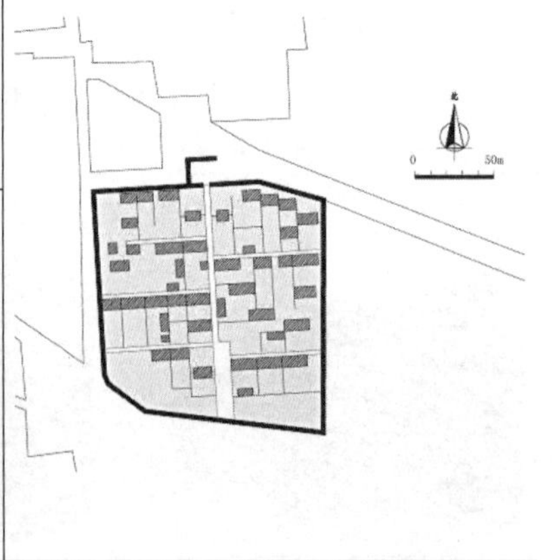

东大云疃平面

宋家庄

黑堡子位于宋家庄驻地南偏东1.4公里处。地处平川，地势平坦。为沙土质。有235人，均为汉族。耕地1567亩。

元初（1206～1228年）建村于一片落叶松林中。因每日午后村内即不见阳光，故取村名黑堡子。

黑堡子内景一

黑堡子内景二

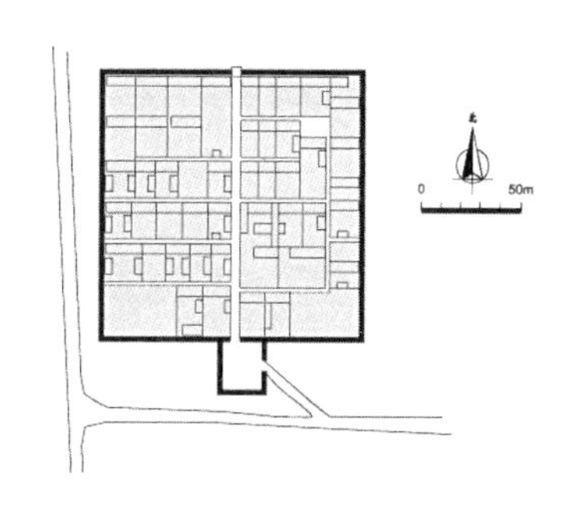
黑堡子平面

吕家庄位于宋家庄驻地西偏南3.1公里处，地处平川。地势平坦。为沙土质。有1823人，均为汉族。耕地7801亩。

唐朝末年（904年）建起庄堡，当时村里有吕、张、何三大户。因吕姓最多，故取村名吕家庄。

吕家庄堡门

吕家庄庙宇

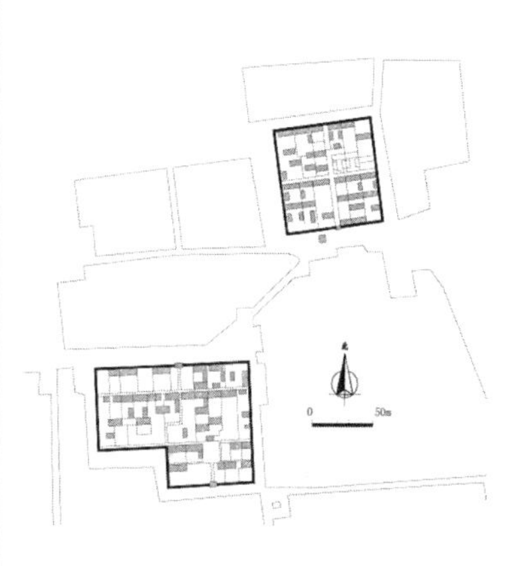
吕家庄平面

大固城位于宋家庄驻地东北偏南7.1公里处。地处平川，地势平坦。为沙土质。有1324人，均为汉族。耕地5400亩。

据传，建于元泰定年间（1324～1329年）。据明正德二年（1507年）建庙记载，名为固城里。明末汉人抗清于此村，几番激战，借城垣（实为堡墙）抵御未能失陷，故更名固城。后村北又建一村，以大小分之，即为大固城。

大固城堡门

大固城戏楼

大固城平面

宋家庄

富胜堡位于宋家庄驻地东偏北2.7公里处，属丘陵区。地势较平坦。为沙土质。有267人，均为汉族。耕地2535亩。

明中期建村，名附城堡，后改名富胜堡。

富胜堡全景一

富胜堡全景二

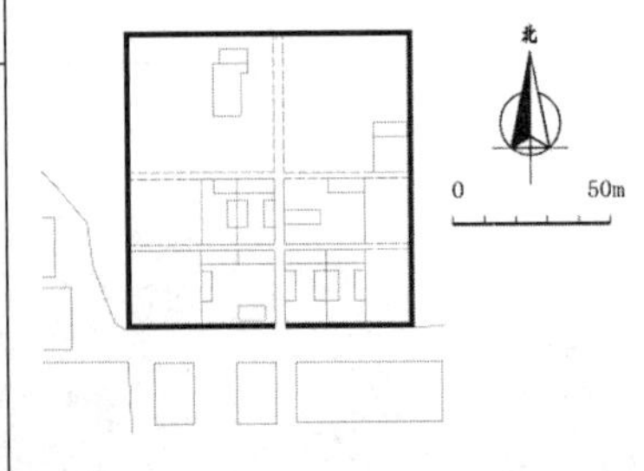

富胜堡平面

高院墙堡位于宋家庄驻地东偏北2公里处，地处平川。地势较平坦。为沙土质。有389人，均为汉族。耕地2126亩。

明末（1627～1641年）建村，相传原叫千家屯。后因高家被盗，遂将院墙筑高，好像堡墙，即更村名为高院墙堡。

高院墙堡内景

高院墙堡戏楼

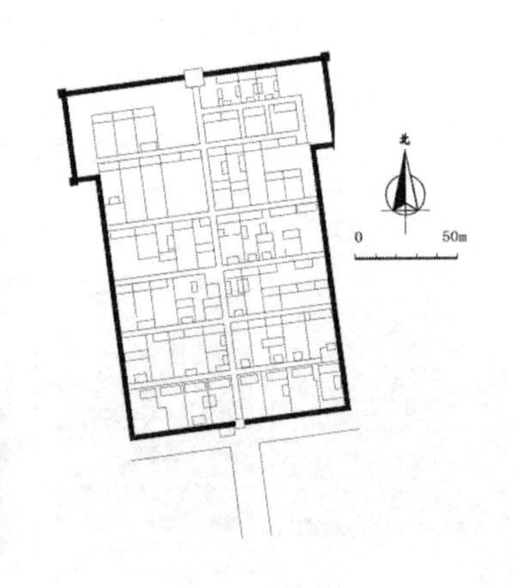

高院墙堡平面

上苏庄位于宋家庄驻地东南偏北7公里处，属丘陵区。处水峪口西北，东南靠山。地势东南高西北低。大部沙土质。有1894人，均为汉族。耕地6728亩。

明嘉靖二十二年（1543年）中秋，苏姓人在此建堡。据村址较邻村高之故，取名上苏庄。

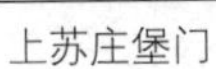

上苏庄堡门

上苏庄马王庙

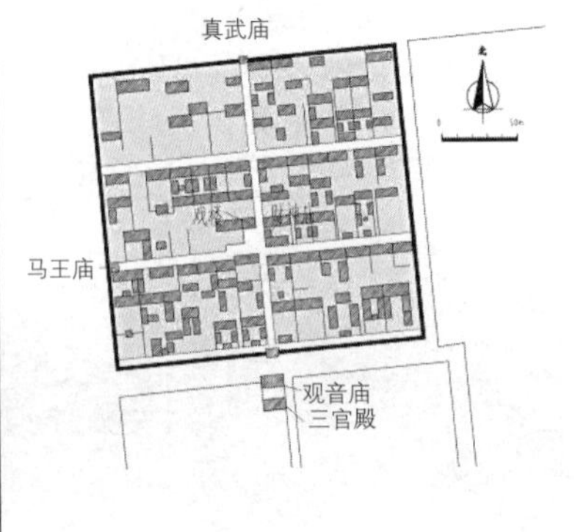

上苏庄平面

宋家庄

邢家庄位于宋家庄驻地西南偏北5.1公里处，属丘陵区。地势南高北低。为沙土质。有1400人，均为汉族。耕地5380亩。

元朝延佑年间（1314～1321年），黑堡子邢家财主在这里地多，并盖有长工住的种地房。建庄后故取村名邢家庄。

刑家庄堡门

刑家庄戏楼

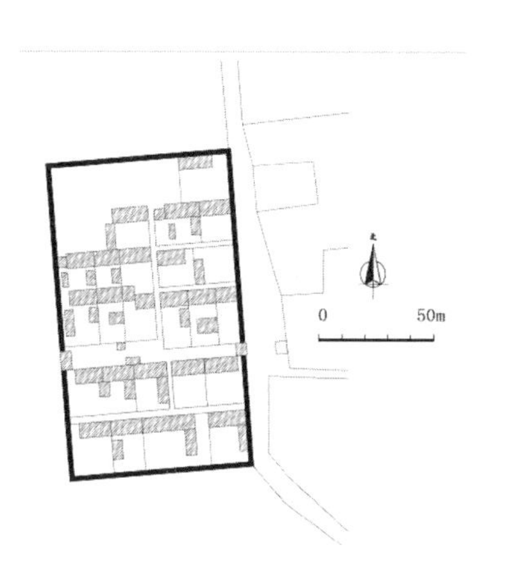

刑家庄平面

邢家庄东堡位于宋家庄驻地西南偏北5.1公里处，属丘陵区。地势南高北低。为沙土质。

刑家庄东堡外景

刑家庄东堡外景

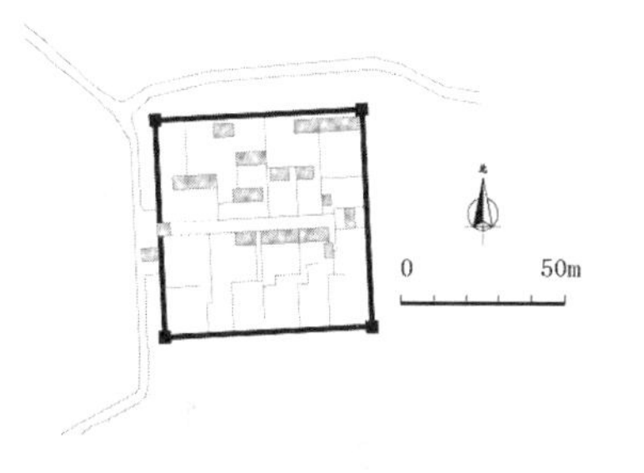

刑家庄东堡平面

大探口位于宋家庄驻地西南偏南6.5公里处，属丘陵区。处红崖峪口，南靠山。地势南高北低。为沙土质。有716人，均为汉族。耕地2500亩。

据传，元朝末（1341～1367年）建村。因处红崖峪口，故当时为交通要塞，常有兵家来此打探消息，据此而取村名打探口。后人讹传为大探口。

大探口堡门

大探口真武庙

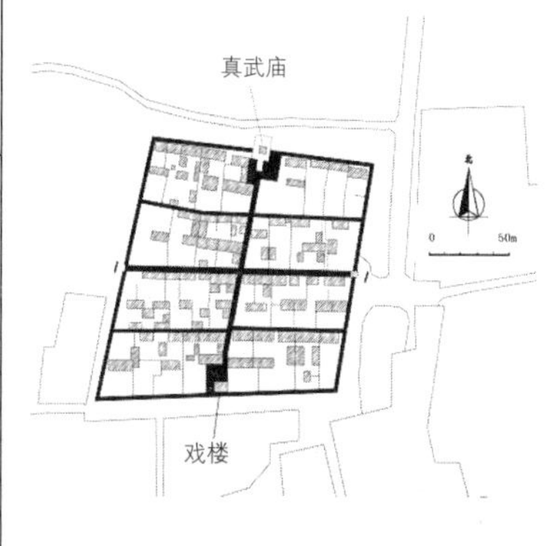

大探口平面

下宫村

浮图村下宫村驻地东偏南4公里处。属丘陵区。地势南高北低。为沙土质。有1939人，均为汉族。耕5389亩。

元末建村，相传，据村西三清观庙内有宝塔（塔即浮图），故取名为浮图村。

浮图北村堡门

浮图村堡门

浮图村平面

下宫村位于蔚县城西南偏南12.2公里处，地势平坦。北部多为壤土质，南部为黏土质。有1562人，均为汉族。耕地4740亩。

据传，元朝前在上、下宫村之间，曾有一座万安宫，该村位于万安宫之北，且地势较低，故取名下宫村。

下宫村堡门

下宫村堡墙

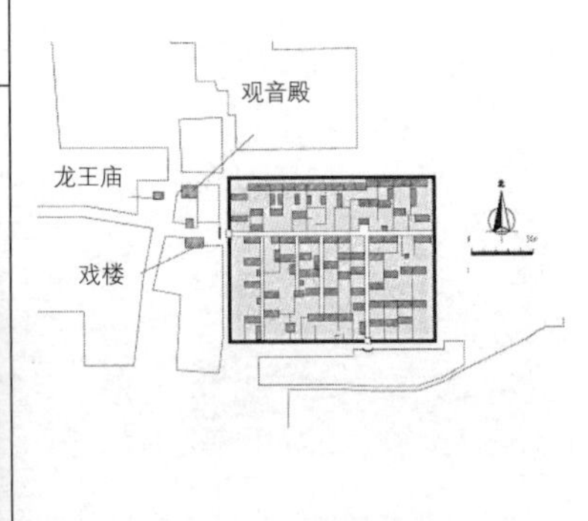

下宫村平面

北绫罗位于下宫村驻地东北偏南2.2公里处。地势略南高北低。为壤土质。有683人，均为汉族。耕地2241亩。

约建村于后周时期（951～960年），名永安堡。因该村同其他三村分别布罗在当时灵仙县县城周围，有卫属之意，故取绫罗之名。该村居北，即得名北绫罗。

北陵罗内景

北陵罗戏楼

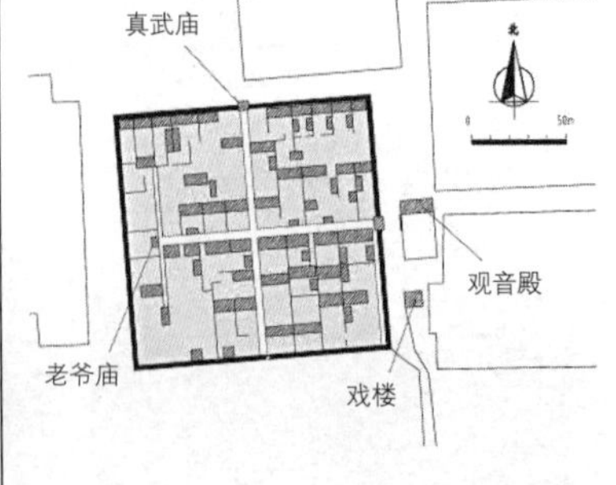

北陵罗平面

下宫村

南绫罗位于下宫村驻地东偏南1.3公里处。地势平坦。为沙土质。有554人，均为汉族。耕地1639亩。

约建村于后周时期（951～960年）名胜泉堡。后因该村同其他三村分别布罗在当时灵仙县县城周围，有卫属之意，而取绫罗之名，称胜井绫罗。又因居南，1937年更名南绫罗。

南陵罗内景

南陵罗教堂

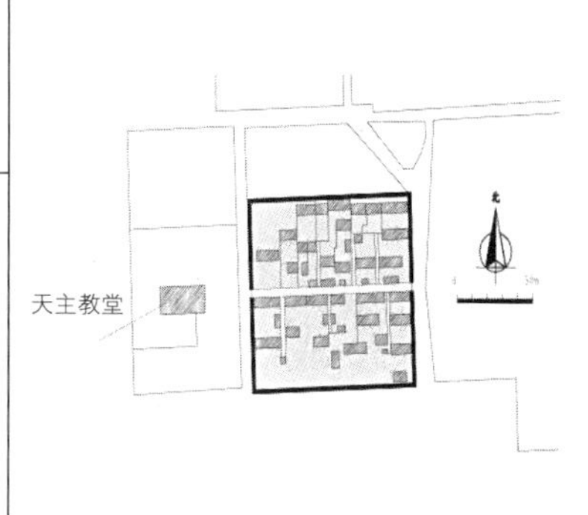

南陵罗平面

筛子绫罗位于下宫村驻地东偏北2.5公里处。地势西南高，东北低。为壤土质。村南有青年水库（社级）一座。有258人，均为汉族。耕地1154亩。有相当龙山文化的遗址，出土文物1000余件。

约建村于后周时期（951～960年），名朝阳堡。因该村同其他三个村分别布罗在当时灵仙县县城周围，有卫属之意，故取绫罗之名。该村处南北绫罗之中，即称中绫罗。后因多数人会编筛子，而更名为筛子绫罗。

筛子陵罗堡门

筛子陵罗戏楼

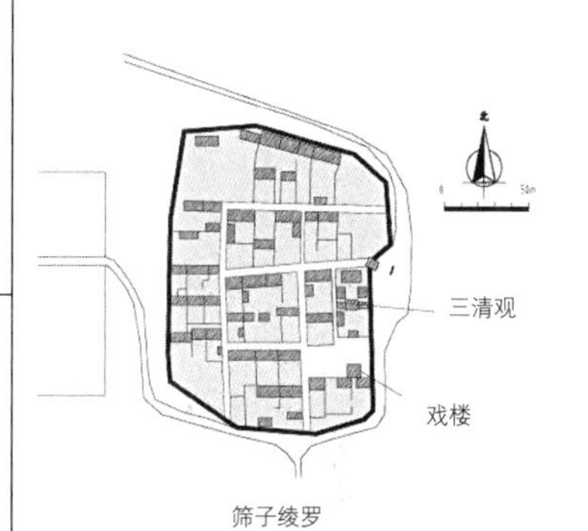

筛子陵罗平面

宋家庄

小探口位于宋家庄驻地西南偏南5.7公里处，属丘陵区。处红崖峪口，地势南高北低。为沙土质。有424人，均为汉族。耕地2400亩。原为南山明窑沟刘家的种地房。明末（1621～1642年）建村，叫刘家小堡。后因与大探口相邻，故更名小探口。

小探口堡门

小探口戏楼

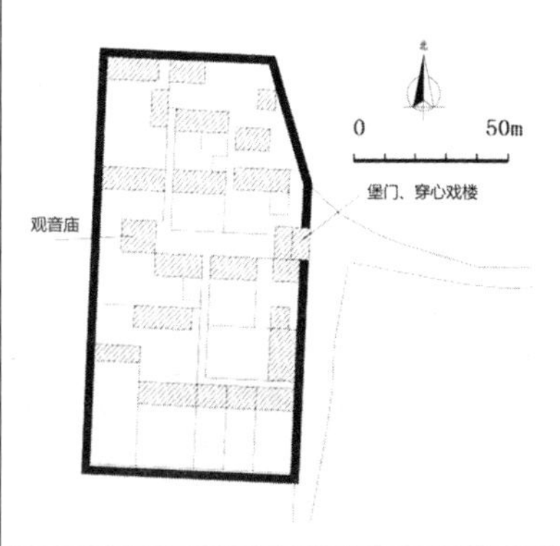

小探口平面

暖泉镇

千字村位于暖泉驻地东北偏北3.7公里处，属平川区。地势较平坦。为壤土质。有940人，均为汉族。耕地3151亩。

明正德十四年（1519年）建村，取名千字村。据传，那时村人识字不能过千，如超之即受官府处治。故据此取村名千字村。

千字村堡门

千字村全景

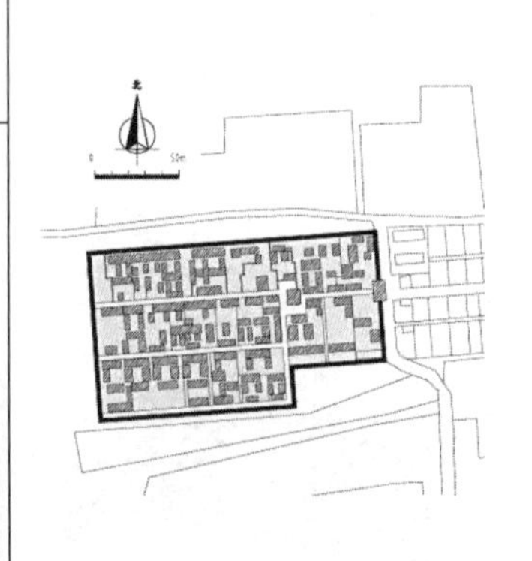

千字村平面

南留庄

曹疃位于南留庄驻地西北偏北2.4公里处，属丘陵区。村西临沙河，地势北高南低。为黏土质。有1067人，均为汉族。耕地3722亩。

在一千多年前（唐末年间），这里住有几户姓曹的人家，取名曹家疃。后演变为曹疃。

曹疃内景

曹疃内景

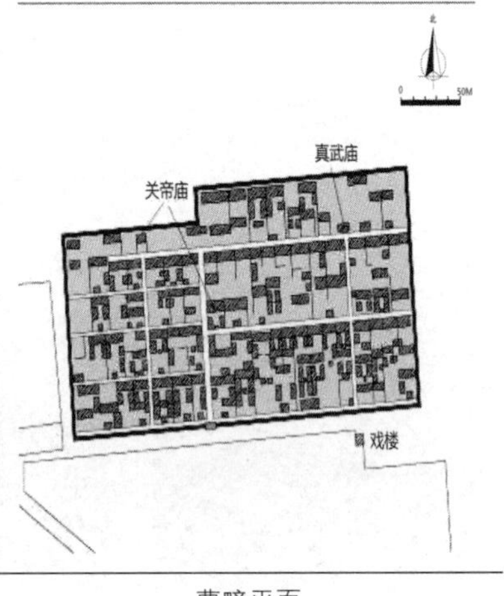

曹疃平面

水东堡位于南留庄驻地东偏南5.5公里处，属丘陵区。村东北有水库，地势较平坦。为黏土质。有574人，除满族3人外，其余为汉族。耕地2053亩。

明朝末年建村，称水涧子，因村旁沟涧有水而得名。后以涧为界，分为东西两村，涧东者称水涧东堡。后简为水东堡。

水东堡堡门

水东堡真武庙

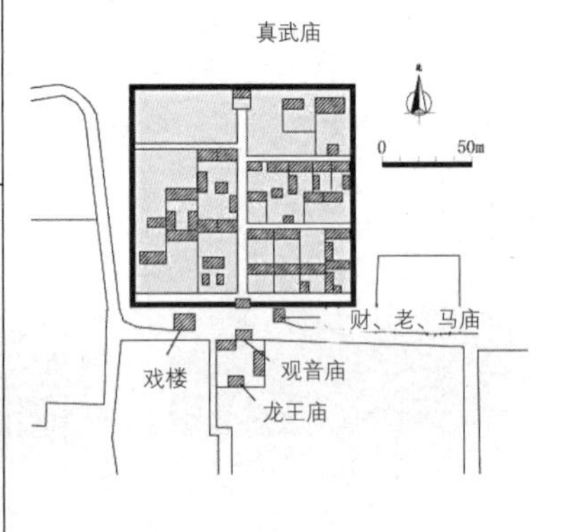

水东堡平面

南留庄

水西堡位于南留庄驻地东偏南5.1公里处，属丘陵区。西临水库，东靠沙河，地势较平坦。为黏土质。有607人，均为汉族。耕地2712亩。

明朝末年建村，称水涧子，因村旁沟涧有水面得名。后以涧为界，分为东西两村。涧西者称水涧西堡。后简为水西堡。

水西堡堡门

水西堡堡墙

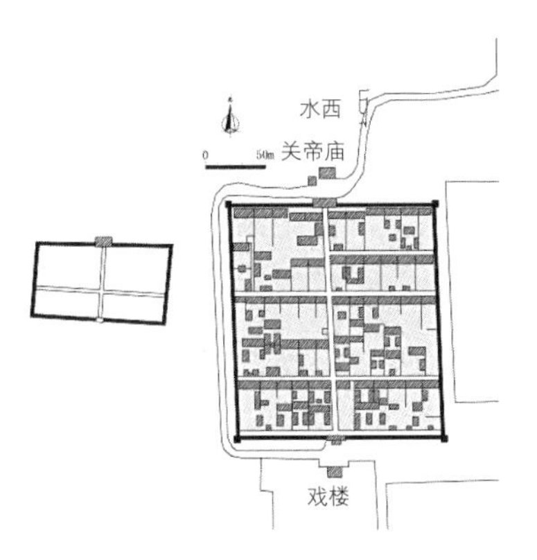

水西堡平面

单侯位于南留庄驻地东北偏南4.5公里处，属丘陵区。村西、东北有小沙河，地势较平坦。为沙土质。有1021人，除满族1人外，其余为汉族。耕地5238亩。

明成化元年（1465年）建村，名双庙村。后据村北有一土圪，状如猴，即取“猴”字谐音，更名为单侯。

单侯堡门

单侯关帝庙

单侯平面

杜杨庄位于南留庄驻地东北偏北3公里处，属丘陵区。村西临沙河，地势较平坦。为壤土质。有646人，均为汉族。耕地3884亩。

约在八百年前，这里始有杜、杨二姓人家居住。以后逐渐成村，遂取名杜杨庄。

杜杨庄内景

杜杨庄内景

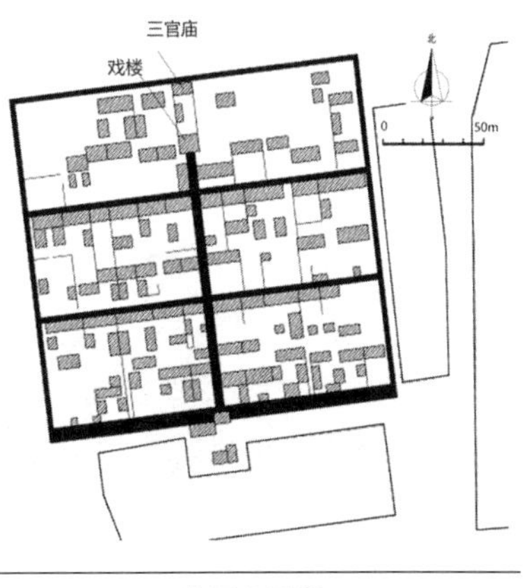

杜杨庄平面

南留庄

松树村位于南留庄驻地北偏西3.4公里处，属丘陵区。地势较平坦。为壤土质。有593人，均为汉族。耕地2290亩。

明嘉靖年间（1522~1566年）建村时，在老爷庙院内栽了棵松树，以表示冬夏常青，故以此取村名松树村。

松树村内景一

松树村内景二

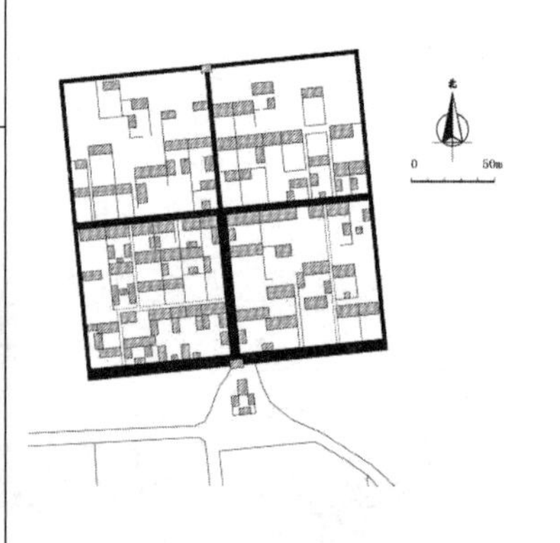

松树村平面

白草村

大酒务头位于白草村驻地东南偏北2.5公里处，属丘陵区。地势北高南低。为沙土质。有591人，均为汉族。耕地2944亩。

金时有一酒工在此建庄，取名酒务头，后北洪水分为两半，人多的一边就称大酒务头。

大酒务头堡门

大酒务头戏楼

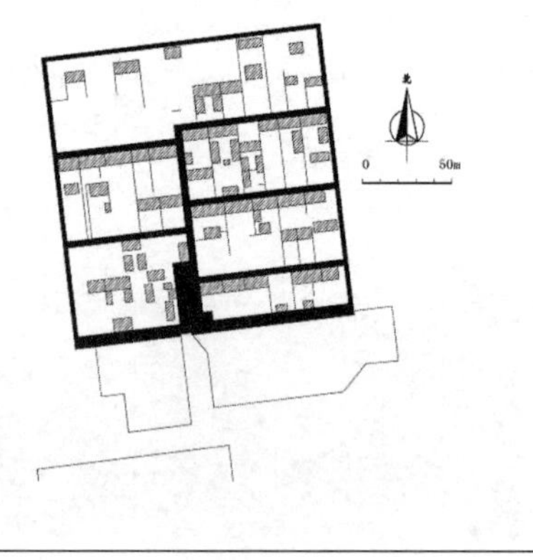

大酒务头平面

西户庄位于白草村驻地东南偏南2.9公里处，属丘陵区。地势北高南低。为壤土质。有252人，均为汉族。耕地1413亩。

元朝初，蔚州城有一李姓人家在此置地建村。因位于蔚州城西北，又是李姓的小支派，故取名为小西户庄，后改为西户庄。

西户庄内景

西户庄戏楼

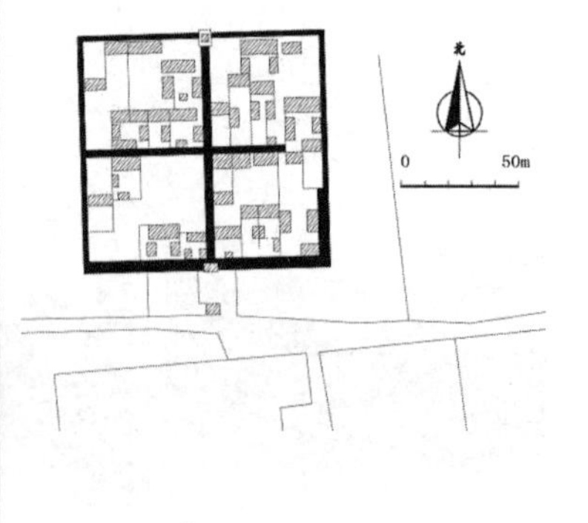

西户庄平面

<table>
<tr><th colspan="3">涌泉庄</th></tr>
<tr><td colspan="2">阎家寨位于涌泉庄驻地西北偏南4.4公里处，属丘陵区。地势较平坦。为壤土质。有761人，均为汉族。耕地3617亩。
明万历五年（1577年）阎姓建寨，故取名阎家寨。</td><td rowspan="2">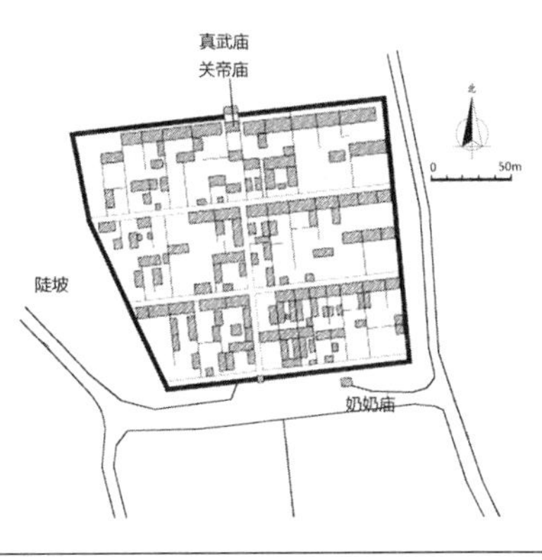</td></tr>
<tr><td></td><td></td></tr>
<tr><td>阎家寨堡门</td><td>阎家寨真武庙</td><td>阎家寨平面</td></tr>
</table>

参考文献

书籍专著：

[1][美]卡斯腾·哈里斯．建筑的伦理功能．申嘉，陈朝晖译．北京：华夏出版社，2001.

[2][美]凯文·林奇．城市形态．林庆怡，陈朝晖，邓华译．北京：华夏出版社，2001.

[3][美]唐纳德·L·哈迪斯蒂．生态人类学．郭凡，邹和译．北京：文物出版社，2002.

[4][美]亚里山大．建筑模式语言．王听度等译．北京：中国建筑工业出版社，1989.

[5][美]R．E．帕克等著．城市社会学．宋俊岭等译．北京：华夏出版社，1987.

[6][日]藤井明．聚落探访．宁晶译．北京：中国建筑工业出版社，2003.

[7][日]宫崎市定．中国村制的成立——古代帝国崩坏的一面．宫崎市定论文集（上）．香港：商务印书馆，1963.

[8][日]宫崎定市．关于中国聚落形态变迁．日本学者研究中国古代史论著选译．刘俊文主编．黄金山，孔繁敏等译．北京：中华书局，1993.

[9][日]绫部恒雄．文化人类学的十五种理论．周星等译．贵阳：贵州人民出版社，1988.

[10][英]马林诺夫斯基．文化论．费孝通译．北京：中国民间文艺出版社，1987.

[11][英]乔弗莱·司古特．人文主义建筑学．张钦楠译．北京：中国建筑工业出版社，1989.

[12][英]R·J·约翰斯顿．地理学与地理学家．唐晓峰等译．香港：商务印书馆，1999.

[13]金其铭．农村聚落地理．北京：科学出版社，1988.

[14]金其铭，董新，陆玉麟．中国人文地理概论．西安：陕西人民教育出版社，1990.

[15]刘岱．中国文化新论·社会篇——吾土与吾民．北京：生活·读书·新知三联书店，1992.

[16]李允鉌．华夏意匠．香港：香港广角镜出版社，1984.

[17]彭一刚，传统村镇聚落景观分析，中国建筑工业出版社，1992.

[18]路遇，滕泽之．中国人口通史，济南：山东人民出版社，2000.

[19]康少邦，张宁．城市社会学．杭州：浙江人民出版社，1986.

[20]陆元鼎．民居史论与文化．广州：华南理工大学出版社，1995.

[21]陆元鼎．中国传统民居与文化（一）．北京：中国建筑工业出版社，1991.

[22]陆元鼎．中国传统民居与文化（二）．北京：中国建筑工业出版社，1993.

[23]李长杰．中国传统民居与文化（三）．北京：中国建筑工业出版社，1995.

[24]孙大章著．中国民居研究．北京：中国建筑工业出版社，2004.

[25]汪之力主编．中国传统民居建筑．济南：山东科技出版社，1994.

[26]黄芳．传统民居与现代旅游．长沙：湖南地图出版社，2000.

[27]宋昆主编．平遥古城与民居．天津：天津大学出版社，2000.

[28]陆元鼎主编．中国传统民居与文化（第二辑）．北京：中国建筑工业出版社，1992.

[29]陆元鼎主编．民居史论与文化．广州：华南理工大学出版社，1995.

[30]刘致平著．王其明增补．中国居住建筑简史——城市、住宅、园林．北京：中国建筑工业出版社，2000.

[31] 刘敦祯．中国住宅概说．中国建筑工业出版社，1981．
[32] 刘致平．中国建筑类型与结构（第三版）．中国建筑工业出版社，2003.
[33] 刘致平．中国居住建筑简史—城市、住宅、园林．中国建筑工业出版社，1990.
[34] 丁俊清．中国居住文化．上海：同济大学出版社，1997.
[35] 黄汉民．福建土楼——中国传统民居的瑰宝．北京：生活・读书・新知三联书店，2003.
[36] 高珍明，王乃香，陈输．福建民居．北京：中国建筑工业出版社，1987.
[37] 李长杰．桂北民间建筑．北京：中国建筑工业出版社，1990.
[38] 张驭寰．吉林民居．北京：中国建筑工业出版社，1985.
[39] 林嘉书．土楼与中国传统文化．上海：上海人民出版社，1995.
[40] 季富政．中国羌族建筑．成都：西南交通大学出版社，2000.
[41] 季富政．巴蜀城镇与民居．成都：西南交通大学出版社，2000.
[42] 黄浩．中国传统民居与文化（四）．北京：中国建筑工业出版社，1996.
[43] 张建国，张金路等编．魏氏庄园研究．济南：山东人民出版社，2002.
[44] 封欣著．魏氏庄园．济南：山东省地图出版社，2003.
[45] 周若祁等主编．韩城村寨与党家村民居．西安：陕西科学技术出版社，1999.
[46] 黄为隽等著．闽粤民居．天津：天津科技出版社，1992.
[47] 吴泽．东方社会经济形态史论．上海：上海人民出版社，1993.
[48] 杨心恒，宗力．社会学概论．北京：群众出版社，1985.
[49] 吴良镛．人居环境科学导论．北京：中国建筑工业出版社，2003.
[50] 吴良镛．广义建筑学．北京：清华大学出版社，1989.
[51] 司马云杰．文化社会学．北京：中国社会科学出版社，2001.
[52] 霍绍周．系统论．北京：科学技术文献出版社，1988.
[53] 朱又红．我国农村社会变迁与农村社会学研究述评．社会学研究，1997.
[54] 程贵铭主编．农村社会学．北京：中国农业大学出版社，1998.
[55] 李守经主编．农村社会学．北京：高等教育出版社，2000.
[56] 童晓频，李守经．农村社会学．中国大百科全书宗教、民族，社会学卷［图文数据光盘］．北京：中国大百科全书出版社，1998.
[57] 刘黎明．土地资源学．北京：中国农业大学出版社，2002.
[58] 吴增基，吴鹏森，苏振芳主编．现代社会学．上梅：上海人民出版社，1997.
[59] 钟敬文．民俗学概论．上海：上海文艺出版社1998.
[60] 田晓岫．中国民俗学概论．北京：华夏出版社，2003.
[61] 宋林飞．社会调查研究方法．上海：上海人民出版社出版，1990.
[62] 邹逸磷．中国历史地理概述．上海教育出版社，2005.
[63] 许学强，周一星，宁越教．城市地理学．北京：高等教育出版社，1997.
[64] 贺业钜．考工记营国制度研究．北京：中国建筑工业出版社，1985.
[65] 贺业钜．中国古代城市规划史论丛．北京：中国建筑工业出版社，1985.
[66] 王其亨．风水理论研究．天津：天津大学出版社，1992.
[67] 杨宽．中国古代都城制度史研究．上海：上海古籍出版社，1993.

[68] 俞伟超．中国古代公社组织考察．北京：文物出版社，1988.
[69] 张研．清代族田与基层社会结构．北京：中国人民大学出版社，1991.
[70] 袁林．两周土地制度新论．长春：东北师范大学出版社，2000.
[71] 马新．两汉乡村社会史．济南：齐鲁书社，1997.
[72] 韦庆远．中国政治制度史．中国人民大学出版社，1989.
[73] 乌廷玉．中国历代土地制度史纲．长春：吉林大学出版社1987.
[74] 吴承洛．中国度量衡史．北京：商务印书馆，1937.
[75] 王受之．世界现代建筑史．北京：中国建筑工业出版社，1999.
[76] 刘岱主编．吾土与吾民．上海：三联书店，1992.
[77] 夏铸九．空间的文化形式与社会理论读本．台北：台湾明文书局，1989.
[78] 杨鸿勋．建筑考古论文集．北京：文物出版社，1987.
[79] 俞伟超．中国古代公社组织考察．北京：文物出版社，1988.
[80] 吴如嵩，黄朴民，任力，柳玲．中国军事通史・第三卷战国军事史．北京：军事科学出版社，1988.
[81] 马世之．中国史前古城．长沙：湖北教育出版社，2002.
[82] 霍印章．中国军事通史・秦代军事史（第四卷）．北京：军事科学出版社，1998.
[83] 郑汕主编．中国边防史．北京：社会科学文献出版社．1995.
[84] 顾诚．明末农民战争史．北京：中国社会科学出版社，1984.
[85]《中华文明史》编纂工作委员会．中华文明史．石家庄：河北教育出版社，1989.
[86] 任桂淳．清朝八旗驻防兴衰史．北京：三联出版社，1993.
[87] 定宜庄．清代八旗驻防研究．沈阳：辽宁民族出版社，2002.
[88] 中华文化通志编委会．燕赵文化志．上海：上海人民出版社，1998.
[89] 张驭寰．中国城池史．天津：百花文艺出版社，2003.
[90] 张景贤．中国原始社会．北京：中华书局，1973.
[91] [英] 贝思飞著．民国时期的土匪．徐有威等译．上海：上海人民出版社，1992.
[92] 顾诚．明末农民战争史．北京：中国社会科学出版社，1984.
[93] 刘先觉主编．(1927—1997) 建筑历史与理论研究文集．北京：中国建筑工业出版社，1997.
[94] 杨金森，范中义．中国海防史（上下）．海洋出版社，2005.
[95] 耿相新，康华．二十五史．郑州：中州古籍出版社，1996.
[96] 董鉴泓．中国城市建设史．中国建筑工业出版社，1989.
[97] 冯天瑜，何晓明，周积明．中华文化史．上海人民出版社，1990.
[98] 朱狄．原始文化研究．北京：生活・读书・新知三联书店，1988.
[99] [清] 朱璐编著．防守集成（中国兵书集成第46册）．北京：解放军出版社，1992.
[100] 李鉴泓主编．中国古代城市建设．北京：中国建筑工业出版社，1987.
[101] 李书钧．中国古代建筑文献注译与论述．三河：三河市永和印刷有限公司，1996.
[102] 顾朝林．中国城镇体系——历史・现状・展望．香港：商务印书馆，1996.
[103] 费孝通．乡土中国．上海：三联书店，1985.
[104] 冯尔康．中国古代的宗族与祠堂．北京：商务出版社，1996.
[105] 李凤琪，唐玉民，李葵．青州旗城．济南：山东文艺出版社，1999.

[106] 王钟翰．清史杂考．北京：人民出版社，1957.
[107] 罗云．细说清代国防．台北：祥云出版社，1966.
[108] 李晓东．文物保护管理概要．北京：文物出版社，1987.
[109] 王沪宁．中国村落家族文化——对中国社会现代化的一项探索．上海：上海人民出版社，1991.
[110] 孙文良，李治亭，邱莲梅著．明清战争史略．沈阳：辽宁人民出版社，1986.
[111] 武复兴等编．名城史话．北京：中华书局，1984.
[112] 罗哲文．罗哲文古建筑文集．北京：文物出版社，1983.
[113] 谢敏聪，宋肃懿．中国古建筑与都市．台北：南天书局，民国76.
[114] 乔匀．中国古代建筑大系之十——城池防御建筑．北京：中国建筑工业出版社；光复书局，1993.
[115] 王贵祥．"五亩之宅"与"十家之坊，及古代园宅、里坊制度探析．建筑史（第二十一辑），北京：清华大学出版社，2005.
[116] 李秋香，楼庆西，陈志华等．郭峪村．重庆：重庆出版社，2001.
[117] 张绍载．（沧海从刊）中国的建筑艺术．台北：东大图书公司，1979.
[118] 中国建筑参考图集．中国营造学社，1953.
[119] 中国乡土建筑编辑委员会编．中国乡土建筑．杭州：浙江人民美术出版社，2000.
[120] 罗哲文，赵所生，顾砚耕主编．中国城墙．南京：江苏教育出版社，2000.
[121] [唐] 魏征．隋书．北京：中华书局，1975.
[122] 贾全富主编．古镇独石口．《古镇独石口》乡友编辑组，内部发行，1999.
[123] [清] 陈梦雷编纂．古今图书集成·经济汇编·考工典．北京：中华书局，成都：巴蜀书社，1985.
[124] 河北省测绘局．河北省地图册．2000.

辞书典籍：

[125] 罗竹风主编．汉语大词典．上海：汉语大词典出版社，1986.
[126] 符定一．联绵字典．北京：中华书局，1954.
[127] [汉] 许慎．说文解字．北京：中华书局，1963.
[128] 汉语大字典编辑委员会．汉语大字典（缩印本）．成都：四川辞书出版社　武汉：湖北辞书出版社，1993.
[129] 康熙字典（同文书局原版）．北京：中华书局，1958.
[130] 汉语大字典（第一卷）．成都：四川辞书出版社武汉：湖北辞书出版社，1986.
[131] 汉语大字典（第二卷）．成都：四川辞书出版社武汉：湖北辞书出版社，1987.
[132] 汉语大字典（第三卷）．成都：四川辞书出版社武汉：湖北辞书出版社，1988.
[133] 汉语大字典（第四卷）．成都：四川辞书出版社武汉：湖北辞书出版社，1988.
[134] 汉语大字典（第六卷）．成都：四川辞书出版社武汉：湖北辞书出版社，1989.
[135] 汉语大字典（第七卷）．成都：四川辞书出版社武汉：湖北辞书出版社，1990.
[136] 商务印书馆编辑部．辞源．北京：商务印书馆，1979.
[137] 中国大百科全书（网络版）．

地方史志：

[138] [明] 孙世芳，栾尚约．宣府镇志．台北：成文出版社，1969.

[139][明]李侃，胡谧．山西通志．北京：中华书局，1998.
[140][明]孙世芳，乐尚约．宣府镇志．台北：成文出版社（影印），1970.
[141][清]陈坦等纂修．宣化县志，卷七，城堡志．清康熙五十年刊本.
[142][清]左承业纂修．万全县志，卷二，建置志．道光年间刻本.
[143][清]孟思谊编修．黄少七重修．赤城县志，卷二，建置志．清乾隆二十四年本，赤城县档案史志局，1996.
[144][清]孙士芳修．宣府镇志，卷十一，城堡考．嘉靖四十年刊本，台北：成文出版社，1970.
[145][明]杨时宁．宣大山西三镇图说，卷一，宣府巡道分辖中路总图说．明万历三十一年刻本.
[146]赤城县地方志编纂委员会办公室编．赤城县志．北京：改革出版社，1992.
[147]阳原县地方志编纂委员会编．阳原县志．北京：中国大百科全书出版社，1997.
[148]邯郸县地方志编纂委员会办公室编．邯郸县志．北京：方志出版社，1986.
[149]邢台县志编纂委员会编．邢台县志．北京：新华出版社，1993.
[150]石家庄地区地方志编纂委员会编．石家庄地方志．北京：文化艺术出版社，1994.
[151]政协张家口市宣化区委员会文史资料研究委员会．宣化文史资料．1987.
[152][清]吴廷华等纂修．宣化府志．清乾隆二十二年刊本.
[153][清]庆之金，杨笃等纂修．蔚州志．光绪三年.
[154][清]舒化民修．徐德城纂．山东长清县志．台北：成文出版社，民国65年.
[155]青州市志编纂委员会．青州市志．天津：南开大学出版社，1989.
[156]影印本（编者不详）．山东靖海卫志．台北：成文出版社，民国57年.
[157]胡赞宗．泰安志．台北：成文出版社，民国65年.

学位论文：

[158]张玉坤．聚落、住宅——居住空间理论[博士学位论文]．天津大学，1996.
[159]李贺楠．中国古代农村聚落区域分布与形态变迁规律性研究[博士学位论文]．天津大学，2006.
[160]王绚．传统堡寨聚落研究——兼以秦晋地区为例[博士学位论文]．天津大学，2004.
[161]余英．中国东南系建筑区系类型研究[博士学位论文]．东南大学，2000.
[162]黄建军．中国古代都城选址与规划布局[博士学位论]．北京大学，2001.
[163]刘影．山西地域文化变迁研究[博士学位论文]．复旦大学，1999.
[164]钱耀鸣．中国史前城址研究[博士学位论文]．北京大学，1999.
[165]薛力．城市化进程中乡村聚落发展探讨——以江苏省为例[博士学位论文]．东南大学，2001.
[166]李璟寰．传统村落深层内涵初探[硕士学位论文]．天津大学，1997.
[167]倪晶．明宣府镇长城军事堡寨聚落研究[硕士学位论文]．天津大学，2005.
[168]李严．榆林地区明长城军事堡寨聚落研究[硕士学位论文]．天津大学，2004.
[169]谭立峰．山东传统堡寨式聚落研究[硕士学位论文]．天津大学，2004.
[170]谢国杰．古代设防村落张壁探析[硕士学位论文]．天津大学，1997.
[171]王兵．中国古代城镇防卫空间艺术[硕士学位论文]．西安建筑科技大学，1998.
[172]刘欣华．21世纪中国村落生态与居住环境初探[硕士学位论文]．天津大学，2001.
[173]马航．城市安居环境的研究[硕士学位论文]．天津大学，2002.

期刊：

[174] 杨国安．社会动荡与清代湖北乡村中的寨堡．武汉大学学报，2001，(5)．
[175] 罗隽．攻击与防卫——关于建筑的防卫要求与防卫作用分析．新建筑，1993，(4)．
[176] 张玉坤，宋昆．山西平遥的“堡”与里坊制度的探析．建筑学报，1996，(04)．
[177] 赵华萍，邓林翰．晋南村落理性化环境特质初探．哈尔滨建筑大学学报，1996，(6)．
[178] 张俊圭．李世民柏壁屯兵与平定河东．文史研究，1990，(2)．
[179] 欧颖清，谢兴保．闽清寨堡初探．武汉大学学报，2001，(5)．
[180] 侯旭东．北魏村落考．庆祝何兹全先生九十岁论文集，2001．
[181] 薛瑞泽．北魏邻里关系研究．中南民族大学学报，2002，(4)．
[182] 王良，裴池善．柳氏民居光照艺林．古文化学报(总第尽期)，1998.
[183] 韩昇．魏晋隋唐的坞壁和村．厦门大学学报(哲社版)，1997，(2)．
[184] 张玉坤．居住解析．建筑师，(49)．
[185] 方拥．设防住宅的调查研究．建筑师，(72)．
[186] 王鲁民，韦峰．从中国的聚落形态演进看里坊的产生．城市规划汇刊，2002，(2)．
[187] 王载波．“壳”中的羌族——浅谈桃坪羌寨的防御系统．四川建筑，2000，(2)．
[188] 黄为隽，王绚，侯鑫．古寨亦卓荦——山西堡寨“砥自城”的防御体系探析．城市规划，2002.
[189] 王绚．传统堡寨聚落防御性空间探析．建筑师，2003.
[190] 王绚，黄为隽．中国传统防御性聚落浅析．天津大学学报(社会科学版)，2001，(增刊)．
[191] 陈宝良．明代的乡兵与民兵．中国史研究，1994，(01)．
[192] 刘谦．明辽东镇长城及防御考．长城文化网.
[193] 王先明．清代社会结构中绅士阶层的地位与角色．中国史研究，1995，(04)．
[194] 程龙．论西北堡寨的军事功能．中国史研究，2004，(01)．
[195] 范中义．论明朝军制的演变．中国史研究，1998，(02)．
[196] 李三谋．明代边防与边垦．中国边疆史地研究．1994，(04)．
[197] 邸富生．试论明朝初年的海防．中国边疆史地研究，1995，(01)．
[198] 袁占钊．陕北长城沿线明代古城堡考．延安大学学报(社会科学版)，22，(4)．
[199] 侯旭东．北魏村落考．六朝网[http://www 6ch.com.cn]．
[200] 牛贯杰．从“守望相助”到“吏治应以团练为先”—由团练组织的发展演变看国家政权与基层社会的互动关系．国学.
[201] 李健超．北宋西北堡寨．长城文化网.
[202] 陈宏，刘沛林．风水和空间模式对中国传统城市规划的影响．城市规划，1955，(04)．
[203] 陈紫兰．传统聚落形态研究．南方建筑，1998，(03)．
[204] 方拥．设防住宅的调查研究．建筑师，(72)．
[205] 杨辰曦．张壁古堡初探．建筑学报，1997，(08)．
[206] 赵华萍，邓林翰．晋南村落理性化环境特质初探．哈尔滨建筑大学学报，1996，(06)．
[207] 王平易，邵晓光．韩城“寨”的启迪．深圳大学学报，1997，(09)．
[208] 孙远方，李靖莉．魏氏庄园的古建筑及其特色研究．滨州教育学院学报，1997，(02)．
[209] 翁家烈．屯堡文化研究．贵州民族研究，2001，(04)．

[210] 曹春平. 福建的土楼. 华中建筑, 2002, (03).
[211] 邓晓红, 李晓峰. 生态发展: 中国传统聚落的未来. 新建筑, 1993, (3).
[212] 宋兆麟. 云南永宁纳西族的住俗——兼谈仰韶文化大房子的用途. 考古, 1964, (8).
[213] 朱又红. 我国农村社会变迁与农村社会学研究述评. 社会学研究, 1997, (6).
[214] 曹兵武. 龙山时代的城与史前中国文化. 中国史研究, 1997, (03).
[215] 钱耀鹏. 史前聚落的自然环境因素分析. 西北大学学报 (自然科学版), 2002, (08).
[216] 高松凡, 杨纯渊. 关于我国早期城市起源的初步探讨. 文物季刊, 1993, (03).
[217] 韩昇. 魏晋隋唐的坞壁和村. 厦门大学学报 (哲社版), 1997, (02).
[218] 任怀国. 论魏晋南北朝北方坞壁地主经济. 烟台师范学院学报 (哲社版), 1997, (02).
[219] 罗德胤. 蔚县城堡村落群考察. 建筑史, 第22辑.